미용전공 대학생, 미용아카데미 원생 및 미용전문가를 위한

Cliper
Cut
Creative

Basic Permanent Wave

국제헤어디자인연구회

청구문화사

머리말
preface

씨쓰리 기초 퍼머넌트 웨이브 교재는 헤어디자이너를 꿈꾸는 미용학과 학생들과 이제 막 미용을 접한 초보 미용인과 현장에서 근무하는 헤어디자이너들을 위하여 퍼머넌트 웨이브의 기본이 될 수 있도록 집필한 지침서이다.

모발이론과 펌의 원리부터 시작하여 퍼머넌트 웨이브의 헤어스타일 연출까지 짧은 시간에 습득할 수 있도록 하였으며, 고객의 헤어스타일을 이 한권의 교재만으로도 웨이브의 방향과 질감의 선택, 펌 디자인을 반복해서 연습하다 보면 쉽고, 빠르고, 정확하게 모델에게 시술이 가능하도록 구성 하였다.

유니폼레이어 형태의 퍼머넌트 웨이브를 시술하더라도 두상의 조건과 웨이브의 방향, 롯드의 선택에 따라 헤어스타일이 다르게 표현되므로 스트랜드의 각도, 빗질의 방향, 와인딩 방법, 펌제의 선택에 따른 방법들을 설명하고 테크닉을 그림으로 시연하여 이해하기 쉽도록 하였다.

지난 몇 년 동안 커트, 헤어드라이, 업스타일, 남성커트, 실전커트, 헤어칼라디자인, 응용커트에 이어 퍼머넌트 웨이브 교재를 다시 보강하게 되었다. 그간 여러분들께서 베풀어 주신 분에 넘치는 각별한 사랑과 성원에 감사드리면서 앞으로도 최선의 노력을 기울여 관련분야의 교재를 시리즈로 엮어 나갈 예정이다. 부디 이 한권의 책이 기술 경쟁력을 갖춘 미용인이 되는데 조금이나마 도움이 되었으면 하는 기대를 가져보며 끊임없는 노력과 항상 최선을 다하는 미용인이 될 것을 약속드린다.

본 교재의 완성을 위해 여러번의 원고 수정을 통하여 현장감 있는 내용과 최고의 테크닉을 구사한다고 노력을 하였으나 정리를 끝내고 나니 아직도 미흡한 부분이 많음을 절감한다. 이런 미흡한 부분에 대해서는 앞으로 계속 다듬고 수정하여 지속적으로 보완할 것을 약속드리면서 여러분의 따뜻한 애정과 관심을 기대한다.

끝으로 이책의 완성을 위해 물심양면으로 지원을 아끼지 않으신 청구문화사 이상태 사장님과 임직원 여러분, 그리고 사진촬영을 위해 수고하신 문기종 선생님께 진심으로 깊은 감사 드립니다.

2009. 9월
저자일동

목 차
contents

제1장 모발이론 ··· 7

1. 모발의 역할 ··· 9
   1) 신체보호 / 9
   2) 체온유지 / 9
   3) 장식기능 / 9
2. 모발의 발생과 구조 ··· 10
   1) 모발의 발생 / 10
   2) 모발의 구조 / 11
3. 모발의 성장주기 ··· 14
   1) 성장기 / 14
   2) 퇴화기 / 14
   3) 휴지기 / 14
   4) 발생기 / 14
4. 모발의 성분 ··· 15
   1) 모발의 성분 / 15
   2) 모발의 성질 / 17
5. 모발의 pH ··· 18
   1) 모발의 pH란? / 18
   2) pH는 무엇인가? / 18
   3) pH와 모발은? / 18

제2장 퍼머넌트 웨이브 메카니즘 ··· 21

1. 퍼머넌트 웨이브의 정의 ··· 23
2. 퍼머넌트 웨이브의 목적 ··· 23
3. 퍼머넌트 웨이브의 디자인 ··· 24
   1) 형 태 / 24
   2) 질 감 / 24
   3) 컬 러 / 24
4. 퍼머넌트 웨이브의 원리 ··· 25
5. 퍼머넌트 웨이브의 종류 ··· 26
   1) 콜드 펌 / 26
   2) 열 펌 / 26
6. 퍼머넌트 웨이브 시술에 필요한 도구 ··· 27
7. 펌제 ··· 28
8. 퍼머넌트 웨이브 시술과정과 주의사항 ··· 29
   1) 펌 시술과정 / 30
   2) 펌 시술시 주의사항 / 31

9. 퍼머넌트 웨이브시 모발손상과 트리트먼트의 효과 … 32

1) 모발손상의 원인과 현상 / 32 2) 트리트먼트의 목적 / 32
3) 트리트먼트제의 타입 / 32 4) 트리트먼트제의 성분과 특성 / 33
5) 펌용 전·후 트리트먼트제 / 33

10. 퍼머넌트 웨이브 와인딩 기법 … 34

1) 스파이럴 와인딩 / 34 2) 크롤키놀 와인딩 / 34
3) 압착 / 34

11. 퍼머넌트 웨이브 와인딩 방법 … 35

1) 직사각형 패턴 / 35 2) 윤곽 패턴 / 35
3) 벽돌 쌓기 패턴 / 35 4) 확장 원형 패턴 / 36
5) 오블롱 패턴 / 36 6) 프로젝션 / 37
7) 위빙 와인딩 / 39 8) 인덴테이션 와인딩 / 39
9) 핀컬 펌 / 40 10) U핀 펌 / 41
11) 스트레이트 펌 / 41 12) 특수 펌 / 42
13) 파워롤 펌 / 43
14) 더블 롯드 패턴, 더블 와인딩, 피기백 와인딩, 엮은 베이스 / 44
15) 캔들 스틱 와인딩 / 45 16) 홉스카치 와인딩 / 45
17) 바렐 컬 / 45 18) 열펌 / 46

제3장 미용사 자격 시험 기준에 따른 기초 퍼머넌트 ……………… 49

1. 9등분 … 52

1) 요구사항 / 52 2) 브록킹에 따른 펌 기법 / 53

2. 10등분 … 60

1) 10등분 순서 및 시술요령 / 60 2) 요구사항 / 60

3. 5등분 … 67

1) 5등분(센터 파트) / 67 2) 5등분(오른쪽 가르마) / 71
3) 5등분(왼쪽 가르마) / 75

제4장 퍼머넌트의 웨이브에 영향을 주는 요인 …………………… 79

1. 커트 형태 변화에 따른 웨이브 변화 … 81

2. 퍼머넌트 웨이브의 구성요소 … 82

1) 브록킹 및 섹션 / 82 2) 슬라이스 / 82
3) 베이스 / 82 4) 고무밴드 사용법 / 83
5) 습지말기 / 84 6) 기본 와인딩, 랩핑 / 85
7) 와인딩 시술각 / 86 8) 롯드의 방향 / 89
9) 롯드 선정과 회전수 / 97 10) 와인딩 방법 / 103

제5장 실무 현장에서 필요한 디자인 펌 ······ 105

1. 기본 펌 1 … 107
2. 기본 펌 2 … 110
3. 기본 펌 3 … 114
4. 기본 펌 4 … 117
5. 기본 펌 5 … 119
6. 루트 펌 1 … 122
7. 루트 펌 2 … 124
8. 믹스 펌 1 … 127
9. 믹스 펌 2 … 129
10. 믹스 펌 3 … 132
11. 핸드링 펌 1 … 134
12. 핸드링 펌 2 … 136
13. 믹스 펌 1 … 138
14. 믹스 펌 2 … 141
15. 믹스 펌 3 … 144
16. 믹스 펌 4 … 147
17. 믹스 펌 5 … 150
18. 믹스 펌 6 … 153
19. 믹스 펌 7 … 155
20. 스트레이트 펌 … 157
21. 일반 셋팅 펌 … 160
22. 우드 펌 … 163
23. 믹스 펌 1 … 165
24. 믹스 펌 2 … 169
25. 워빙 펌 … 172
26. 아이론 펌 … 174
27. 볼륨 매직 … 176
28. 디지털 펌 … 178
29. 스트레이트 펌 … 180
30. 셋팅 펌 … 182

찾아보기 · 185
참고문헌 · 188

1 모발이론

1. 모발의 역할
2. 모발의 발생과 구조
3. 모발의 성장주기
4. 모발의 성분
5. 모발의 pH

1. 모발의 역할

모발(hair)은 포유동물만이 가지고 있는 피부의 부속기관으로 신체에 나있는 모든 털을 의미한다. 사람의 모발기관은 태아 9주~4개월에 발생한다. 사람 태아의 모든 모기관은 머리 부위에서 꼬리 부위의 순으로 형성된다. 머리 부위 중 눈썹, 윗입술, 아래턱 부위에 발생되고, 이어서 두개골, 안면, 후두부에 이어 기타 다른 부위에도 발생한다. 신체의 발육과 함께 피부가 신장하기 때문에 각 부위에 따라 밀도차가 생기게 된다. 이 시기의 모발을 생모(生毛, lanugo)라고 하며 대단히 짧고 가늘다.

생모는 태생 8개월 경에 전부 빠지고 연모로 치환되며 그 후 약 2cm까지 성장하여 다소 굵은 연모를 지닌 상태에서 출생하게 된다. 출생 후에는 모기관이 새로 생기지 않으며 성장과 함께 부위에 따라 길이와 굵기에 차이가 생긴다.

모발은 입술, 손바닥, 발바닥, 항문, 음부 등의 점막을 제외한 몸전체에 생기지만, 그 발생장소에 따라 길이나 굵기가 다르다. 종류를 나누자면 장모, 단모가 있다.

▶ 장모 : 한냉과 일광으로부터 신체보호와 체온조절에 관여하며, 장식기능이나 미용에 이용하기도 한다.
두모(머리털, capilli), 수모(수염, barba), 액모(겨드랑이털, hirci), 음모(pubes)

▶ 단모 : 먼지나 땀으로부터 신체를 보호하고 있다.
미모(눈썹, supercilia), 비모(코속털, vibrissqe)

1) 신체보호

① 머리털 : 외부로 부터의 충격 및 추위나 더위로 부터 보호

② 눈썹, 코털 : 티끌, 먼지, 벌레 침입방지

③ 겨드랑이털 : 마찰방지

④ 귓속털, 속눈썹 : 이물질 침입방지

2) 체온유지

장모와 솜털은 한냉과 일광으로 부터 체온을 조절을 하여 항상 일정한 체온을 유지한다.

3) 장식기능

① 남녀를 막론하고 아름답게 하는 역할을 한다.

② 커트, 컬러링, 드라이, 펌 등의 헤어스타일을 만드는 장식기능을 한다.

③ 여성, 남성의 특징을 나타내는 역할을 한다.

2. 모발의 발생과 구조

1) 모발의 발생

모발의 발생은 모체의 태내부터 시작되고, 태아 9~12주 경이면 자라기 시작하여 출생과 함께 형성된다. 모발의 성질은 태내에서 이미 결정된다. 태아의 피부면에 생긴 모모세포는 피부내에 깊숙이 침투하여 모낭을 형성한다. 이 모낭은 피부의 부속기관인 표피세포로 부터 만들어 진다. 모낭의 제일 아랫부분에 모유두가 형성되는데 이 모유두에서 모발이 만들어 진다.

모유두는 모발의 제조공장으로 모세혈관과 자율신경이 연결되어 있다. 모세혈관은 모발의 원료가 되는 아미노산의 수송경로이다. 아미노산은 모유두에서 자율신경의 명령에 따라 단백질을 합성해서 케라틴 단백질을 만든다.

단백질 합성요소는 자율신경의 명령과 호르몬의 자극에 의해 모발의 주성분인 아미노산과 비타민, 철, 구리, 미네랄 등을 합성하여 케라틴 단백질을 합성한다. 이 케라틴 단백질이 커지면서 모모세포는 성장하고 분열을 한다.

모발은 모구의 모유두기 중앙부근의 세포가 각화현상을 일으킬 때, 비로소 만들어 지는데 서서히 성장, 발달하여 한 가닥의 모발이 되며, 분열과 각화가 계속되면서 위로 성장하여 올라가 모표피, 모피질, 모수질로 나누어 성장하면서 모발을 형성한다.

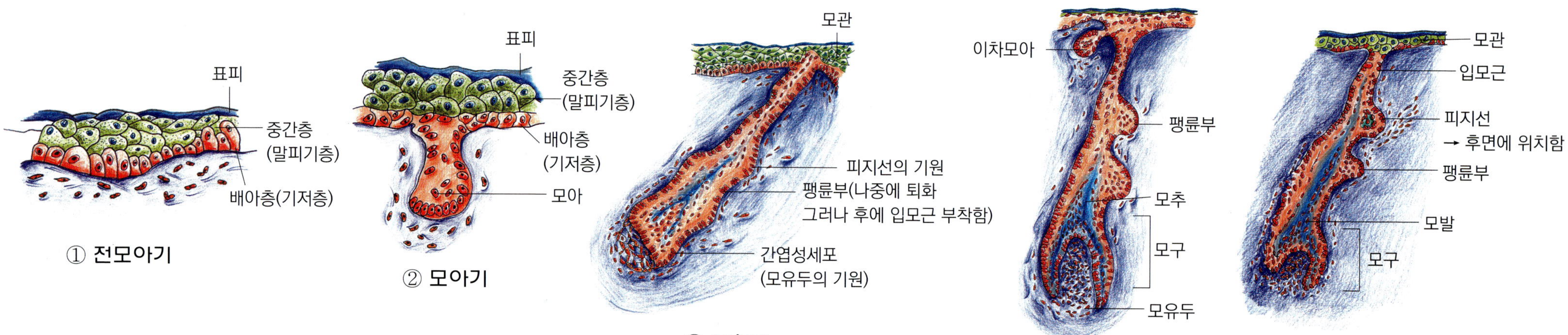

① 전모아기 ② 모아기 ③ 모항기 ④ 모구성 모항기 ⑤ 완성모낭

2) 모발의 구조

모발은 피부 부속기관으로 표피로부터 돌출된 모간부와, 표피내부에 있는 모근부로 구성되어 있다. 모발은 외적으로는 모간과 모근으로 되어 있다. 모간은 피부의 표면에 모근은 피부속에 있으며 이 부분을 싸고 있는 것을 모낭이라 한다. 따라서 내부의 중심은 수질이 있고 외부는 피질이 싸고 있으며 모근의 끝이 가볍게 부푼 부분을 모구라 한다. 모세혈관이 통하고 있는 부분을 모유두라고 하는데, 이 곳이 모발 성장의 근원이라 할 수 있다.

이 모유두가 손상되지 않는 한 모발은 계속적으로 발육하며 수명이 끝난 모발은 빠지고 새로운 모발이 나오게 된다.

- 모 발
  - (1) 모근부
    - 입 모 근
    - 피 지 선
    - 모 모 세 포
    - 모 구
    - 모 세 혈 관
    - 한 선
    - 모 유 두
    - 모 낭
    - 자율신경계
  - (2) 모간부
    - 모표피
    - 모피질
    - 모수질

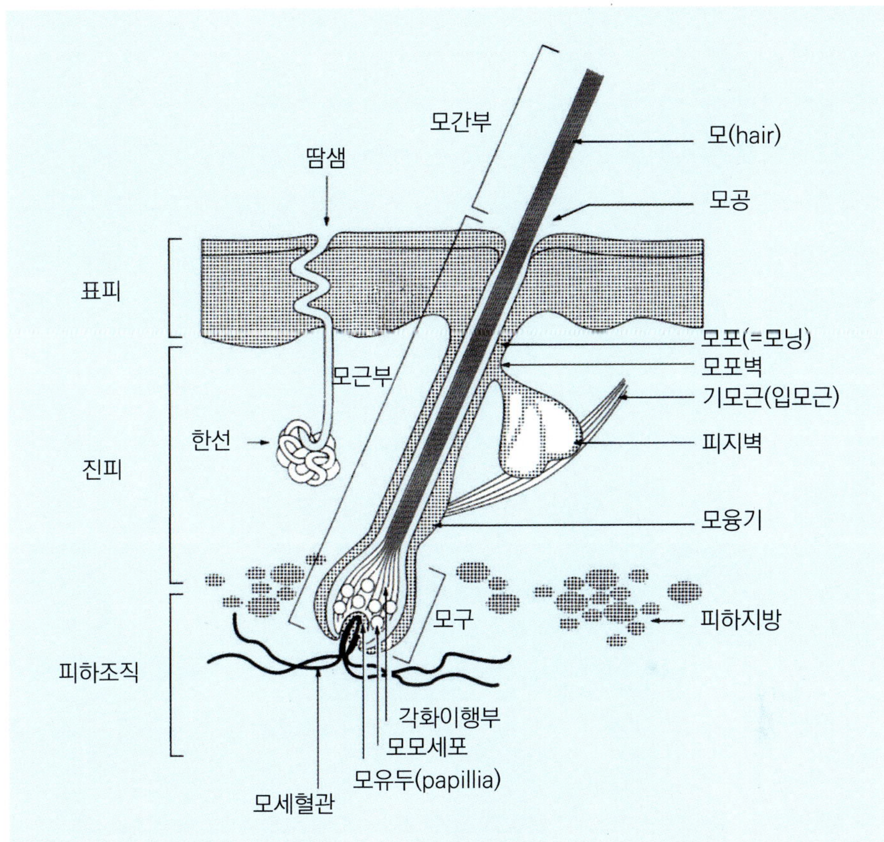

모낭의 구조

(1) 모근부

① 입모근 : 긴장하거나 놀랐을 때 털을 수직으로 세우는 근육이다. 피지분비 모근부 ⅓ 지점에 입모근이 연결되어 있으며 입모근이 파괴되면 모발 변형이 생긴다(생머리 → 곱슬머리).

② 피지선 : 분비물과 지방을 혼합해 모낭밖으로 배출하여 피지막을 형성하는 역할을 해주며, 피지를 분비하여 피부표면에 지나친 수분 증발을 막고 피부의 윤택성과 유연성을 유지시켜 피부를 보호하는 역할을 한다.

③ 모모세포 : 모유두에서 영양을 공급받아 모발성장, 모발색소 결정, 모구부에 오목한 부분, 모유두가 접한부분, 왕성한 세포분열로 모발생성에 관여한다.

④ 모구 : 모낭의 가장 아래쪽에 전구모양을 하고 있으며, 모발의 성장에 관여한다. 혈관과 신경이 있는 모유두를 싸서 보호하고 있다.

⑤ 모세혈관 : 모발에 영양 공급

혈액
- 적혈구 - 헤모글로빈(산소운반)
- 백혈구 - 식균작용
- 혈 장 - 혈액의 액체성분(체온조절, 항체형성, 노폐물운반)
- 혈소판 - 혈액응고

⑥ 한선 : 땀을 분비하는 땀샘, 체온조절역할
- 에크린선 - 몸전체에 분포하며, 운동시에 외부온도에 민감하다.
- 아포크린선 - 감정의 변화에 따라 작용이 활발하고, 겨드랑이, 생식기주의, 유두주위에 분포한다.

⑦ 모유두 : 모유두는 모낭 밑에 위치하며 모세혈관과 신경이 연결되어 있어 모구에 산소와 영양을 공급하고 모낭의 성장을 담당하며 머리카락의 굵기와 비례한다. 영양공급이 부족할 경우 푸석거림, 탈모와 직접적인 영향이 있다.

⑧ 모낭(follicles) : 모근을 싸고 있는 내·외층의 피막으로 모발이 모유두에서 모공까지 도달할 수 있도록 보호하는 역할을 하는 주머니이다.
- 상피성 모낭 - 털의 재생과 성장을 도와준다.
- 결합조직성 모낭 - 신경과 혈관이 분포한다.

⑨ 자율 신경계

교감 신경 (육체, 두뇌운동, 에너지 발산)	기관명칭	부교감 신경
빠르다	심 장	느리다
수축	모세혈관	이완
상승	혈 압	하강
빠르고 얇게	호 흡	천천히 깊게
운동 억제	소 화 관	운동 촉진
수축	입 모 근	이완
진한 땀 분비	한 선	연한 땀 다량 분비
아드레날린 분비 왕성	부신수질	아드레날린 분비 억제

(2) 모간부

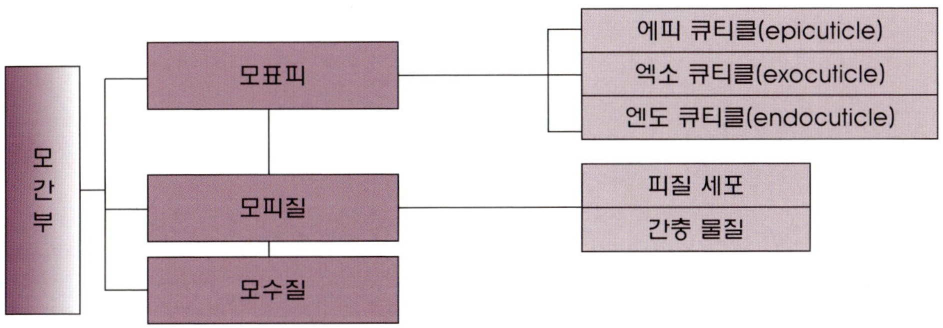

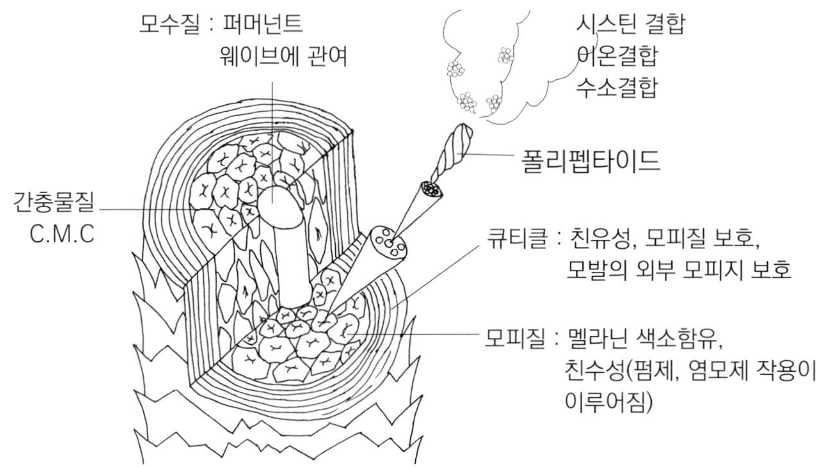

① 모표피(cuticle)

- 모발의 가장 바깥층으로 경단백질로 구성되어 있으며 모발내부 보호
- 멜라닌 색소를 함유하고 있지 않기 때문에 반투명 비닐모양
- 인종에 따라 층 수가 다를 수 있다. 평균 3~10층이지만 많이 겹쳐진 모발의 경우는 20층인 것도 있다.
- 기름과 친화력이 강한 친유성
  - 에피큐티클(epicuticle) : 모표피의 가장 최외층으로, 수증기는 통과하지만 물은 통과 못한다.
  - 액소큐티클(exocuticle) : 친유성이며 알칼리에 강한 것이 특징
  - 엔도큐티클(endocuticle) : 친수성이며 알칼리에 약하다.

② 모피질(cortex)

- 모발의 85~90% 구성되어 있다.
- 섬유다발형태로 피질세포의 탄력성과 질감성을 결정한다. 과립상의 멜라닌 색소를 함유하고 있으며, 물과 쉽게 친화하는 친수성 때문에 약제작용을 쉽게하는 부분으로 퍼머넌트웨이브, 컬러링과 가장 관련있는 부분 단백질 결합 구조물이다.

③ 모수질(medulla)

- 모수질은 공기를 머금어 보온효과를 극대화한다.
- 모발의 중심부에 존재(모질에 따라 유무)한다.
- 펌시 모수질이 있을 경우 탄력이 뛰어나다.

④ 세포막 복합체(cell membrane complex)

- 우리 모발은 여러겹 층으로 이루어져 있는데 이 경우 C.M.C가 없다면 각층이 분리되어 모발이 부스러지는 현상이 발생된다(모발손상).
- 모피질과 모표피 사이에 존재한다.
- 모발의 내부 결합력 유지하며 흘러 다니는 유동체이다.
- 모발의 탄력성을 유지한다.
- 외부로 부터 이물질 침입에 의한 모발 손상을 막아준다.
- 모발 내부의 모피질에 침투하여 작용하도록 통로 역할을 한다.

3. 모발의 성장주기

모발은 항상 성장하는 것이 아니고 어느 정도의 기간이 지나면 성장을 멈추고 자연스럽게 탈락된다. 이 같은 현상을 반복하는데 이것을 모발의 성장주기라고 한다. 신생아의 경우에는 전체모발의 90% 이상의 성장기 모발이며 사춘기를 지나면서 부터 모발의 성장능력은 점차 느려진다. 모발의 수명은 남자는 3~5년, 여자는 4~6년으로 여자가 남자보다 더 길다. 인체의 털은 몸의 부분별로 수명과 성장시간이 다르고 영양상태, 호르몬, 기온, 햇볕의 영향을 받는다.

모발은 모구의 모유두에 있는 혈관에서 공급된 영양분이 모근의 끝에 새로운 세포를 만들어 위로 밀려 나감으로써 성장한다. 이 변화는 성장기, 퇴화기, 휴지기의 모발 성장주기를 거친다.

1) 성장기(Anagen stage)

모발이 성장하는 시기를 말한다. 모유두 위에 모모세포가 분열을 일으켜 활발한 신진대사 활동을 한다. 여기서 딱딱한 케라틴이 모낭 안에서 만들어지고 퇴화하기까지 성장한다. 수명은 3~6년 정도로 모발의 80~90%가 성장기 단계에 해당된다. 성장기의 모발은 1개월 1~1.5cm 자라지만 호르몬, 연령, 건강상태, 성별에 따라 달라질 수 있다.

2) 퇴화기(Catagen stage)

모발은 성장기가 끝나고 모발의 형태만 유지하며 케라틴을 만들어 내지 않아 세포분열이 정지된 상태이다. 성장기에서 휴지기로 넘어가는 단계로 약 1개월 정도이다. 모발의 1~2%가 퇴화기에 해당된다.

3) 휴지기(Telogen stage)

모근과 모유두의 결합이 느슨해지면서 모유두의 활동이 일시 정지되어 모발이 빠지게 되는 시기이다. 휴지기가 되면 즉시 모발이 빠지는 것이 아니라 한동안 두피에 남아 있는데 이 기간이 2~4개월 정도로 본다. 휴지기동안 모유두에서는 새로운 성장기가 시작되면서 모낭이 아래쪽에 성장하기 시작하고 새로운 모발이 생겨난다. 오래된 모발은 새로운 모발에 밀려 떨어져 나가거나 샴푸, 빗질에 의해 빠진다.

4) 발생기(New anagen stage)

휴지기동안 휴식을 취한 모유두가 새로운 모발을 만들고자 하는 시기이다. 한 모낭안에서 서로 다른 주기의 모발이 공존한다. 새로운 신생모는 성장하고, 휴지기 모발은 탈락된다.

4. 모발의 성분

1) 모발의 성분

모발은 케라틴이라는 경단백질(18종의 아미노산으로 결합) 80~90%, 수분 10~15%, 지질 1~8%, 미량원소 0.6~1.0%, 멜라닌색소 3%가 함유되어 있다.

(1) 케라틴(keratin)

모발의 주성분인 케라틴단백질은 아미노산으로 결합되어 있으며 시스틴이 14~18%가 함유되어 있다.

모발 기본물질인 아미노산의 5가지 구성 원소

- 탄소(C) : 50~80%
- 수소(H) : 6%
- 산소(O) : 22%
- 질소(N) : 8~12%
- 황(S) : 5%

(2) 수 분

함유량에 따라 모발의 건강상태 파악

- 건강모 : 10~15%
- 세발 직후 타올드라이 : 30~35%
- 최대 함유량 : 45%
- 드라이 후 : 10%(10% 이하는 건조모)

케라틴(Keratin)을 구성하고 있는 아미노산(amino acid)의 조성과 등전점

	종 류	조 성(%)	pH(등전점)
산성	아스파라긴산	3.9~7.7	2.8
	글루타민산	13.6~14.2	3.2
중성	알라닌	2.8	6.0
	글리신	4.1~4.2	6.1
	이소로이신	4.8	5.9
	로이신	6.3~8.3	6.0
	메티로닌	0.7~1.0	5.7
	시스틴	16.6~18.0 (0.5~0.8)	5.0(5.1)
	페닐알라닌	2.4~3.6	5.5
	프로닌	4.3~9.6	5.7
	스테오린	7.4~10.6	5.6
	세린	4.3~9.6	5.7
	트립토판	0.4~1.3	5.9
	티로신	2.2~3.0	5.7
	날린	5.5~5.9	6.0
알칼리	알기닌	8.9~10.8	10.8
	히스티딘	0.6~1.2	7.5
	리신	1.9~3.1	9.7

(3) 지 질

피지선에서 분비된 피지와 피질세포 자체적으로 가지고 있는 지질을 함유한다.

① 피 지

피지의 분비량과 조성을 연령, 성별, 인종, 호르몬, 식습관 등의 내부 요인과 온도, 마찰 등의 외부 요인에 따라 영향을 받으므로 개인차가 크다.

② 피지막

피지 중의 유리지방산(free fatty acid)과 땀, 젖산(lactic acid), 아미노산(amino acid) 등에 의해 약산성(pH 4.5~5.5)의 특징을 갖는다. 보통 피부의 pH라고 하는 것은 피부 자체의 pH가 아니라 피지막의 pH를 가르킨다.

(4) 멜라닌색소(모발색 결정)
: 모발을 착색시키고 자외선으로 부터 두피보호

모발에는 유멜라닌(ceumelanin)과 페오멜라닌(pheomelanin) 두 종류가 있어 모발색을 만드는 역할을 한다. 유멜라닌은 어두운 갈색 계열, 페오멜라닌은 노랑 계열을 결정한다. 페오멜라닌에 비하면 유멜라닌은 큰 타원형의 구조로서 쉽게 변하는 성질을 갖고 있다. 털의 모양과 굵기 및 색상은 인종과 성, 연령에 따라 다르며 환경과 영양상태에 따라서 현격한 차이가 난다.

① 입자형

- 입자가 큰 유멜라닌으로 구성되어 있다.
- 동양인에게 많이 분포되어 있다.
- 어두운 갈색계열의 색상을 가지고 있다(입자안에 빨강, 파랑, 노랑)
- 산화력에 견디는 힘이 약하다.

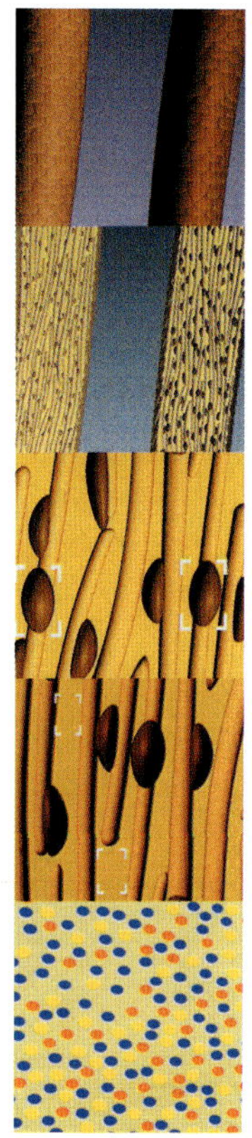

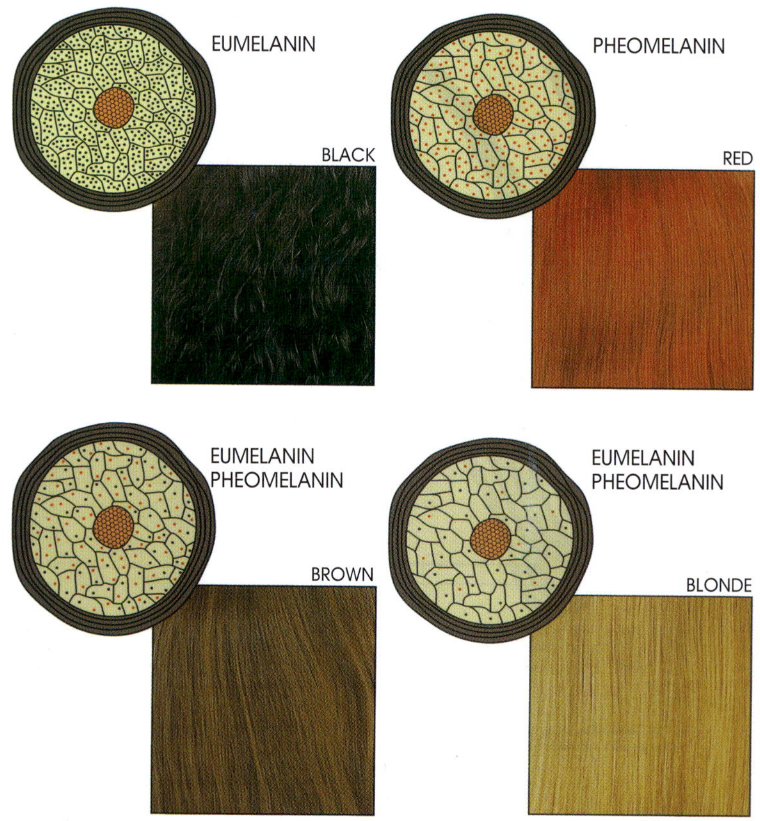

멜라닌 상태

② **분사형**

· 입자가 작은 페오멜라닌으로 구성되어 있다.
· 서양인에게 많이 분포되어 있다.
· 밝은 노란계열의 색상을 가지고 있다.
· 산화력에 견디는 힘이 크다.
· 혼합비율, 밀도, 약에 따라서 모발의 색이 결정된다.

(5) 미량원소

금속성분(모발색과 관련), 비금속(인, 규소)

2) 모발의 성질

컬러디자인을 시술하기 위해서는 모발의 본래의 성질을 알아야만 원하는 색깔이 모발에 착색하게 시술하는데 도움이 된다.

(1) 모발의 질감

모발의 질감은 롯드선택과 약제선택에 관계가 있으며 개인마다 모질이 다르다. 굵은모발, 가는모발, 손상모, 극손상모로 구분된다.

(2) 모발의 밀도

모발의 밀도는 모발의 질감과 밀접한 관계를 가지고 있으며 모발의 수에 결정되기도 하지만 모질이 굵은 모질은 모발의 수가 동일하더라도 훨씬 모발의 밀도가 많아 보이게 된다. 모발의 밀도는 일반적으로 9~15만 정도 되는데 우리나라 사람의 모발 밀도는 약 11만 정도에 달한다.

(3) 습윤성

모발이 수분을 흡수하는 성질을 말하며 주위환경의 습도에 따라 모발 수분 함유량은 변화하고 수분 함유량에 따라 모발상태가 달라진다.

(4) 탄력성

모발의 탄성은 코일모양의 케라틴이 스프링 구조로 이루어져 있기 때문에 가능하다. 즉 모발을 당겼을 때 손상 없이 본래의 상태로 되돌아 가려는 성질을 의미한다.

(5) 열변성

모발은 건열, 습열에 따라 영향을 미치는 정도가 다른데 건열일 경우 120℃ 전후에서 모발이 팽창하고 130~150℃ 전후에서 변색, 270~300℃에서는 연소되어서 분해된다.

(6) 광변성

태양광선은 파장의 길이에 따라 적외선, 가시광선, 자외선으로 구별되는데 모발에 직접 영향을 주는 것은 자외선이라 할 수 있다. 자외선에 과다하게 노출될 경우에는 시스틴 함량이 줄어들고 멜라닌 색소가 파괴된다.

(7) 대전성

모발을 브러싱할 때 브러쉬나 빗에 모발이 붙거나 엉키는 정전기 현상을 말한다.

(8) 비 부패성

모발은 특별한 관리를 하지 않아도 쉽게 부패하지 않아 장기간 보존이 가능하다.

5. 모발의 pH(Power of hydrogen Ions)

1) 모발의 pH란?

모발의 pH란 모발에 포함되어 있는 수분과 그 수분에 녹아있는 단백질, 지질 등에 의해 결정된다. 모발의 pH는 보통 4.5~5.5 정도로 측정이 된다.

2) pH는 무엇인가?

pH란 쉽게 말해 물에 녹아있는 용액의 산성, 염기성 정도를 수치로 표현해 놓은 것이다. pH는 1~14까지 있으며 7을 기준으로 작으면 산성, 크면 염기성이라고 한다. 가장 진한 산의 pH는 1이며, 가장 강한 염기의 pH는 14이다.

pH란 수용액 중에 섞여있는 수소이온(H+)과 수산화이온(OH-)의 농도의 비를 말한다. 둘의 농도가 같으면 7이고, 수소이온이 많으면 pH의 수치가 작아지고 산성이 된다. 반대로 수산화이온이 많아지면 pH 수치가 높아지고 알칼리성(염기성)을 띄게 된다. 섭씨 25℃에서 수소이온과 수산화이온이 동일한 양으로 존재하는 순수한 물의 pH는 7이고, pH를 표기할 때에는 반드시 소문자 p와 대문자 H로 써야하며, PH나 ph로 써서는 안된다. 이것은 국제적으로 약속된 기호이다.

3) pH와 모발은?

헤어 스타일링에 있어서 pH를 안다는 것은 매우 중요한 일이다. 이는 pH에 따라 모발 구조가 변화하고 이에 따라 모발 내부로 약액 침투가 가능하거나 불가능 해 질 수도 있기 때문이다. 손상되거나 약해진 모발의 경우에는 pH를 조절하여 어느 정도 복구도 가능하다. 미용실에서 사용하는 제품의 pH는 모발에서 화학작용에 의한 색소의 착색 정도를 결정하는 중요 요인이 되기도 한다. 따라서 모발과 pH와의 관계를 이해하는 것은 미용인에게 있어서 매우 중요하다고 할 수 있다.

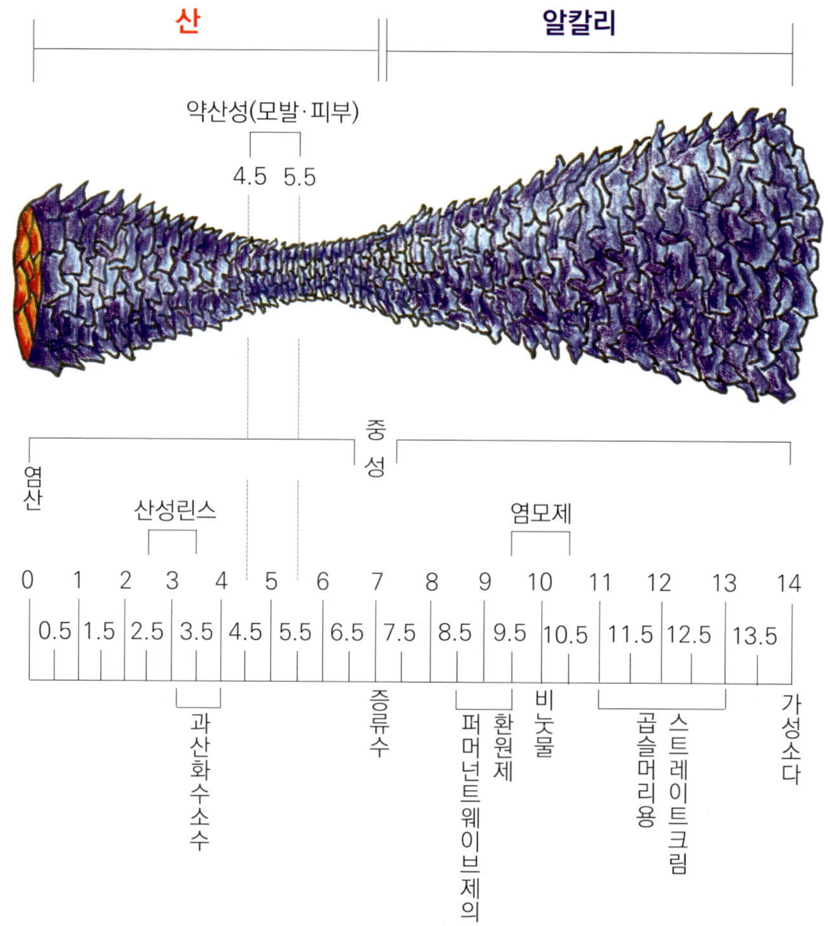

(1) 산성의 특징

① 알칼리를 중화한다.
② 신맛이 난다.
③ 산성 린스는 모발에 윤기를 주고 모발 손질이 쉬워진다.
④ 강한 산성이 아니면 산성에 의한 모발 손상이 적다.

* 모발의 단백질은 산성에 대해 수축작용을 함으로써 모표피의 응축현상으로 표피층은 단단해 진다.

(2) 알칼리의 특징

모발을 부풀려서 평창하게 하는데 pH가 높을수록 단백질의 염결합이 파괴되어 불안정한 상태가 된다. 약알칼리에서는 모발의 유연함을 느낄 수 있고, 알칼리성이 강해지면 모발의 측색결합으로 단백질 자체도 분해된다.

① 쓴맛이 난다.
② 산으로 중화된다.
③ 감촉이 비누같이 미끈거린다.
④ 건조해 보이며 손질하기가 나쁘다.

알칼리에 의해서 팽윤된 모발은 pH 균형을 맞추기 위해 후 처리제 pH 밸런스를 도포하여 모발의 등전점(pH 4.5~5.5)으로 다시 되돌려 주어야 하며 코팅을 반복하게 되면 모발이 산성화가 되어 모발이 거칠어지므로 산성에 시술이 끝나면 알칼리제의 시술을 번갈아 가며 항상 모발은 pH 균형을 맞추어 주어야 건강한 모발을 유지한다.

2

퍼머넌트 웨이브 메카니즘

Permanent wave Mechanism

1. 퍼머넌트 웨이브의 정의
2. 퍼머넌트 웨이브의 목적
3. 퍼머넌트 웨이브의 디자인
4. 퍼머넌트 웨이브의 원리
5. 퍼머넌트 웨이브의 종류
6. 퍼머넌트 웨이브 시술에 필요한 도구
7. 펌제
8. 퍼머넌트 웨이브 시술과정과 주의사항
9. 퍼머넨트 웨이브시 모발손상과 트리트먼트의 효과
10. 퍼머넌트 웨이브 와인딩 기법
11. 퍼머넌트 웨이브 와인딩 방법

1. 퍼머넌트 웨이브(Permanent wave)의 정의

퍼머넌트 웨이브(Permanent wave)란 영구적인, 영속적인 물결이란 뜻이며, 모발내 시스틴 결합의 환원작용과 산화작용을 이용하여 영구적인 웨이브를 만드는 것으로 모발의 물리적, 화학적 방법을 사용하여 모발의 구조와 형태를 오랫동안 변화시켜 놓은 것이다.

퍼머넌트 웨이브를 하기 위해서는 모발, 펌 약제, 기술 등의 구성요소가 필요하며 일반적으로 일상생활에서 그 풀 네임(full name) 보다는 펌, 퍼머, 파마라고 불리고 있다. 현재의 미용 산업현장에서 펌은 웨이브(wave)와 스트레이트(straight)가 공존하므로 '영구적인 또는 영속적인' 뜻을 지닌 퍼머넌트라는 용어의 표현도 무방하다 하겠다.

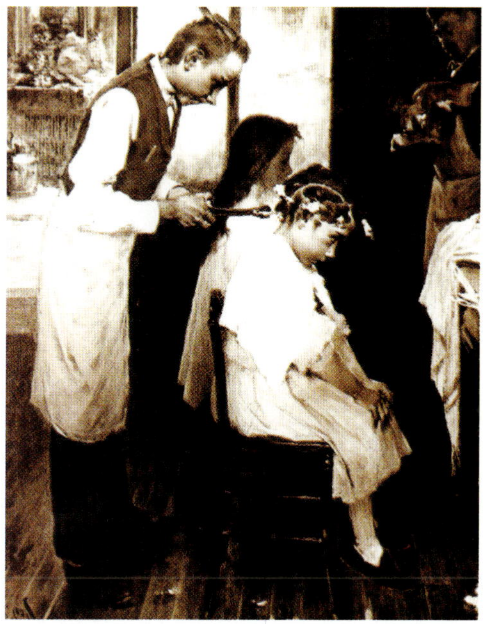

2. 퍼머넌트 웨이브(Permanent wave)의 목적

퍼머넌트 웨이브는 헤어 커트 후에 커트 디자인의 완성도를 높여주고, 두상의 모양을 보완하며 새로운 헤어스타일을 만들어 심미적 안정감을 추구할 때 사용된다. 또한 헤어스타일의 손질을 용이하게 하며 개성을 살릴 수 있는 장점이 있어서 남녀노소를 막론하고 폭넓은 연령층의 헤어스타일에 적용되고 있으며, 다양한 크기와 모양의 에이브 또는 직모(straight)를 만들어 모발의 질감(textyre)을 변화시킬 수 있다.

퍼머넌트 웨이브에서 나타나는 효과를 살펴보면, 가는 모발에는 힘을 줄 수 있으며 굵고 강한 모발에는 유연성을 부여할 수 있다. 그리고 모근의 흐름을 어느 정도 조절할 수 있으며 볼륨을 만들어 낼 수 있다. S의 웨이브로 자연스러운 연결을 만들어 주며, 웨이브진 모발을 직모로 만드는 교정도 할 수 있다. 개성에 맞는 헤어스타일을 연출할 수 있으며 얼굴형과 두형의 단점을 보완하는 작업이 가능하며 세팅을 하기 위한 선행 작업으로 새로운 헤어스타일을 추구할 수 있다.

다시 한번 정리한다면

① 모질개선 : 본래의 가지고 있는 모질을 개선한다.

② 볼륨감, 컬감 : 펌으로 모류의 보정이나 볼륨감, 원하는 컬을 얻을 수 있다.

③ 펌 테크닉으로 스타일(볼륨, 윤기, 율동) 조직으로 손질이 편한 예쁜 스타일을 연출한다.

3. 퍼머넌트 웨이브(Permanent wave)의 디자인

모든 예술 분야와 마찬가지로 헤어디자인은 형태, 질감, 컬러 세가지의 기본 요소로 되어 있다.

펌 디자인은 또한 헤어디자이너가 고객에게 제공할 수 있는 가장 창조적이며 수익성이 높은 서비스라 할 수 있다. 디자인의 구성요소와 디자인 원칙을 적절히 적용하여 창조적인 헤어스타일을 연출 할 수 있도록 한다.

1) 형 태

어떤 물체의 모양이나 윤곽을 3차원적으로 표현 한 것이다.

헤어디자인에서 형태는 어느 방향으로든 확장이 가능한 부피나 볼륨을 일컫는다. 형태를 제대로 보고자 한다면 앞, 뒤, 위, 옆을 비롯 모든 각도에서 디자인을 보아야 한다.

형태의 분류 – 헤어디자인에 있어서 일반적으로 형태는 구형, 편구형, 장구형

형태 내에서의 방향 – 시계(c.w) 반 시계(c.c.w)

C컬(clock wize wind curl)	시계 돌아가는 방향으로 컬을 만다
CC컬(counter clock wise curl)	시계 돌아가는 반대방향으로 컬을 만다

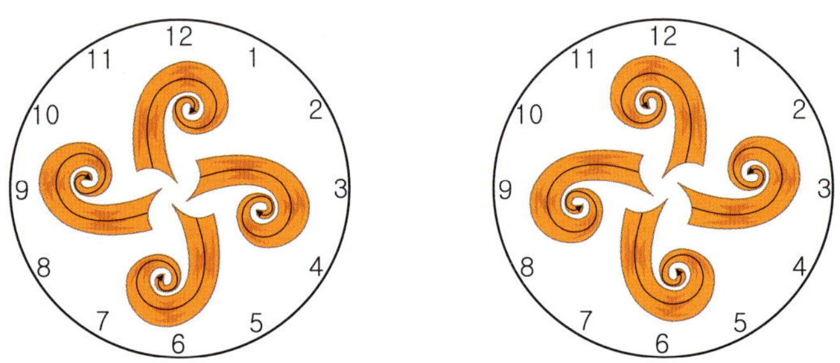

C컬 시계방향　　CC컬 반시계방향

2) 질 감

어떤 표면의 모습이나 느낌을 뜻한다. 곱슬거린다, 부드럽다, 거칠다, 오돌토돌 하다. 혹은 매끄럽다와 같은 말은 질감의 성질을 묘사하는 말이다.

헤어디자인이 만곡선인가, 각진형인가.

질감의 속도 – 느린 웨이브 - 중간 - 매우 속도감이 있고 엑티베이트한 컬

질감의 특성 – 질감의 패턴, 즉 기구의 모양을 일컫는다.

3) 컬 러

컬러는 어떤 디자인에 깊이 차원과 빛의 반사를 더해 주는 요소이다.

고객의 모발 색상에 맞춰 시술하기 때문에 이 색상이 마지막 디자인에 끼치는 영향을 고려해 보아야 한다. 컬러는 착시현상을 일으켜 전체머리 형태 또는 그 머리 형태내의 어느 한 부분에 시선을 집중시킨다.

4. 퍼머넌트 웨이브(Permanent wave)의 원리

퍼머넌트 웨이브는 모발 구성결합 중에서 많은 비율을 차지하는 모피질의 시스틴(S-S)결합, 수소결합, 염결합 등 여러 개의 측쇄결합 중 가장 견고한 시스틴(S-S)결합에 의하여 형성된다.

이 시스틴(S-S)결합은 멜캅탄(Mercaptane) 화합물인 환원제에 의하여 절단되어 시스테인이 되며, 산화제에 의하여 다시 새로운 시스틴결합을 형성한다.

이러한 원리로 펌 제1제 도포 후에 시스틴이 시스테인으로 환원 작용된 모발에 여러가지 와인딩 기법과 다양한 롯드 등의 물리적 방법을 사용하여 모발의 모양을 변형시킨다. 그리고 난 후에 펌 제2제 도포 후의 산화작용에 의하여 시스테인이 새로운 시스틴으로 재결합되면서 다양한 모양의 퍼머넌트 웨이브가 형성되는 것이다.

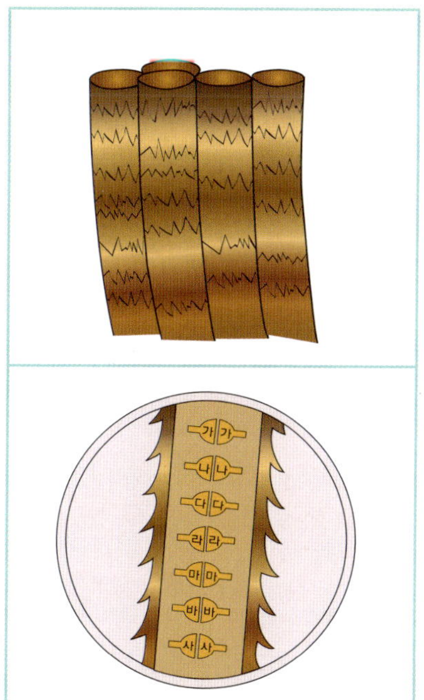

1. 도포전의 상태

건강한 모발은 큐티클이 덮혀있고 내부의 시스틴 결합은 연결되어 있다.

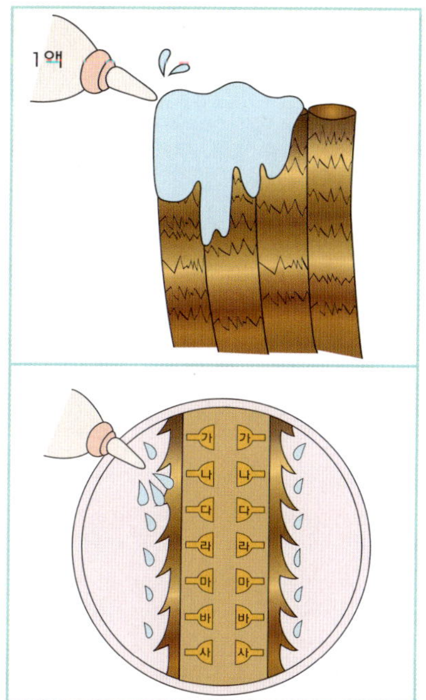

2. 제1제 도포 / 시스틴결합 절단

1제에 포함되어 있는 알칼리 성분으로 큐티클을 열어 약제가 침투하기 쉽게 하여 시스틴 결합을 절단한다.

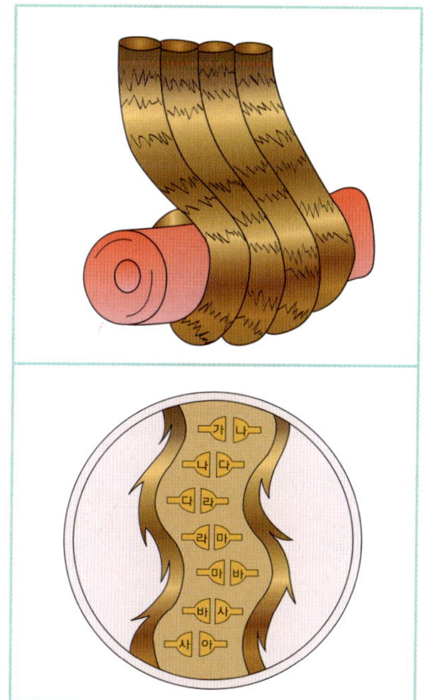

3. 와인딩

시스틴 결합이 절단된 상태에서 원하는 디자인의 롯드를 와인딩한다.

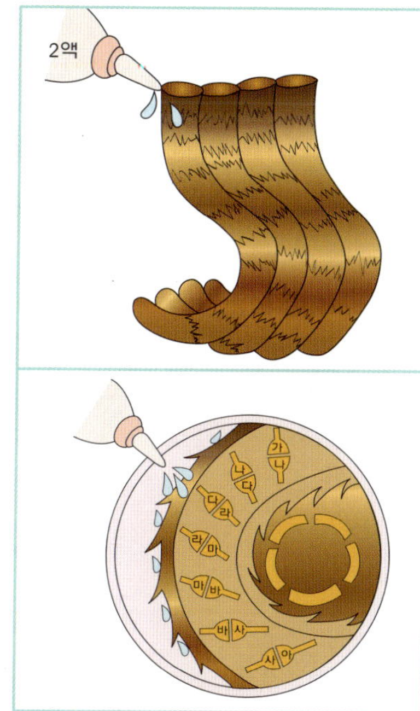

4. 제2제 도포 / 시스틴 재결합

2제에 포함된 과산화수소와 취소산나트륨은 절단한 시스틴을 재결합한다. 와인딩되어 변형된 상태에서 재결합하는 것으로 웨이브가 고정된다.

5. 퍼머넌트 웨이브의 종류

퍼머넌트 웨이브는 크게 시술 시의 상태로 구분할 수 있으며, 상온에서 가능한 콜드 퍼머넌트 웨이브(이하 콜드 펌)와 열을 필요로 하는 열 퍼머넌트 웨이브(이하 열펌)로 나눌 수 있다.

1) 콜드 펌

상온에서 가능한 펌으로 약제의 구성에 따라 1욕식, 2욕식, 3욕식으로 나눈다.

① 1욕식

제1제(환원제)의 환원작용만을 사용하여 펌을 형성 시키는 방법으로 제1제의 주성분인 치오글리콜산 암모늄염이 시스틴 결합을 환원시키고, 공기 중의 산소에 의하여 산화되어 시스틴을 재결합 시키는 방법이다. 시간이 많이 걸리는 단점이 있으며 미용 산업현장에서는 사용되지 않는다.

② 2욕식

제1제(환원제)와 제2제(산화제)로 구성되어 있으며, 제1제의 주성분인 치오글리콜산 암모늄염이나 시스테인산염의 환원작용에 의하여 시스틴 결합이 절단되어 시스테인이 된다. 제2제의 주성분인 브롬산염(취소산염)이나 과산화수소의 산화작용으로 시스테인이 되었던 결합이 시스틴으로 재결합되는 방법이다.

현재 미용 산업현장에서 가장 널리 사용되고 있는 방법이다.

③ 3욕식

제1제(전처리제)와 제2제(환원제), 제3제(산화제)로 구성되어 있으며, 제1제는 특수 활성제로서 환원제가 모발에 쉽게 침투할 수 있도록 팽윤 연화 시키는 작용을 한다. 제2제와 제3제는 2욕식과 같으며, 모발이 굵고 큐티클이 촘촘한 발수성모에 효과적이며, 모발이 심하게 손상되어 웨이브의 형성이 어려운 모발에도 PPT 등의 영양을 주기위한 제품과 함께 제1제를 사용한다.

2) 열펌(Heat perm)

모발에 열을 가하여 웨이브를 만드는 방법으로 열의 온도는 100℃~120℃이다.

종 류

① 머신웨이브(machine wave) : 증기나 전기 등의 열을 기계적으로 응용한다.

② 머신리스웨이브(machineless wave ; 프리히트웨이브) : 특수 금속의 히팅클립을 사용하며 우리나라에서는 '기본퍼머', '불퍼머' 등으로 불렸다.

③ 케미컬웨이브(chemical wave) : 특수 약품을 사용하여 발열시킨다.

위의 방법을 시작으로 많이 변화되며 요즘에는 셋팅, 디지털 펌, 아이론 펌, 매직 등의 이름으로 널리 사용되고 있다.

열 펌의 약제는 2욕식으로 구성되어 있으며, 제1제는 환원작용, 제2제는 산화작용을 하며 약제의 처리방법에 따라 직 펌과 열 펌으로 나눈다. 일반적으로 열 펌은 제1제 도포 후에 방치시간을 두고 환원력을 테스트한 후 물로 헹궈내는 작업을 한 후에 펌을 시술한다. 직 펌은 콜드 펌 2욕식의 방법처럼 제1제를 헹궈내지 않은 상태에서 와인딩 후 열을 가하여 시술하는 것이다. 모발이 열에 의한 손상을 막기 위하여 모발영양제품이나 오일 등을 선택하여 사용하는 것이 중요하며, 모발진단에 따른 열기구의 온도조절이 필수적이다.

6. 퍼머넌트 웨이브 시술에 필요한 도구

꼬리빗, 핀 또는 클립, 수건, 솜, 거즈, 헤드밴드(head band), 어프리케이터(applycator), 필요에 따라 샴푸액과 단백질 컨디셔너, 린스, 고객용 가운, 어깨보, 퍼머넌트 용액(1제, 2제), 고무장갑, 스틱, 엔드페이퍼(end paper), 컬링 롯드(curling rod), 고무밴드, 비닐캡, 2제 받침대, 스티머, 히팅 캡 또는 적외선 가열기.

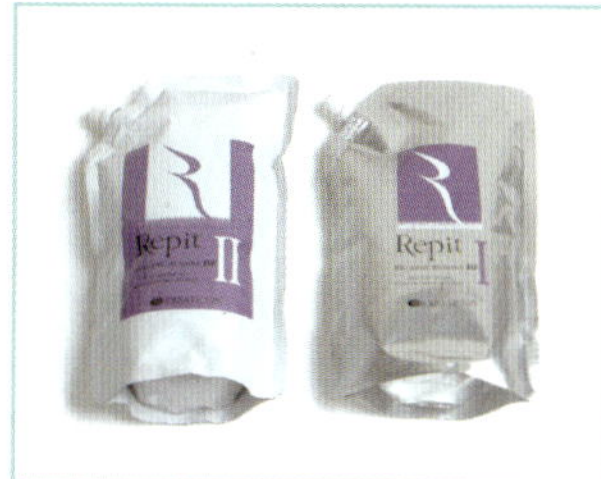

펌제

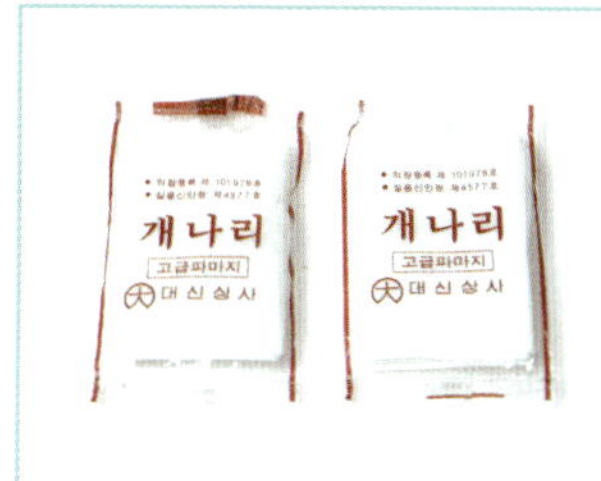

습지

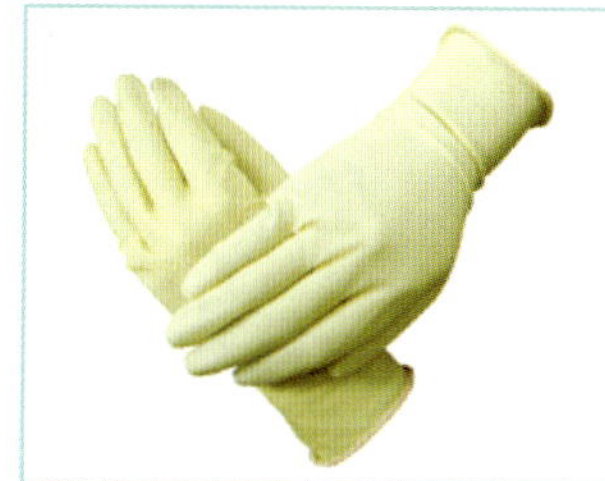

고무장갑

비닐캡

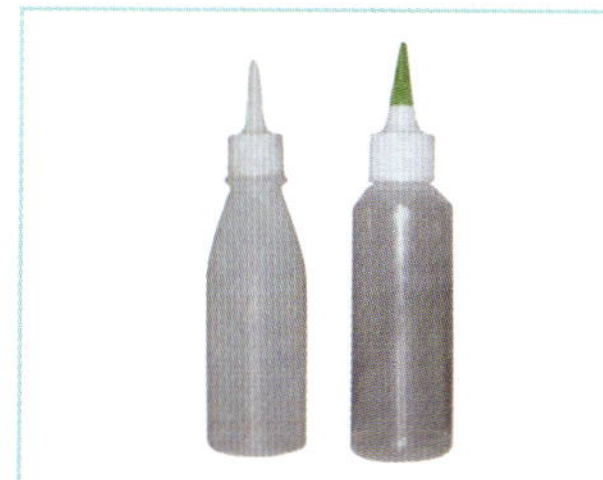

펌제 용기

어깨보

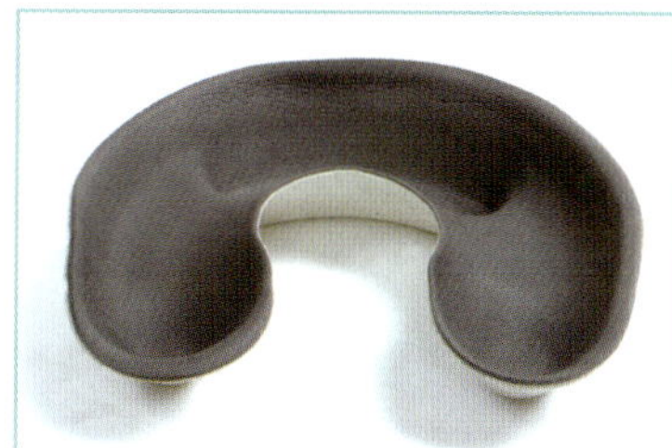

중화제받침대

롯드

7. 펌제

펌제의 종류는 머리질감, 손상의 정도 등을 파악하여 원하는 상태에 따라 약제를 선택한다. 퍼머의 1제은 크게 치오클리콜산암모늄인 「치오계」, 시스테인인 「시스계」, 화장품등록인 「셀파이드계」가 있다.

펌2제는 브롬산나트륨과 과산화수소의 종류가 대부분이다.

표 2-1. 과산화수소와 브롬산의 차이

	과산화수소	브롬산
pH	2.5~3.5알칼리성에서 분해하기 쉬움	5~8. 산성에서 분해하기 쉬움
산화력	강함 처리시간이 짧음	부드러움 처리시간이 길다.
S-S기의 결합력	10	8~9
모발의 영향	단백질 분해 (아이론 펌, 치오)	단백질 응고 (시스테인)
펌 후 상태 (감촉)	물이 남는다. 부드러움	물과 브롬산이 남는 과다처리 시 뻣뻣함.
입자 크기	작다 컬 형성력이 강함	크다

표 2-2. 1제

	장 점	단 점	사용되는 모발
치오계	휘발성으로 모발에 알칼리 잔류가 적으므로 파마 시술 후에 손상이 적다. 분자가 적으므로 머리카락 내부에 들어가기가 쉽다. 그 때문에 많은 시스틴 결합을 절단할 수 있기에 강한 웨이브도 가능하다.	휘발성이므로 냄새가 난다. 도포직후 자극이 강하다.	발수성 머리카락이나 경직된 머리카락 등의 약제의 침투가 어렵고, 파마하기 어려운 모발, 지루성 모발, 버진헤어, 발수성모발
시스계	불휘발성이라 냄새가 적고, 또 환원력이 약하므로 모발의 손상도 적다. 소프트에서 자연스런 웨이브와 볼륨을 만드는 곳에 사용한다.	불휘발성이라 알칼리가 잔류한다. 특히 점성이 높은 약액이 많으므로 모발뿐만 아니라 시술자의 손에 묻으면 손이 거칠어 진다. 또 강한 웨이브에는 부적당	흡수성 모발이나 부드러운 모발, 퍼머를 하기 쉬운 모발, 손상모, 염색모
셀파이드계	불휘발성이라 거의 냄새가 없다. 환원력이 적으므로 모발의 손상이 적다. 알칼리도가 대단히 높아 젖었을 때와 말랐을 때의 웨이브차가 적다.	강한 웨이브는 물이다. 알칼리 잔류도가 높아 산성 린스 등의 후 처리를 확실히 하지 않으면 시술 후 손상의 염려가 있다. 시술자의 손에 닿으면 높은 잔류도로 손이 거칠어지기 쉽다.	손상모나 염색모, 자연스런 웨이브와 볼륨을 원할 때 사용

8. 퍼머넌트 웨이브 시술과정과 주의사항

펌 시술 상담카드

성 명			모발의 조건	굵 기	굵음/보통모/가는머리
나 이	세	직업		손상도	극손상/손상/보통/건강
시술일자				길 이	긴머리/보통머리/짧은머리
제 품 명			모발상대	웨이브펌/스트레이트펌/염색/코팅/자연곱슬/자연직모	
시술내용			모발색상	밝은색/자연갈색/진한갈색/흑색/기타	
1제 시술시간	촉진기사용시간	분	2제 시술시간	1차 도포	
	자연방치시간	분		2차 도포	

시술후 관찰기록	1차 관찰	2차 관찰	비고
모발의 윤기 및 촉감			
모발의 손상여부			
컬의 풀어짐			
피부 트러블			

Tip

살롱에서 매출향상을 위한 펌

▷ 모질개선 – 본래의 가지고 있는 모질을 개선한다.
▷ 볼륨감 – 펌으로 볼륨감이나 움직임을 만든다.
▷ 손상방지 – 윤기와 크리닉으로 모발의 손상을 최소화 시킨다.
▷ 모발 데미지를 주지않고 펌 테크닉으로 스타일(볼륨, 윤기, 율동) 조작

헤어 스타일을 손질할 때 쾌적함을 주기 위해서는 데미지 방지와 프로의 테크닉이 필요하다. 데미지를 주지 않기 위해서는 와인딩 시간을 최대한 단축시키는 것과 약액의 지식과 선정 웨이브 형성의 원리를 알고 시술하는 프로의식이 필요하다.

프로의 테크닉이란?

▷ 최대한 시술시간이 빠르게 와인딩
▷ 모발이 손상되지 않게 약재 선정
▷ 뒷손질이 편하게 디자인 설정

70분 쾌적 펌의 표준 시술시간

카운슬링	2분	샴푸	2분
컷트	10분	타올드라이(수분조절)	
전처리 1제 도포	2분	와인딩	13분
1제 재도포	1분	1제 방치(열처리+자연방치)	10+10분
산린스, 2제 도포	2분	2제 방치	5+5분
행굼	2분	타올드라이	2분
스타일링	5분		

1) 펌 시술과정

모발진단

문진, 시진, 촉진, 검진

프리커트

샴푸

약제선정, 도포

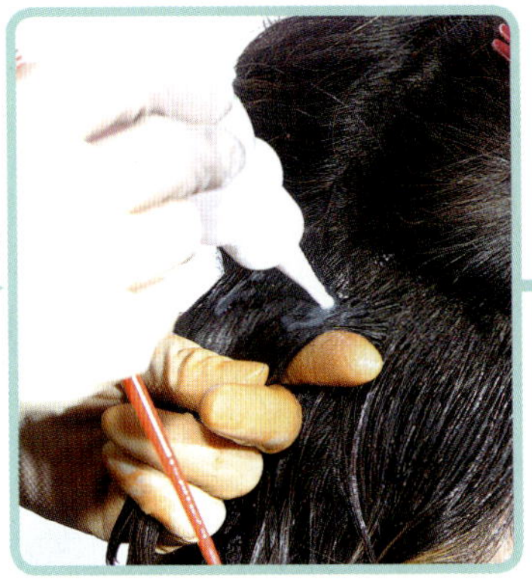

직접법 : 약액을 바르고 말기
간접법 : 물을 뿌려주고 말기

웨이브 없애기

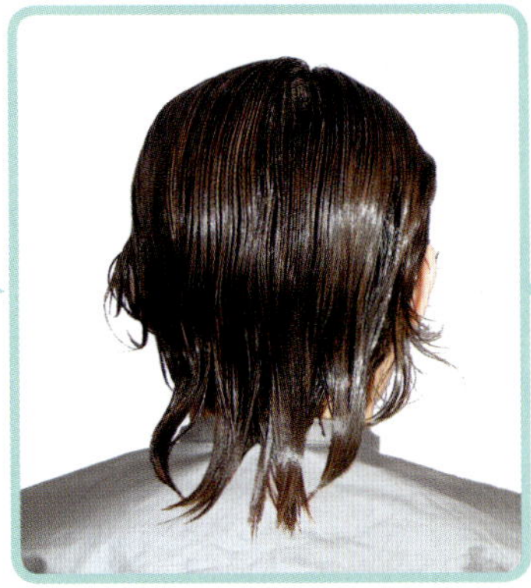

본래의 웨이브를 없애기 위해 빗질

롯드 선정

모발진단, 성능, 온도 등을 개선하여 원하는 웨이브 형성과 모발의 길이. 질감에 따라 롯드 선택

와인딩 + 1액 도포

퍼머약

도포

비닐캡, 열처리

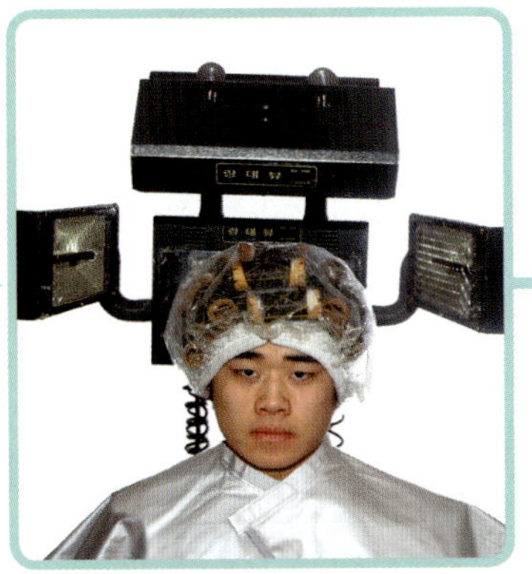

모발진단에 따라 10~20분 가온처리한다. 방치시간, 즉 화학반응에 따라 커트의 상태가 유지되기 때문에 실내온도, 비닐캡, 가온약액의 종류, 도포량 등을 고려해서 선택한다.

테스트 컬

탄성을 본다.
웨이브의 상태를 본다(2~3군데)

헹굼

중간세척

2제 도포

2제을 도포
2회에 나누어 도포한다.

롯드 아웃

웨이브를 관할한다

마무리한다.

2) 펌 시술시 주의사항

① 퍼머넌트 웨이브를 바르게 시술하기 위해서는 모발에 알맞은 용액을 선택해야 한다. 손상모, 염색모, 탈색모, 다공성모는 퍼머넌트 진행시간을 짧게 하며 낮은 농도의 제1제를 사용해야 한다.

② 두피에 상처나 염증이 있는 이상성 질환여부를 살피고 건강한 두피에 시술한다.

③ 모발이 더러워져 있으면 퍼머넌트 용액의 반응이 방해되기 때문에 가볍게 샴푸한다. 샴푸할 때는 손톱으로 두피에 상처를 내지 않도록 주의한다.

④ 얼굴이나 목에 용액이 묻었을 때에는 물에 적신 탈지면이나 거즈로 닦아내고 눈에 들어갔을 때에는 바로 물로 씻어낸다.

⑤ 제1제의 환원작용 시간을 너무 길게 하면 모발이 손상될 염려가 있으므로 시간을 지나치게 오래하지 않도록 주의하고 제2제의 산화작용 시간을 충분히 준다.

⑥ 제2제 사용 후에는 샴푸하지 않고 충분히 린스 한다.

⑦ 용액은 제조사의 지시서에 따르도록 하고 공기나 광선, 열 등에 의해서 화학반응을 일으키기 쉬우므로 쓰다 남은 용액은 다시 용기에 넣지 말고 밀폐해서 냉암소에 보관한다.

9. 퍼머넌트 웨이브시 모발손상과 트리트먼트의 효과

퍼머넌트 웨이브는 화학적 원리를 이용하여 모발의 질감상태를 변화시키므로, 잘못된 모발진단으로 인한 약제선택과 지나친 시간방치 등으로 방심하면 모발손상을 초래할 수 있다. 그러므로 펌 전·후의 처치 및 영양보급에 의한 트리트먼트는 필수적이라 할 수 있다.

1) 모발손상의 원인과 현상

① 모발진단의 착오에 의한 처치 오류 → 시진, 문진, 촉진을 통한 정확한 모발진단이 필요

② 약제의 선택과 방치시간의 오류 → 큐티클 층의 들뜸현상과 탈락현상, 세포막 복합체(cell membrane complex, CMC), 간충물질 등의 유실에 의하여 모발이 다공성화 되며 펌제의 성분이 모발내에 잔류하면서 산화생성물이 생성되어 모발손상이 일어날 수 있다. 그러므로 모발진단에 따른 약제와 방치시간의 적절한 선택이 중요하다.

③ 모발 끝이 꺽인 와인딩 → 모발 끝이 꺽이면 자지러지짐과 끊어지는 현상이 나타난다. 그러므로 와인딩할 때 모발 끝을 보호하는 습지(end paper) 부터 말아 들어가면서 모발이 감기도록 한다.

④ 고무밴딩 처리시의 지나친 텐션 → 롯드 상단부분의 약액의 고임과 지나친 텐션으로 고무밴드가 팽팽히 당겨져 모발을 누름으로 절단 및 꺽임 현상이 생긴다. 그러므로 느슨한 밴드처리로 약액의 고임과 지나치게 누르는 현상이 없게 하여야 한다.

2) 트리트먼트의 목적

펌 전·후의 트리트먼트는 모발을 보호하여 손상을 최소화하기 위하여 사용된다. 트리트먼트제는 손상된 부분에 간충물질과 세포막 복합체(cell membrane complex, CMC) 성분을 보급하여 손상된 부분을 보호하여 주며 손상이 지속되는 것을 방지한다.

① 예방을 위한 경우 : 화학적 반응으로 부터 모발을 보호하기 위하여 모발 표면과 내부에 흡착하여 간층물질 등의 유실을 막으며, 큐티클층 또한 보호한다.

② 모발 회복을 위한 경우 : 한번 손상된 모발이 회복될 수는 없으나, 손실된 영양물질의 보충과 더이상의 유실을 막기 위하여 모발성분과 같은 물질을 주원료로 하는 트리트먼트제를 사용한다.

③ 탄력이나 지속성을 위한 경우 : 수지계의 피막효과에 의한 모발의 탄력성과 지속성을 높여준다.

3) 트리트먼트제의 타입

① 리퀴드 타입(liquid type) : 수용성은 모발의 회복을 위하여 영양을 줄 때 주로 사용되며, 유용성은 모발의 표면을 보호하는 목적으로 사용된다.

② 에멀젼 타입(emulsion type) : 유상의 로션타입으로 손상된 모발에 회복과 손상방지 등의 목적으로 사용된다.

③ 크림 타입(cream type) : 모발 손상방지와 영양보충을 위하여 사용되며, 모발 성분과 같은 물질을 주원료로 한다.

4) 트리트먼트제의 성분과 특성

단백질 가수분해물질 PPT

① 카지오닌 PPT - 유연성효과
② 실리콘화 케라틴 PPT - 단백질 변성방지
③ 케라틴 PPT - 팽팽함과 매끄러움
④ 콜라겐 PPT - 동물의 피부에서 얻음, 보습효과기대
⑤ 대두 PPT - 식물에서 얻음. 보습효과 뛰어남
⑥ 실리콘 - 피막효과 높음. 트리트먼트, 샴푸제 등에 배합
⑦ 피트 프로틴 - PPT를 실리콘화 한것. 고온에서 효과 발휘
⑧ 실리콘 오일 - 트리트먼트, 헤어크림, 헤어왁스 등에 배합
⑨ 글리세린 - 흡습성이 뛰어나고 보습, 유연성에 이용
⑩ PCA소다 - 피부에 함유되어 있는 천연보습인자, 모발보호 및 유연효과
⑪ 호호바 오일 - 모발의 유연성과 탄력성 부여
⑫ 글리신 - 4.1~4.2%를 조성. 보습작용
⑬ 아스파라긴산 - 3.9~7.7%를 조성. 보습 및 세포부활성분
⑭ 알라닌 - 2.8%조성. NMF의 구성물질
⑮ -1 글루타민산 - 13.6~14.2% 조성. 생체대사촉진 작용
⑯ -1 세린 - 4.3~9.6%조성. 보습기능과 시스틴 생성에 관여

5) 펌용 전·후 트리트먼트제

모발을 방어할 목적으로 한 타입

성분	배합성분	배합성분의 특징
제형	수용성, 유용성 (유용성쪽이 많다.)	
주성분	실리콘	피막효과를 높여줌
	세라마이드	흡착성이 있고 발란스를 정리
	라놀린	보습효과, 유연성 보급
	스쿠알란	피막효과
첨가제	아마노산	수종의 아미노산, 손상회복 효과
	케라틴 PPT	손상회복, 모발의 탄력부여
	콜라겐 PPT	손상회복, 모발의 보습력을 높여줌
	실크 PPT	손상회복, 부드러움을 준다.
	소맥 PPT	모발의 보습력을 높여줌
	대두 PPT	모발의 보습력을 높여줌
보조제	음이온 활성제	침투와 흡수를 높임
	카치오닌 활성제	촉촉함과 유연성 보급

10. 퍼머넌트 웨이브 와인딩 기법

1) 스파이럴 와인딩(Spiral winding)

스파이럴은 "소용돌이", "나선"이란 의미를 가지고 있다.

모근에서 모발 끝 쪽으로 또는 모발 끝에서 모근쪽으로 와인딩하는 기법으로 긴 모발에 적합하며 모발을 잡은 손의 손목을 나선형으로 돌리면서 롯드에 와인딩하면서 모발전체에 균일하고 강한 웨이브가 형성된다. 긴 모발에 사용되어 길게 늘어뜨린 머릿결을 만들며 질감은 사용된 기구의 모양과 굵기에 따라 웨이브가 연출된다.

2) 크롤키놀 와인딩(Croquignole winding)

모발 끝에서 모근 쪽으로 와인딩 하는 기법으로 모발길이에 상관없이 사용되지만 짧은 모발에 유용하게 사용된다. 모발끝의 웨이브는 강하고 모근쪽으로 갈수록 웨이브는 굵다. 가로 와인딩으로 인컬과 아웃컬을 표현 할 수 있으며 버티컬 와인딩과 다이애거널 와인딩을 이용한 와인딩기법으로 광범위하게 사용된다.

3) 압착(Compression)

기구 사이에 모발을 넣어서 압착하여 모발의 질감을 만들어 내는 기법이다.
기구의 형태에 따라 다양한 질감의 표현이 가능하다.

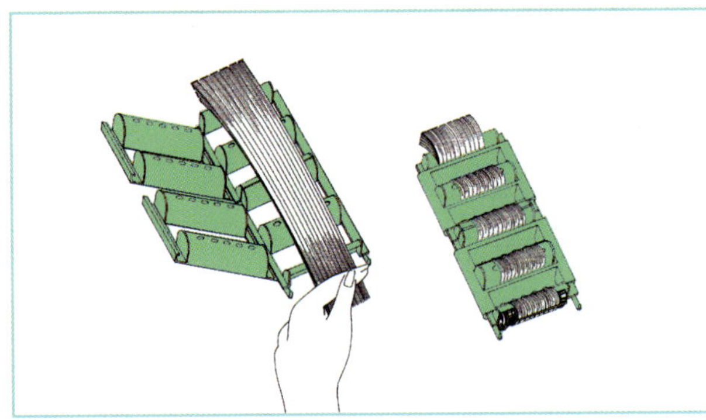

11. 퍼머넌트 웨이브 와인딩 방법

1) 직사각형 패턴(Rectangle pattern)

퍼머넌트 와인딩의 가장 기본적인 방법으로 두상의 곡면을 이해하면 빠르고, 쉽고, 정확하게 와인딩이 가능하다.

2) 윤곽 패턴(Contour pattern)

사이드 전체를 하나의 큰 타원형으로 보고 적절한 파팅을 나누어서 와인딩 하며 머리 윤곽의 형성에 따라 점차 수평이 된다.

3) 벽돌 쌓기 패턴(Bricklay pattern)

벽돌을 쌓은 것과 같은 형태로 베이스와 베이스 사이에 틈이 없도록 자연스럽게 연결 되도록 와인딩한다. 수평기본형과 수직 나선형이 있다.

- 수평형 : 직사각형과 사다리꼴 모양의 베이스가 사용되며 롯드는 수평이나 대각으로 이용하고 두상곡면의 갈라짐과 웨이브의 자연스러움을 위해 슬라이스 판넬 중간을 나누어서 다음 판넬을 떠서 와인딩한다.

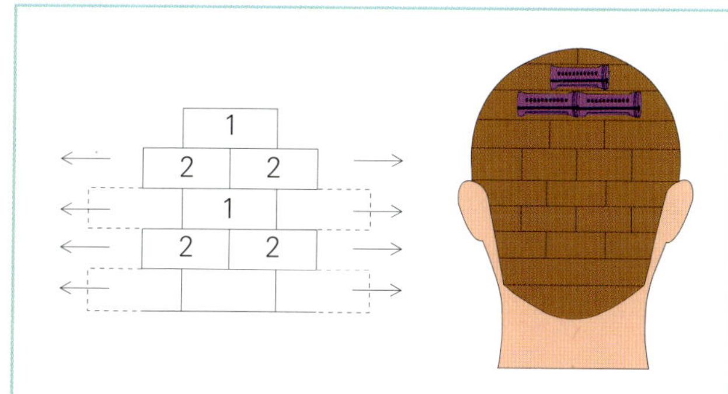

4) 확장 원형 패턴(Expanded Circle pattern)

측면 모습은 커다란 곡선 형태모양이고 확장 원형의 바깥쪽 부분이다. 이 섹션은 곡면을 따라 사다리꼴이나 삼각형 베이스로 구분한다.

5) 오블롱 패턴(Oblong pattern)

오블롱이란 평행한 C선들로 조합된 연속적인 파상이다 이 형태는 일정한 방향의 강한 웨이브를 형성시킨다. 볼륨을 주어 풍성함을 주는 볼륨 오블롱 패턴(Volume oblong pattern)과 깊이를 만들어 주는 인덴테이션 오블롱 패턴(Indentation oblong pattern)이 있다. 이 두 가지 오블롱 패턴을 결합하면 연결교대 오블롱 패턴이 된다.

· 볼륨 오블롱(Volume oblong pattern) : 컨백스(볼록한 끝)에서 시작하여 첫 번째 방향에서 45° 파팅으로 장사방형 베이스로 와인딩한다.
· 인덴테이션 오블롱 패턴(Indentation oblong pattern) : 컨케이브(오목한 끝)에서 시작하여 두 번째 방향에서 45°로 와인딩한다.
· 교대 오블롱(Alternation oblong) : 방향을 바꾸어 움직이는 2개 이상의 오블롱으로 웨이브 형태를 만든다(수평, 수직, 대각선).
· 연결 오블롱(Interlocking oblong) : 오블롱의 연결기술에서 베이스 아래 코너에 있는 삼각형 베이스부터 시작된다. 이 삼각형의 크기는 다음 오블롱에 사용되는 기구의 지름과 관련이 있다.
· 연결원(Blending circles) : 1/4원형(부채꼴)은 모양을 확대하고, 다음 방향으로 연결하기 위해 오블롱의 오목한 끝에 둔다. 이 섹션내에서 삼각형의 1직경 만큼 떨어져 베이스 밑변과 평행하게 롯드를 둔다.

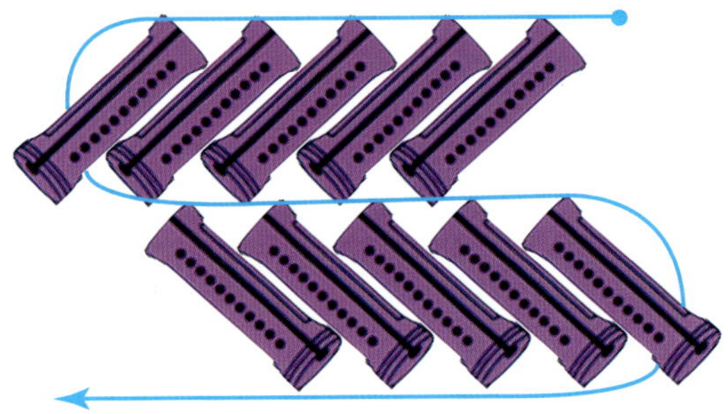

6) 프로젝션(Projection pattern)

커트의 형태에 따라 차이가 있으나 질감표현을 위해 모발 끝부분에만 퍼머넌트 웨이브를 시술하는 경우를 말한다. 커트와 직접적인 관련이 있는 디자인이다. 이 패턴은 무게지역 확장, 표면 엑티베이티브, 길이 유지를 위해 사용된다.

(1) 솔리드 – 수평 프로젝션(Horizontal-projection)

풍성한 효과에 의한 표면 질감 변화

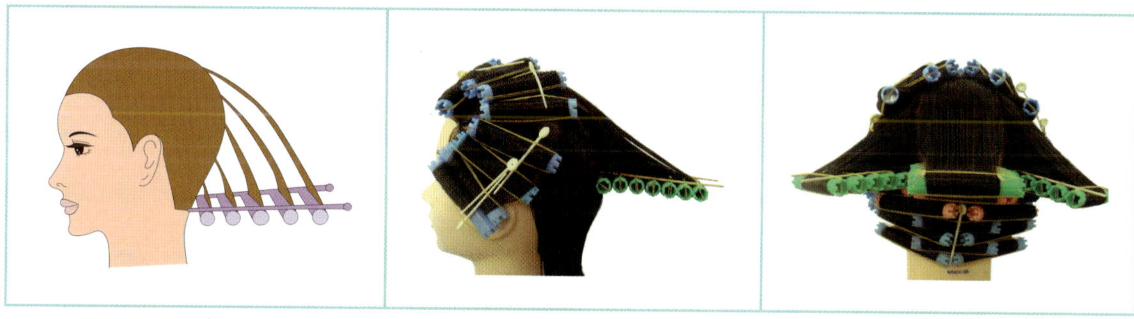

(2) 그레쥬에이션 – 업 프로젝션(Up-projection)

펌 질감을 첨가하면 길이가 짧아지고 무게선이 위로 올라간다.

(3) 인크리스레이어 – 다운 프로젝션(Down–projection)

긴머리를 유지하면서 볼륨감과 부피감을 형성한다.

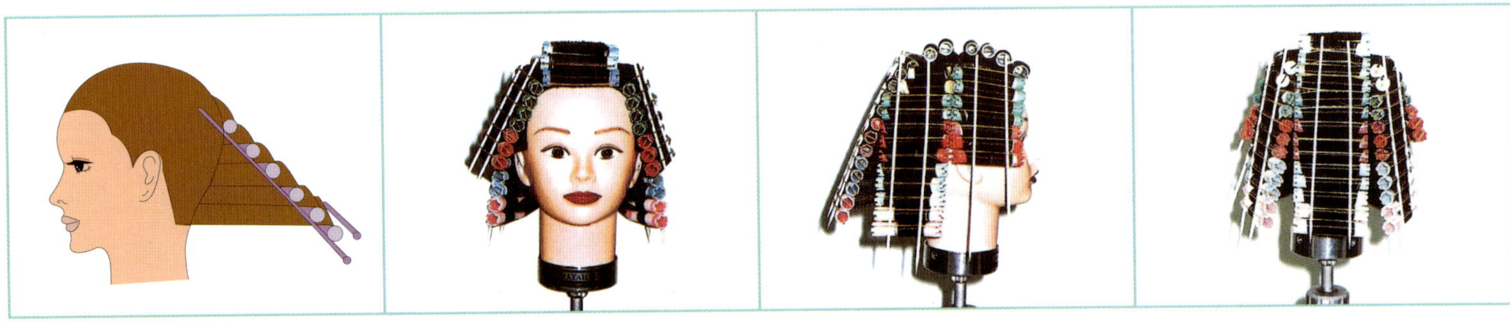

(4) 혼합형 – 다운, 업 프로젝션

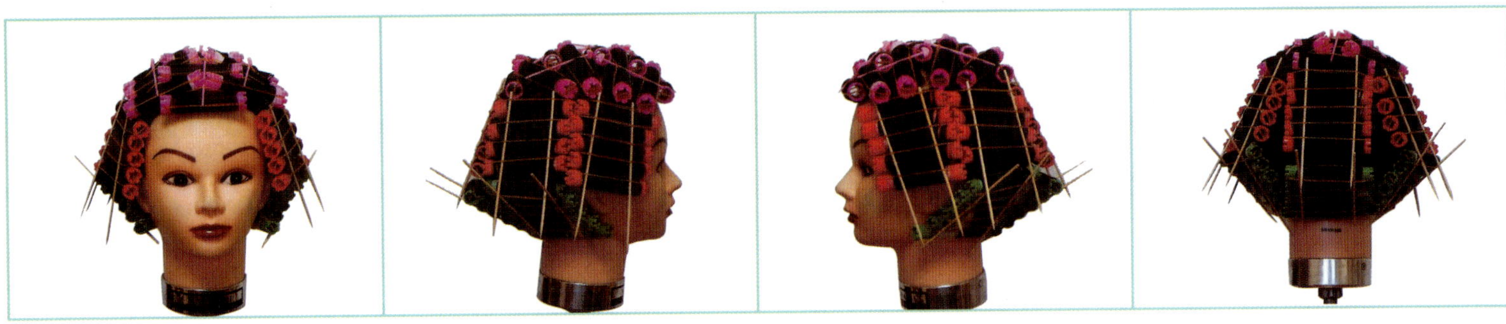

7) 위빙 와인딩

간격을 하나씩 띄워서 롯드를 말아가는 방법으로 비율은 전체의 실루엣에 따라서 다르지만 확실한 질감을 표현하고자 할 때는 1:1 비율이 좋다. 웨이브가 나온 것 반, 안나오는 머리단이 반씩 되어지기 때문에 안정된 질감이 얻어진다. 긴머리의 경우는 모량 조절과 볼륨을 억제시키는 경우에 선택하고 숏트의 경우는 뾰족한 질감을 얻고자 할 때 이용한다.

8) 인덴테이션 와인딩

아웃컬을 만들고 싶을때 와인딩 하는 것으로 율동감과 모발의 움직임을 표현할 수 있다. 아웃컬의 방향에 따라 롯드의 방향이 달라진다.

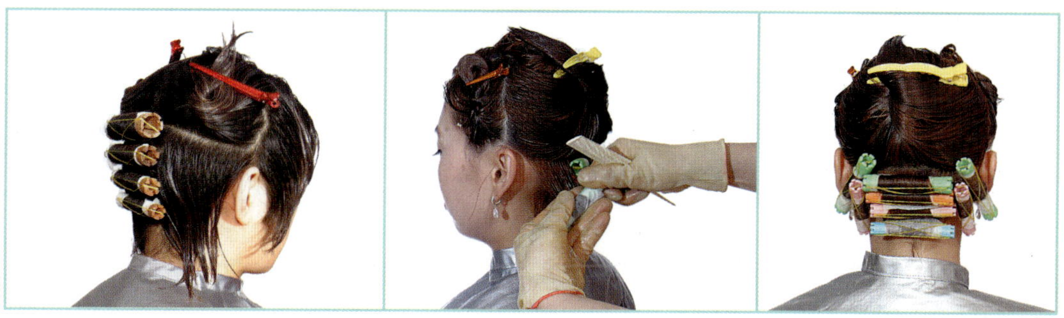

9) 핀컬 펌

두상의 부위에 맞추어 원하는 웨이브를 만들 수 있으므로 흐름과 율동감에 이용하는 펌이다.

① 와인딩의 기법에 따라

· 원형핀컬(바렐핀컬 ; Barrel pincurl) : 컬이 머리끝쪽부처 와인딩(머리끝쪽 웨이브가 강하다.)

· 나선형핀컬(스파이럴핀컬 ; Spiral pincurl) : 머리뿌리부터 와인딩(탄력도는 머리의 뿌리쪽이 강하다.

② 각도에 따라

· 스탠드 업 컬 90°(stand up curl) : 볼륨을 주고자 할 때

· 리프트 컬 45°(Lift curl) : 컬의 연결과 방향감을 주고자 할 때

· 플래트 컬 0°(flat curl) : 흐름을 주고자 할 때

③ 방향에 따라

· 포워드 컬(Forward curl) : 머리끝이 앞쪽(귀바퀴 방향)을 향한 컬

· 리버스 컬(Reverse curl) : 머리끝이 뒤쪽(귀바퀴 반대방향)을 향한 컬

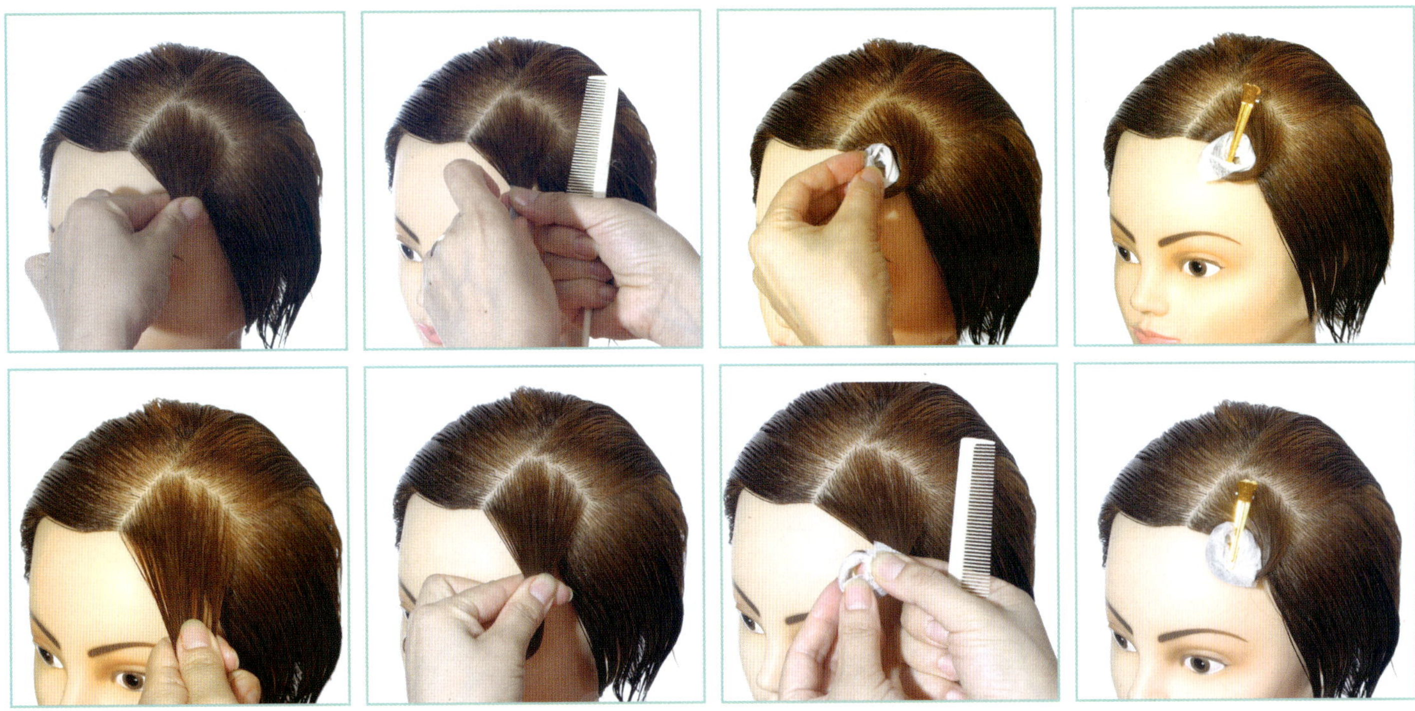

10) U핀 펌

전용롯드도 있지만 철침을 구부리거나 젓가락 두 개를 고무줄로 묶어서 사용하는 방법도 있다. 커브부분을 뿌리에 대고 머리다발을 교차로 말아가는 퍼머, 웨이브가 균등하게 나오지만 많은 폭이 넓어지면 폭이 점점 넓어져서 마무리는 머리끝을 향해 커다란 웨이브가 나오게 되는 것에 주의한다.

머리다발이 롯드폭의 좁은 부분으로 올라가기 쉬우므로 균등하게 말리도록 노텐션으로 한다. 말기가 끝난 머리끝 3~4㎝는 무리하게 말지 않고 둔다. 무리하게 말면 끝이 꺾여 부자연스러워진다.

11) 스트레이트 펌

웨이브진 펌을 자연모 상태로 만들고 싶을 때 시술하는 펌이다.

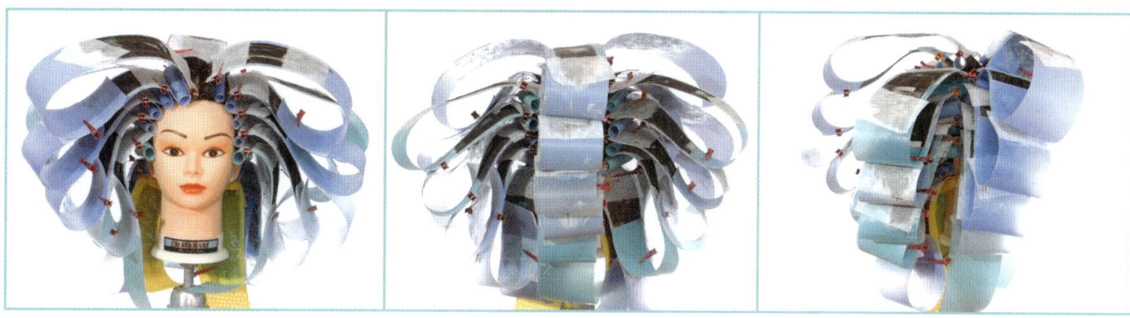

12) 특수 펌

(1) 호일 펌

머리다발을 호일로 싸거나 꺾어서 구부리거나 꼬거나 하는 퍼머. 롯드나 땋기로는 나오지 않는 질감을 나타낸다.

(2) 드래드

20㎝ 정도의 철침이나 똑바른 핀, U핀으로 트위스트 스파이럴 퍼머를 한다. 철심을 빼고 빗으로 풀어 앞으로를 헤어를 한다. 그 후 적당히 머리다발을 떠내 백콤을 하고 땋기를 하는 스타일. 머리 다발이 단단하게 마무리되므로 드래드를 하지 않아도 트위스트 스파이럴이나 철심퍼머 등으로 머리다발의 단단한 부분이 여러곳에 보이는 듯한 스타일은 소프트 드래드라고 불리우기도 한다.

(3) 브래이드

질감을 내고자하는대로 머리를 땋아서 퍼머약을 바르는 퍼머이다.

13) 파워롤 펌

롯드 속에다 롯드를 와인딩한다. 자연스러움과 컬의 굵기를 조절하고자 할때 시술하는 퍼머이다.

14) 더블 롯드 패턴(Double rod pattern), 더블 와인딩(Double winding), 피기백 와인딩(piggy back winding), 엮은 베이스(Woven base)

(1) 더블 와인딩(Double winding)

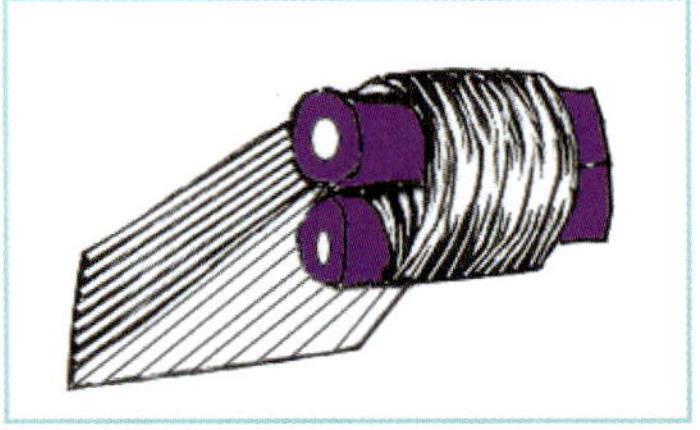

· 머리 끝에 좀더 컬을 원하고 뿌리에 볼륨을 원할 때 사용한다.

· 첫번째 롯드 밑에 두번째 롯드를 놓고 뿌리쪽으로 함께 와인딩한다.

(2) 이중 롯드 와인딩(Double rod winding)

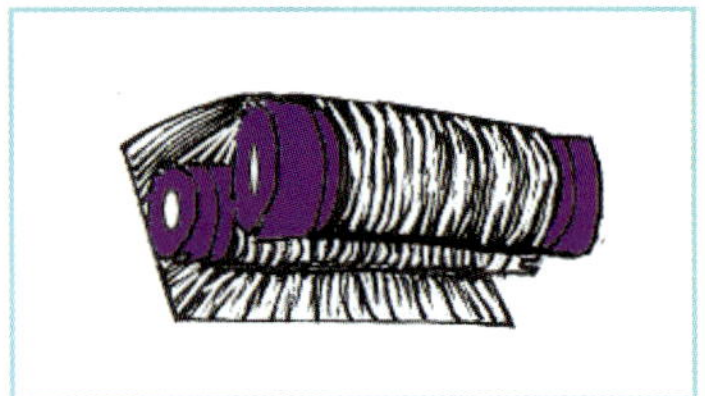

· 하나의 베이스 안에 두 개의 롯드를 사용하여 와인딩한다.

· 볼륨을 얻기 위해 두피쪽에 작은 롯드를 그 위에 큰 롯드를 얹거나 반대로 사용하기도 한다.

(3) 피기백(piggy back)

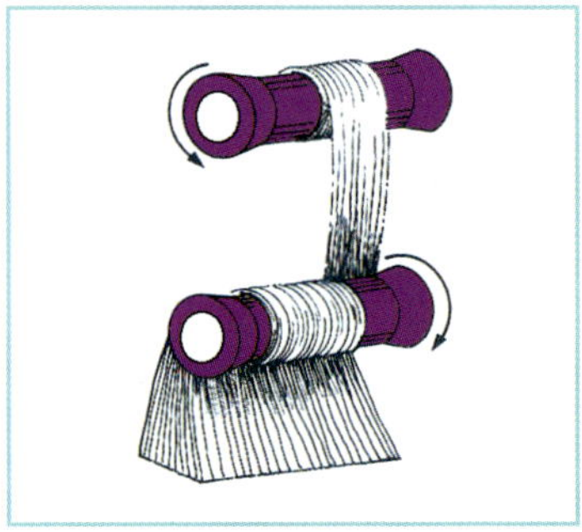

· 첫번째 롯드는 모발끝을 남기고 모근쪽을 와인딩하며 두번째 롯드는 남겨진 모발을 첫번째 롯드의 반대쪽으로 와인딩 하여 첫번째 롯드 위에 업는 형태이다.

· 긴머리에 균일한 컬을 원할 때 사용한다.

(4) 엮은 베이스(Woven base)

· 엮은 베이스형 혹은 지그재그형 베이스는 질감변화를 주기위해 사용된다.

15) 캔들 스틱 와인딩(Candle stick winding)
= 스핀들 스틱 와인딩(Spindle stick winding)

사이드나 백에서 모발의 흐름에 역행하여 세로로 나란히 말아 가는 방법이다.

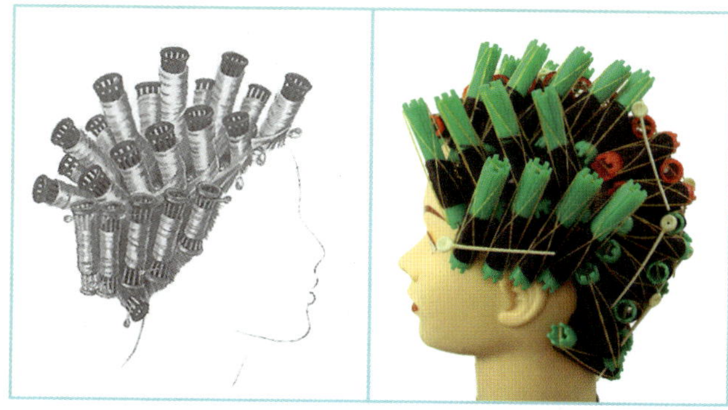

16) 홉스카치 와인딩(Hopscotch winding)
= 수직/수평 크로스 와인딩, 수평/수직 크로스 와인딩

불규칙적인 볼륨에 자연스럽게 보이는 컬을 원할 때 사용한다.

17) 바렐 컬(Barrel curl)

롯드를 사용하지 않고 베이스의 모발을 원통형으로 마는 컬이다.

18) 열펌

① 아이론 펌(iron permanent wave)

아이론 퍼머는 롯드퍼머와는 달리 수소결합에 의한 퍼머이다. 수소결합은 산소와 수소사이의 잡아당기는 힘에 의해 결합하는 것으로서 모발에 수분을 가해주면 단절되고 수분을 제거해주면 다시 결합하는 것을 말한다. 즉, 모발에 물을 적시고 모발에 변형을 가해 준 상태에서 모발을 건조시키면 변형된 상태를 유지할 수 있는 것이다. 웨이브를 내지 않고 자연스런 흐름을 만드는 퍼머, 일반적으로 10㎜이상의 아이론을 사용한다. 뿌리만 세우고 싶을 때 편리하다. 볼륨을 넣고 싶을 때 최고의 퍼머이다.

자연스런 흐름을 주기 위해 머리끝은 너무 강하게 하지 않도록 아이론 퍼머를 안 한 듯 시술한다.

② 디지털 펌(digital permanent wave)

롯드퍼머로서 나타낼 수 없는 웨이브를 얻어 낼 수 있다. 드라이 하지 않고도 자연스럽게 컬이 완성된다. 손질을 안해도 자연스럽게 연출되는 볼륨을 얻을 수 있다.

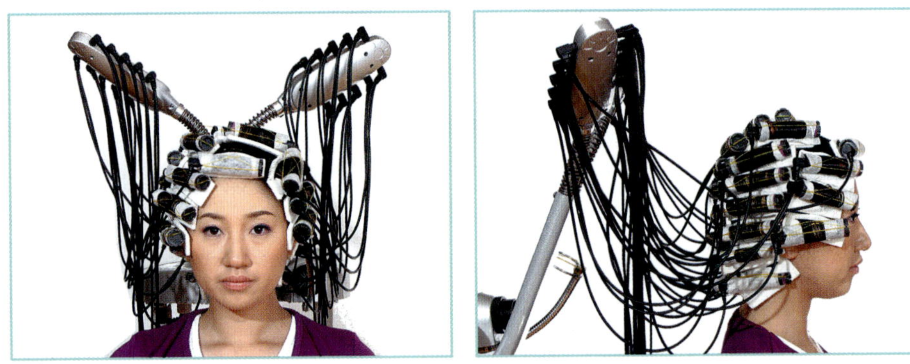

③ 셋팅 펌(setting permanent wave)

롯드 퍼머로서 나타낼 수 없는 웨이브를 얻어 낼 수 있다. 드라이 하지 않고도 자연스럽게 컬이 완성되며 우아한 웨이브가 완성된다. 손질을 안해도 자연스럽게 연출되어 엘레강스하며 가장 이상적이고 탄력있는 웨이브를 4~5개월 유지할 수 있다.

완벽한 웨이브 창출로 고객만족과 미용실의 만족을 함께 경험할 수 있고 매출증대의 효과를 얻을 수 있다.

④ 매직 스트레이트 펌(magic straight permanent wave)

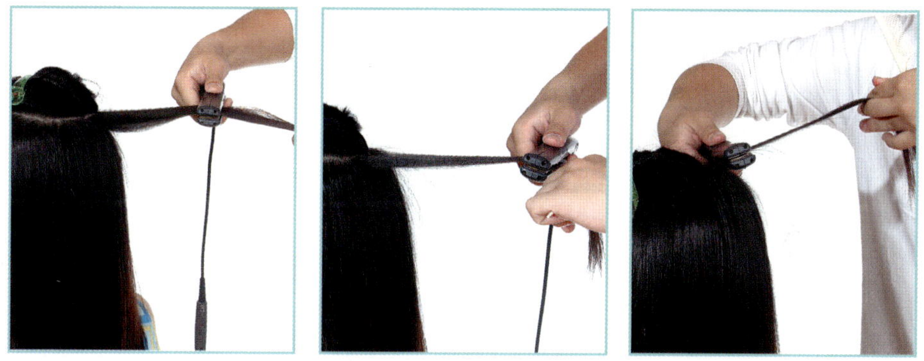

축모 교정용 펌. 곱슬이 심한 경우 일반스트레이트 펌으로 시술 시 일주일 후면 원상복귀된다. 이 단점을 극복하기 위해서 열기구로 스트레이트 퍼머를 시술할 때 이용한다.

3 미용사 자격 시험 기준에 따른 기초 퍼머넌트

1. 9등분(브록킹 시술방법)
2. 10등분(브록킹 시술방법)
3. 5등분(브록킹 시술방법)

퍼머넌트 채점 기준 및 배점

평가기준	요구사항	배 점	비고 (점수를 적게 주거나 많이 줄 때 이유)
기본자세 및 브로킹	· 복장과 정리정돈 · 시험 과제물 준비사항 · 브로킹 순서, 두상 나누기 배분 · 나누어 묶은 모발상태(고무줄 밴딩과 장소)	5	
와인딩 순서	· 와인딩 순서 · 롯드배치와 갯수(55개 이상)	5	
슬라이스 기법, 빗질, 롯드의 간격	· 빗질과 슬라이스 간격 · 빗질의 방향과 숙련도 · 롯드의 간격이 일정하여 두상 위에 롯드를 균일하게 분포시킴	5	
각도, 텐션 및 고무밴딩 상태	· 고무줄 밴딩처리 상태(11자) · 텐션, 와인딩 각도 상태	5	
숙련도와 조화미	· 균형있고 깔끔하게 마무리된 상태 · 롯드의 개수 55개 이상 · 퍼머넌트 와인딩의 정확성(롯드의 간격, 텐션, 롯드의 배치를 해 놓은 상태에 전체적 조화미)	5	

Tip

퍼머넌트 와인딩 주의사항

① 모발 끝이 꺾이지 않도록 슬라이스하고 앤드페이퍼를 사용하여 모발을 감싸서 와인딩한다.
② 스트랜드를 좌, 우의 모발에 평평하게 넓히면서 텐션을 주면서 와인딩을 진행시킨다.
③ 롯드의 규격은 두부의 부위별로 크기를 달리한다. 네이프 부분은 소형, 크라운 하부에서 사이드에 걸쳐서는 중형, 중앙 탑에서 크라운의 앞부분에 걸쳐서는 대형 롯드를 사용한다.
④ 슬라이스양을 적절하게 하고 롯드의 간격을 일정하게 와인딩 한다.
⑤ 와인딩할 때에는 롯드에 텐션을 균등하게 하면서 감는다.
⑥ 슬라이스 간격과 빗질의 방향을 상실하여 삼각형 같은 공간이 생기지 도록 와인딩한다.
⑦ 고무밴딩 기법은 11자형으로 할 것

1. 9등분(브록킹 시술방법)

10등분과 다른 점은 크라운과 백포인트를 연결해야 되므로 두상이 곡면이기 때문에 넓어지거나 좁아지지 않게 슬라이스양, 밴드처리, 텐션을 유지한다.

1) 요구사항

① 9등분으로 브록킹을 타서 시술하여야 한다.
② 고무밴딩 처리는 11자형으로 시술하여야 한다.
③ 롯드는 55개 이상 두상에 알맞은 규격 롯드를 적절하게 배치하여야 한다.
④ 와인딩된 롯드는 두상과의 각도, 빗질, 텐션에 맞추어서 시술한 후 전체적인 롯드의 조화미가 있어야 한다.
⑤ 시술순서를 지켜야 한다.

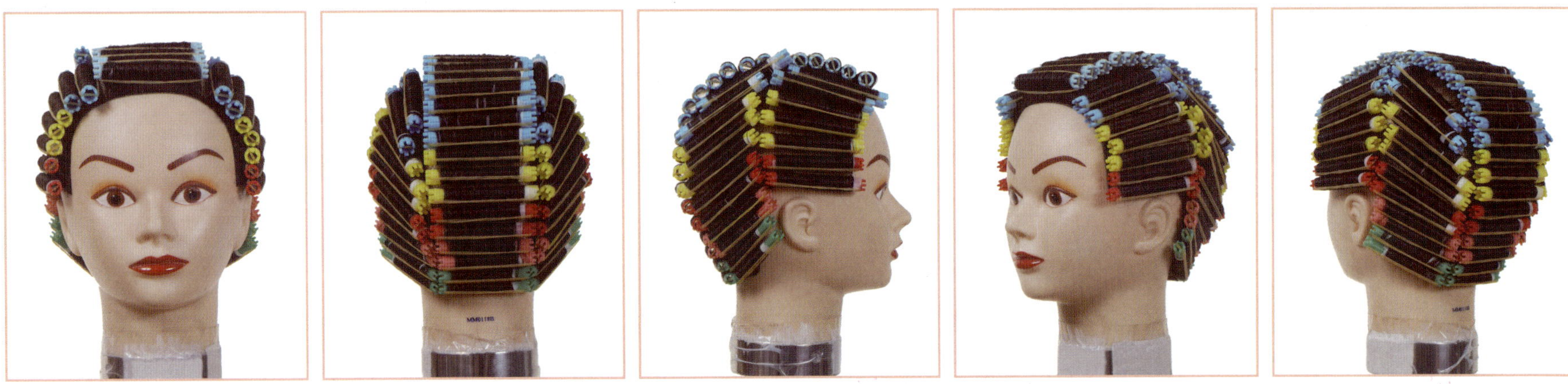

2) 브록킹에 따른 펌 기법

브록킹이란 와인딩을 능률적으로 올바르게 시술하기 위해 모발전체를 구분해서 나누는 작업이다(두상이 원형이기 때문에 하나의 면을 만들기 위한 작업). 기본펌 브록킹에는 10등분, 9등분, 5등분, 센터, 레프트, 라이트 파트가 있다. 브록킹을 타서 묶은 머리의 다발처리는 브록킹 선을 가리지 않고 정중앙에 위치하도록 하며 마네킹을 돌리지 않고 시술자가 몸을 움직여가면서 작업한다. 원통과의 거리는 30㎝간격을 유지하며 허리를 구부리지 않고 낮은 자세로 시술한다.

① 탑(Top)

머리 전체를 곱게 빗질한 후 센터를 중심으로 양쪽 3.5㎝ 정하여 뒤쪽으로 6.5~7㎝에서 머리다발을 뜬 후 정중앙에 머리다발을 묶는다.

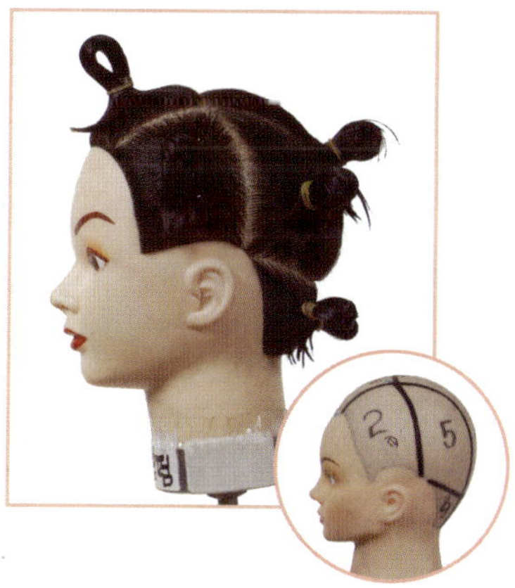

② 사이드(Side)

탑 브록킹의 꼭지점을 훼이스 라인이 커브를 뜬만큼 살짝 C 커브를 그리고 귀 뒤에 검지손가락을 반듯이 세우고 꼭지점과 검지손가락의 중앙에 떨어지게 빗질하여 브록킹을 한다.

③ 크라운(Crown)

탑에서 가로 7㎝ 정해진 양을 아래로 빗질하고 네이프 아래까지 뜨고 정중앙에 머리다발을 묶는다.

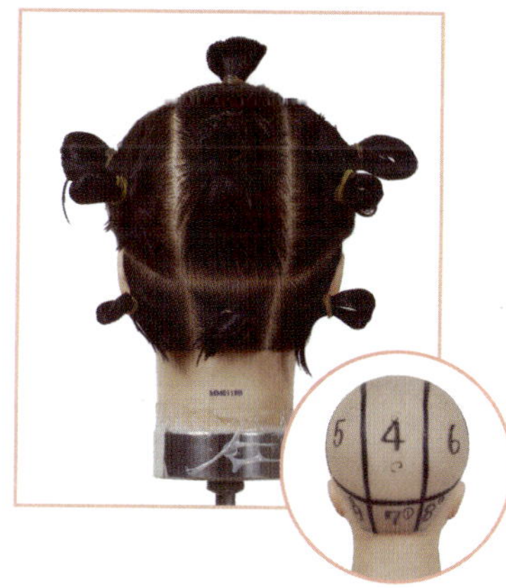

④ 백 포인트(Back Point)

두상에서 제일 튀어나온 부분이기 때문에 소홀히 하면 넓어지거나 좁아지기가 쉽다. 주의하면서 아래까지 선을 빗질한 후 네이프에서 4~4.5㎝에서 머리다발을 묶는다(9등분에서는 크라운과 함께 연결하여 묶는다).

⑤ 백 사이드(Back Sid)

사이드 꼭지점과 백 포인트 아래쪽 꼭지점을 사선으로 연결하고 사선의 흐름이 너무 강하거나 완만하지 않도록 주의한다.

⑥ 네이프(Nape)

백 포인트 선에 맞추어 너무 넓거나 좁아지지 않도록 한다.

(1) 9등분(네이프 - 중앙)

9호(2개), 10호(2개)

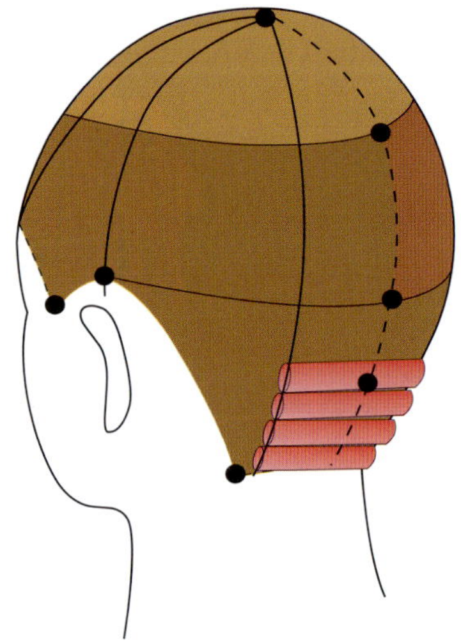

① 시술을 위해 15° 정도 고개를 숙인다.

② 모발 끝부분에 습지를 댄다.

③, ④ 모발이 꺾이지 않게 시술한다.

⑤, ⑥ 좌·우 균일한 힘으로 와인딩한다.

⑦ 왼손으로 고정한다.

⑧~⑩ 11자 고무밴딩 처리한다.

⑪ 와인딩 된 상태

(2) 9등분(네이프 – 사이드)

마지막 롯드는 절대로 처지지 않게 직선-사선의 흐름으로 롯드와 롯드가 서로 만나도록 처리한다.

9호(2개), 10호(2개)

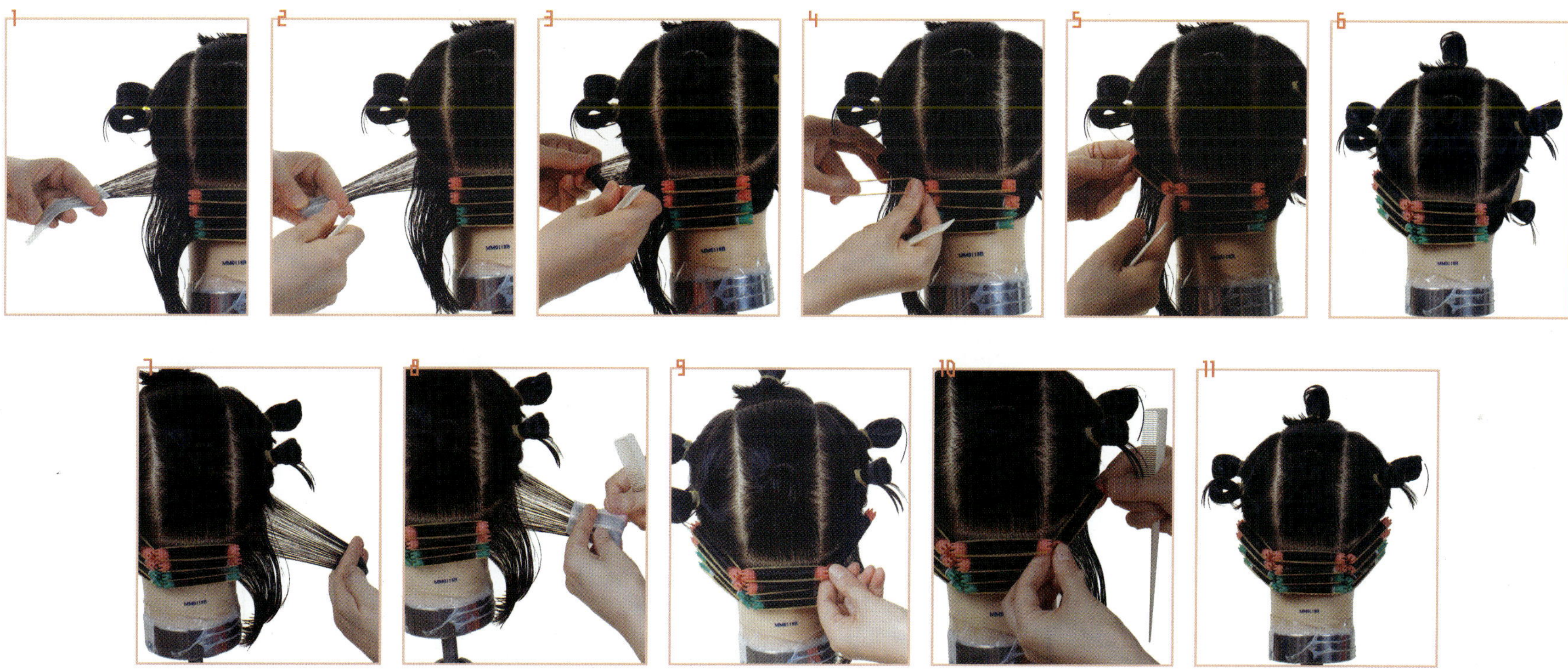

(3) 9등분(백 – 중앙)

백 포인트(Back Point)

두상의 흐름에 따라 튀어 나온 부분으로 90°를 유지한다. 텐션(당기는 힘), 각도, 슬라이스 양이 일정해야 롯드가 조화있게 놓여지게 된다. 첫 슬라이스 양은 0.9㎝로 떠서 90°를 유지한 다음 곱게 빗질한 후 중지와 검지를 사용해 머릿결을 모아 와인딩 한다.

6호(8개), 7호(3개), 8호(3개)

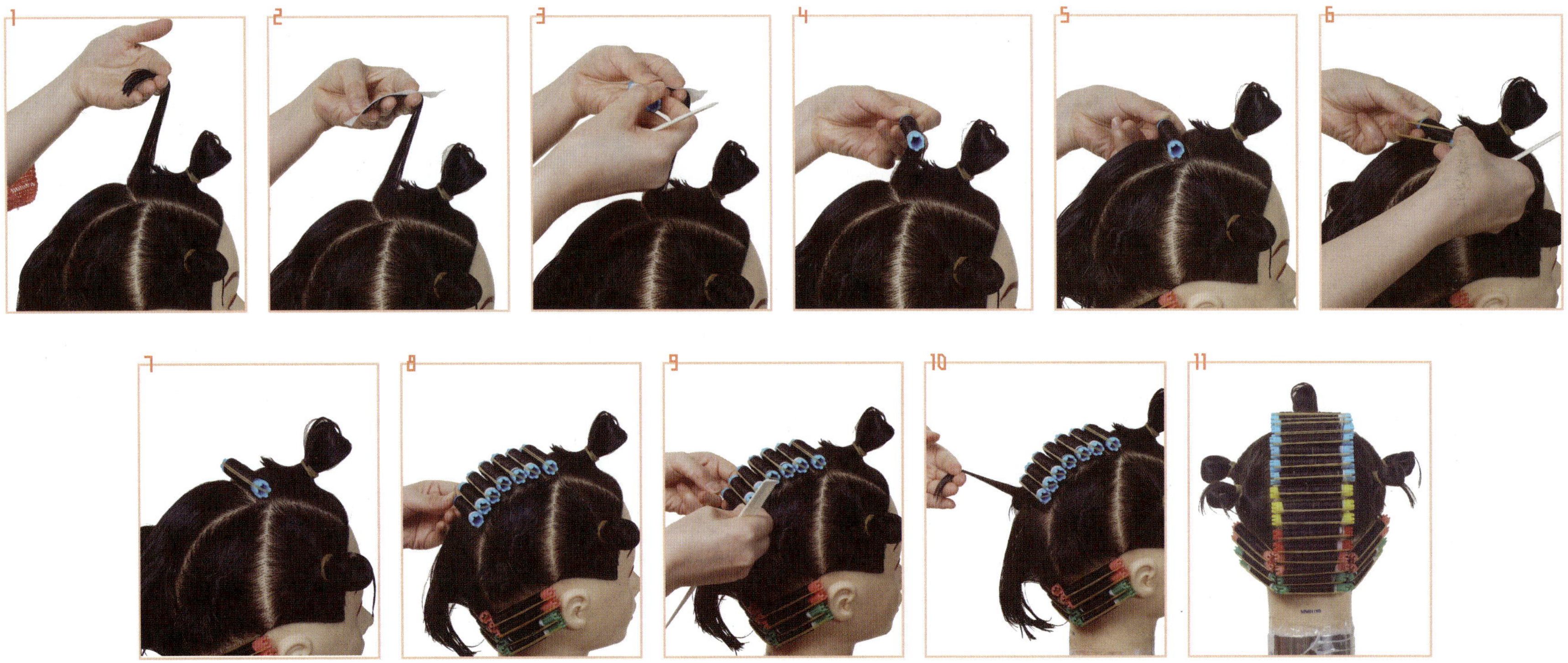

(4) 9등분(백 – 사이드)

크라운(Crown)

앞 1㎝, 백 포인트 첫 슬라이스는 꼭지점과 사선으로 슬라이스를 뜬다. 롯드를 말 때는 뒷 쪽으로 살짝 당겨서 좌우 균형을 맞추어 어느 한 쪽으로 치우치지 않도록 주의해야 한다.

6호(2개), 7호(3개), 8호(3개)

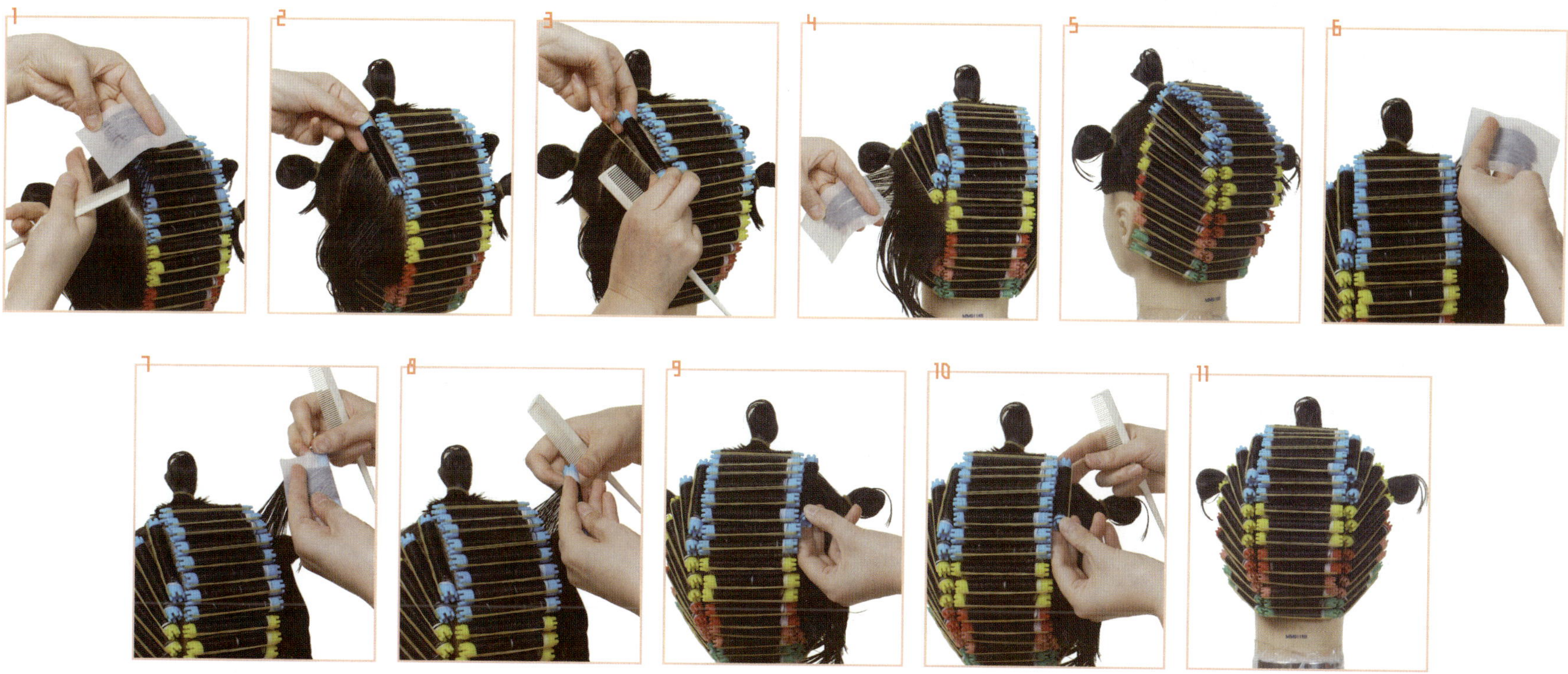

(5) 9등분(앞면)

사이드(Side)

사이드 부분은 와인딩 완성시 웨이스라인처럼 완만한 C커브의 흐름이 나온다.

6호(2개), 7호(3개), 8호(3개)

앞머리

첫 슬라이스는 얼굴 라인에 따라 0.5㎝ 곡선으로 떠준다(120˚).

첫 롯드의 위치는 얼굴 쪽으로 반 바퀴 튀어나오게 위치시킨다.

첫 번째 롯드는 앞으로 당긴 상태에서 120˚로 와인딩 한다. 첫 번째 슬라이스는 0.5㎝곡선, 두 번째 슬라이스는 0.5㎝직선, 세 번째 슬라이스는 0.7㎝~1㎝씩 슬라이스양을 떠서 롯드의 간격과 밴드의 간격이 편안하게 연결되도록 한다.

6호(6~7개)

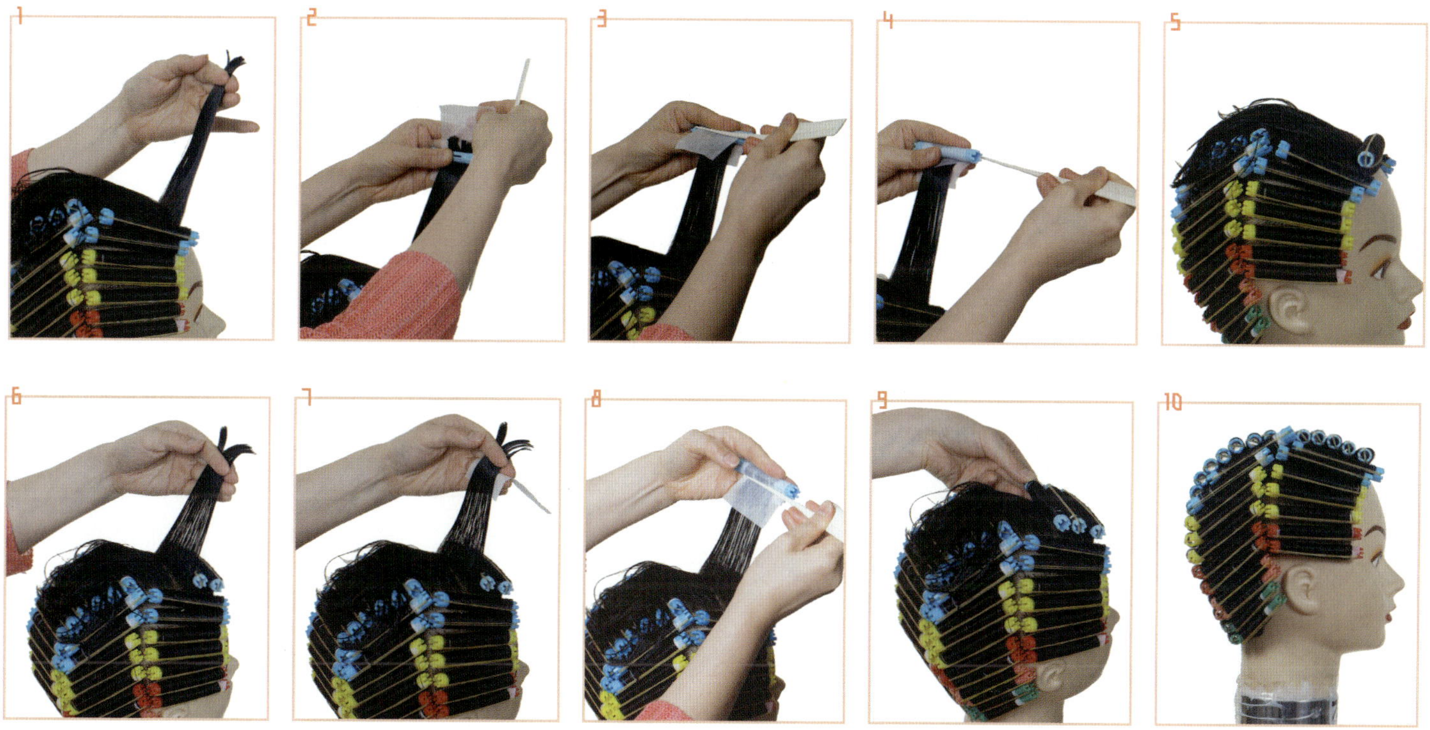

2. 10등분(브록킹 시술방법)

10등분으로 와인딩을 능률적으로 올바르게 시술하기 위해 모발 전체를 10등분으로 나눈다.

1) 10등분 순서 및 시술요령

퍼머넌트 브록킹은 탑부위부터 시술하고 와인딩의 시술순서는 네이프부터 시술한다.

① 꼬리빗은 브록킹을 처음 시작할 때부터 완성될 때까지 내려놓지 않는다.

② 마네킹과의 거리는 30㎝를 유지해주며 허리는 구부리지 않고 한 발을 앞으로 내민 자세로 몸을 낮추어 시술한다.

2) 요구사항

① 10등분으로 브록킹 타서 시술하여야 한다.

② 고무밴드 처리는 11자형으로 시술하여야 한다.

③ 롯드는 55개 이상, 두상에 알맞은 규격 롯드를 적절하게 배치하여야 한다.

④ 와인딩 된 롯드는 두피의 각도, 빗질, 텐션에 맞추어서 시술한 후 전체적인 롯드의 조화미가 있어야 한다.

⑤ 시술순서를 지켜야 한다.

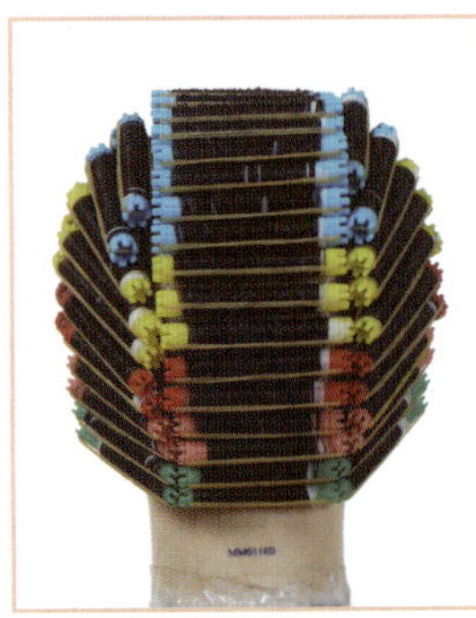
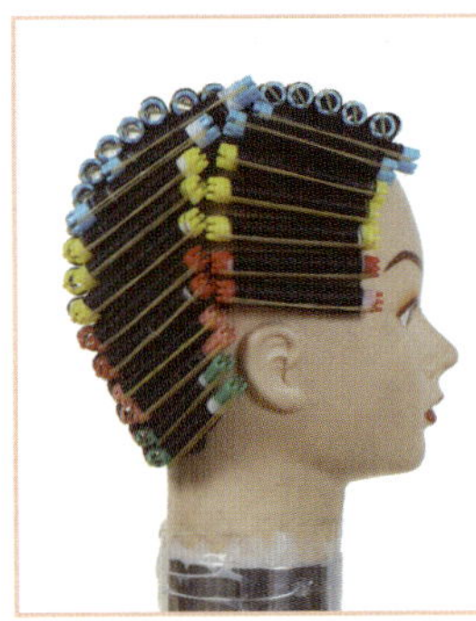
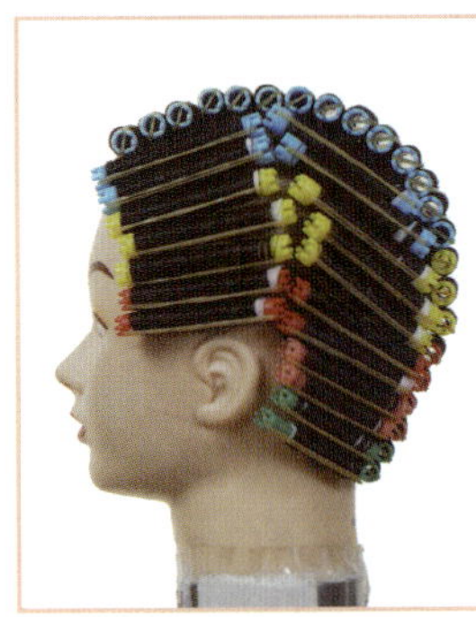
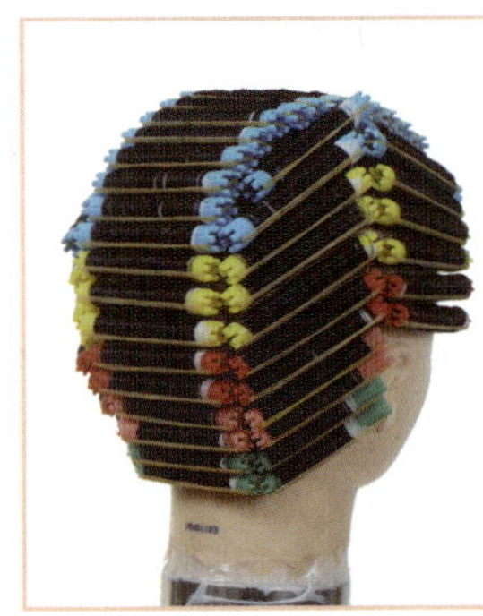
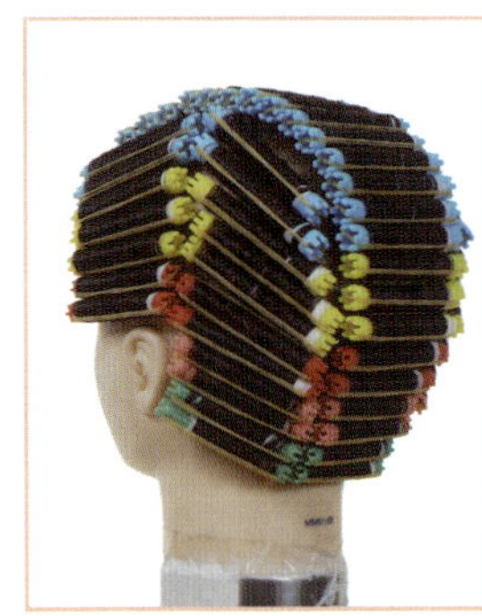

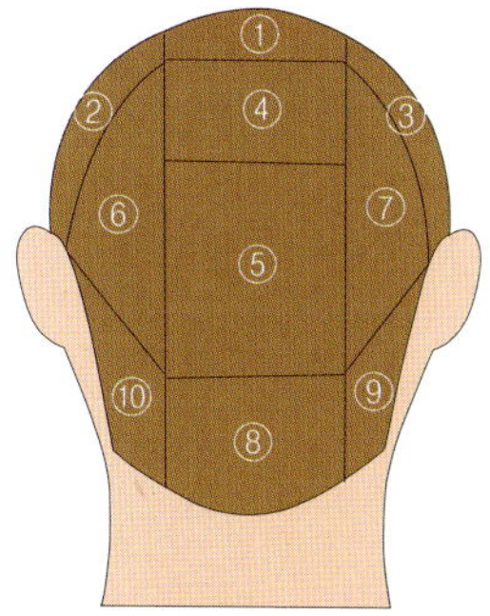

브록킹 순서

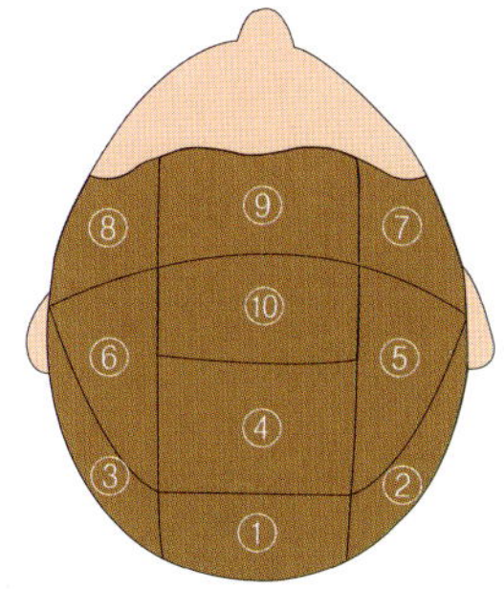

와인딩 순서

① 머리전체를 곱게 빗질한 후 센터를 중심으로 양쪽 3.5cm를 정하고 뒤쪽으로는 6.5~7cm까지 다발을 떠서 정중앙에 머리다발을 묶는다.

② 탑브록킹 쪽지점에서 페이스 라인 커브를 따라 C커브를 그리면서 귀뒤에 검지손가락을 세우고 꼭지점과 검지손가락의 중앙에 떨어지게 빗질하여 브록킹한다.

③ 탑에서 가로 7cm정해진 양을 아래로 그대로 빗질하고 세로 6.5cm, 가로 7cm의 사각형이 이루어질때 정중앙에 머리다발을 묶는다.

④ 그 아래로 그대로 빗질하여 네이프 아래에서 다시 한 영역을 묶는다(네이프에서 4~4.5cm에서 묶는다).

⑤ 사이드 꼭지점과 아래쪽 꼭지점을 사선으로 연결하고 사선의 흐름이 너무 강하거나 완만하지 않도록 주의한다.

(1) 10등분(네이프 – 중앙)

9호(2개), 10호(2개)

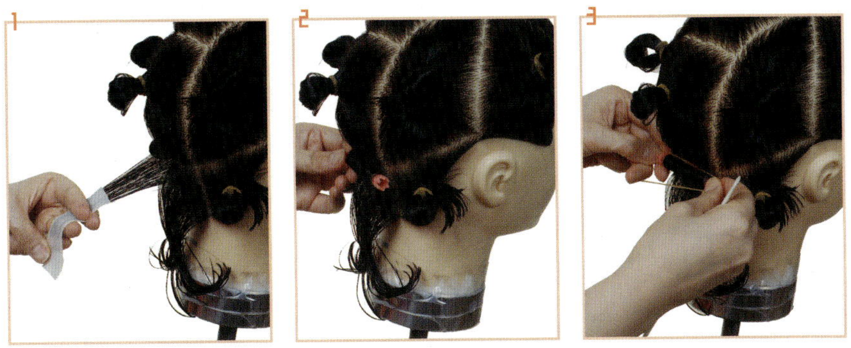

①~③ 가로 슬라이스로 마네킹을 15° 정도 기울이고 1~15cm를 떠서 와인딩한다.

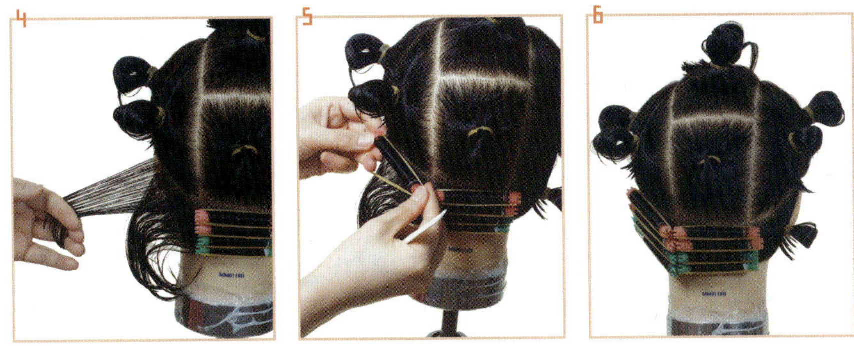

④~⑥ 사이드를 사선으로 슬라이스를 떠서 와인딩하는데 롯드와 부딪히지 않게 배열한다.

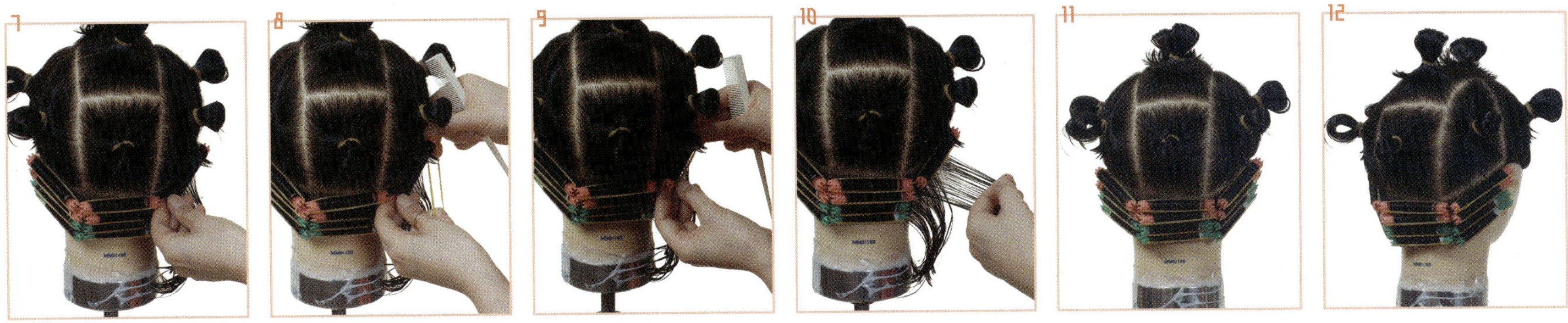

⑦~⑫ 텐션, 중심부에 빗질, 각도를 주의하며 와인딩한다.

(2) 10등분(백 – 센터)

6호(2개), 7호(3개), 8호(3개)

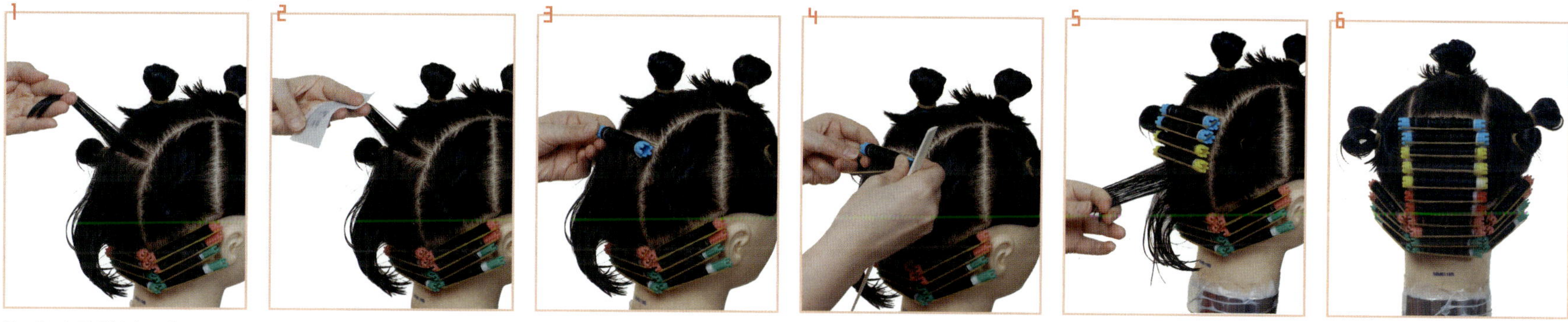

①~③ 슬라이스는 가로로 1~1.5cm를 떠서 와인딩한다.

④~⑥ 고무밴딩처리는 11자로 한다.

(3) 10등분(백 – 사이드)

6호(2개), 7호(3개), 8호(3개)

①, ④ 첫 슬라이스 각도를 90~120˚로 들어서 와인딩한다.

⑤, ⑥ 후대각 슬라이스로 곡면을 잘 연결하여 와인딩한다.

⑦~⑫ 좌우균형을 맞추어 와인딩한다.

(4) 10등분(앞, 옆)

6호(2개), 7호(3개)

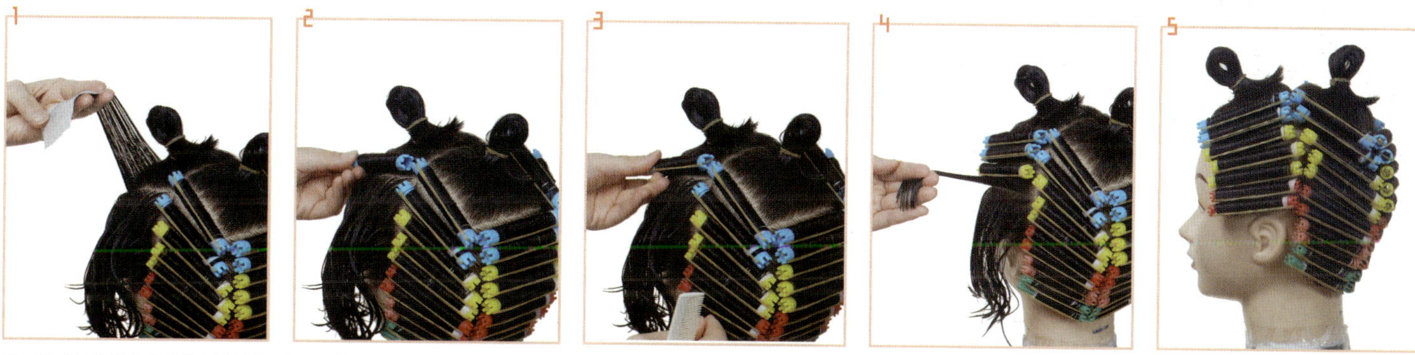

①, ② 곡면이 들어간 부분에 시술각을 들어서 와인딩한다. ③~⑤ 귀 윗부분은 곡면이 둥글기때문에 헤어라인을 따라 사선의 C의 흐름으로 와인딩한다.

⑥~⑩ 좌·우 균형을 맞추어 와인딩한다.

(5) 10등분(센터 – 앞)

시술요령

브록킹은 탑부위부터 시술하고 와인딩의 시술순서는 네이프부터 시술한다.

① 꼬리빗은 브록킹을 처음 시작할 때부터 완성될 때까지 내려놓지 않는다.

② 마네킹과의 거리는 30㎝를 유지해주며 허리는 구부리지 않고 한 발을 앞으로 내민 자세로 몸을 낮추어 시술한다.

와인딩 순서

① 네이프의 고개로 15° 이상 숙여진 상태에서 시술하여야 한다.

② 각도는 45°로 와인딩 한다. 네이프 앞면 마지막 롯드는 처지는 것을 방지 하기 위해서 한 칸 앞쪽으로 걸쳐 밴드처리해도 된다.

③ 스트랜드 안 쪽에서 빗살 끝을 두피를 향해 빗을 넣는다.

④ 어느 한 쪽이 늘어나지 않도록 중심을 잘 잡아서 와인딩 하도록 한다.

6호(6~7개)

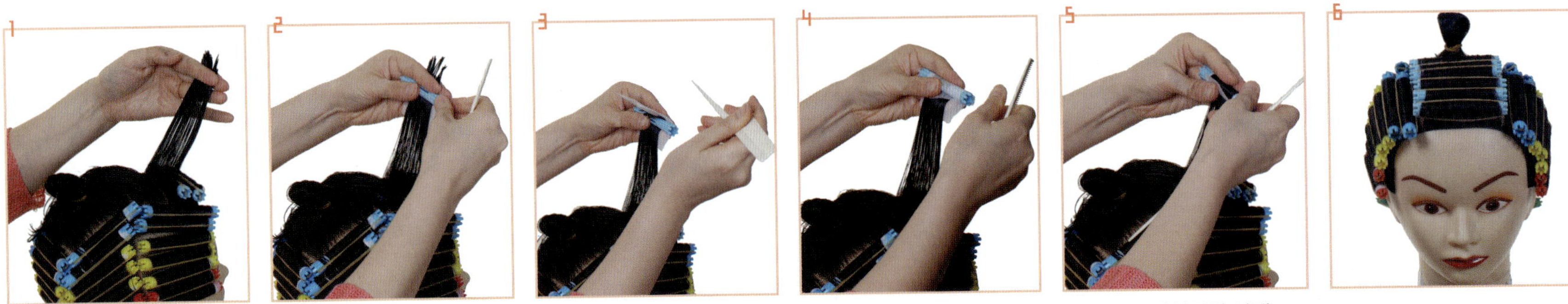

①~④ 130~90° 곡면을 따라 시술각을 점차 낮추어가면서 와인딩한다.

⑥ 전두부 와인딩된 상태.

⑦~⑪ 1~1.5cm 간격으로 롯드간격을 조절하면서 고무밴딩은 11자로 시술한다.

⑫ 와인딩시술이 끝나면 물을 뿌려주어 부족한 부분을 다시한번 수정한다.

3. 5등분(브록킹 시술방법)

1) 5등분(센터 파트)

· 꼭지점이 생기지 않게 완만하게 줄여준다.

· 센터를 중심으로 뒤로 7㎝ 정한 다음 반듯하게 긋다가 사이드 지점에서 뒤로 굴려 귀뒤로 검지손가락 중앙과 만난다. C커브를 만든다.

· 마지막 롯드는 쳐지지 않게 직선-사선 흐름으로 롯드와 롯드가 서로 만나게 한다.

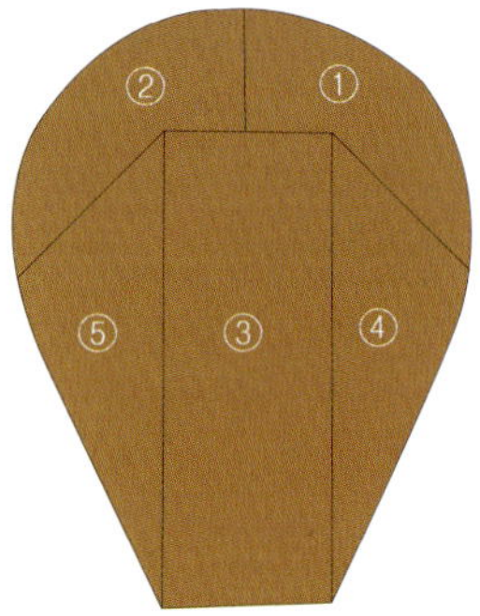

브로킹 순서

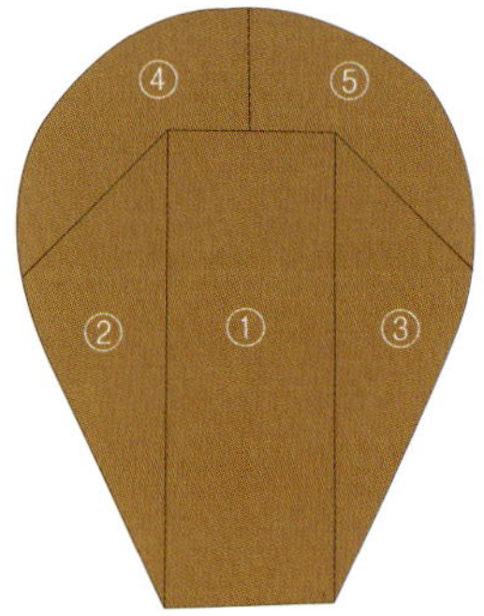

와인딩 순서

① 센터를 중심으로 7cm까지 나눈다. 7cm지점에서 헤어라인을 따라 C커브를 그려서 중심부에 묶는다.

② 9등분과 동일하게 시술하고 네이프 끝까지 묶는다.

③ 넓어지지 않게 중심부를 나누고 중심에 묶는다.

④~⑥ 반대쪽도 동일하게 시술한다.

(1) 5등분(네이프 – 중앙)

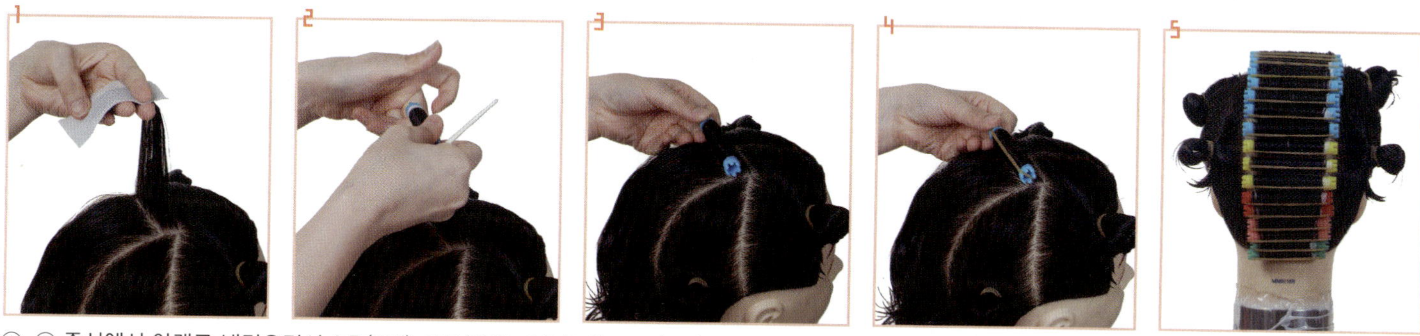

①~⑤ 중심에서 아래로 내려오면서 6호(8개), 7호(3개), 8호(3개), 9호(2개), 10호(2개)에 맞추어 와인딩한다.

(2) 5등분(네이프 – 사이드)

①-⑥ 6호(2개), 7호(3개), 8호(3개), 9호(2개), 10호(2개)에 맞추어서 와인딩한다.

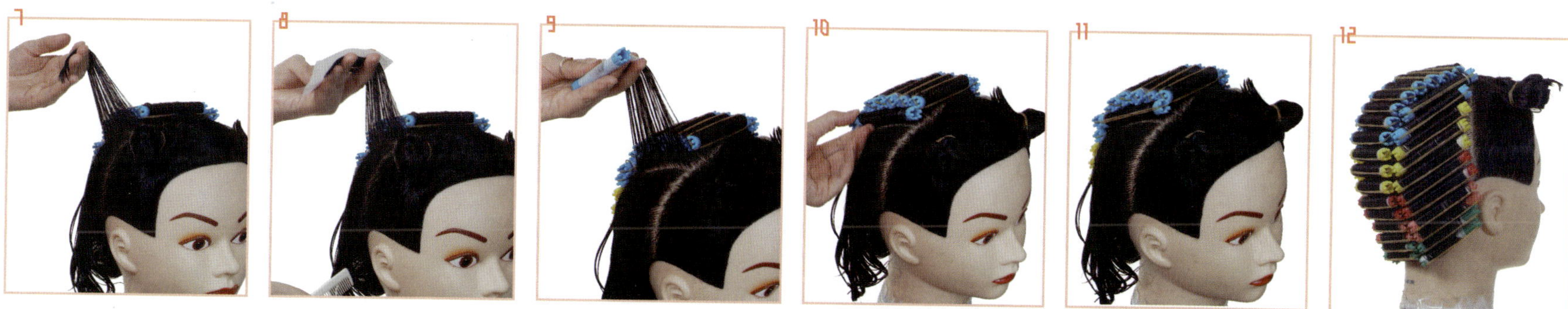

⑦~⑫ 6호(2개), 7호(3개), 8호(3개), 9호(2개), 10호(2개)에 맞추어서 와인딩한다.

(3) 5등분(앞면)

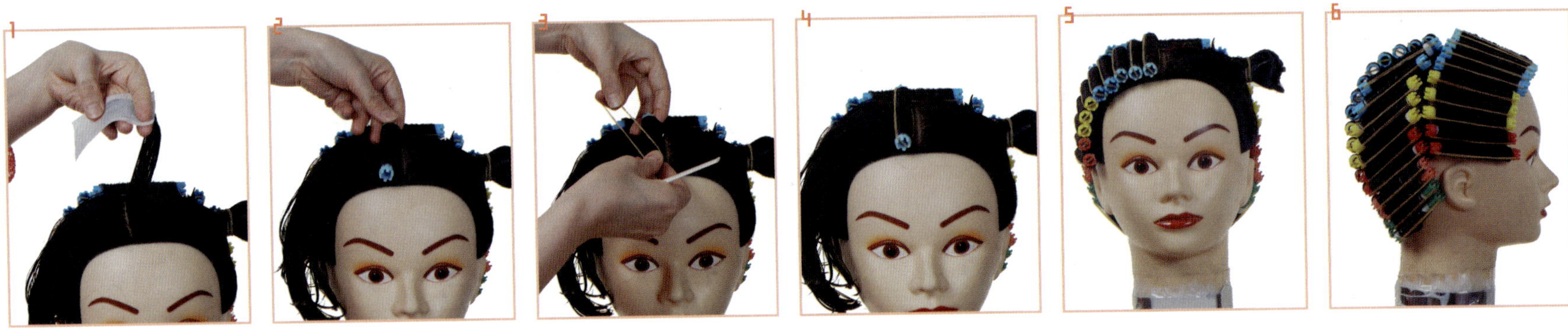

①~⑥ 6호(5개), 7호(3개), 8호(3개)에 맞추어서 와인딩한다.

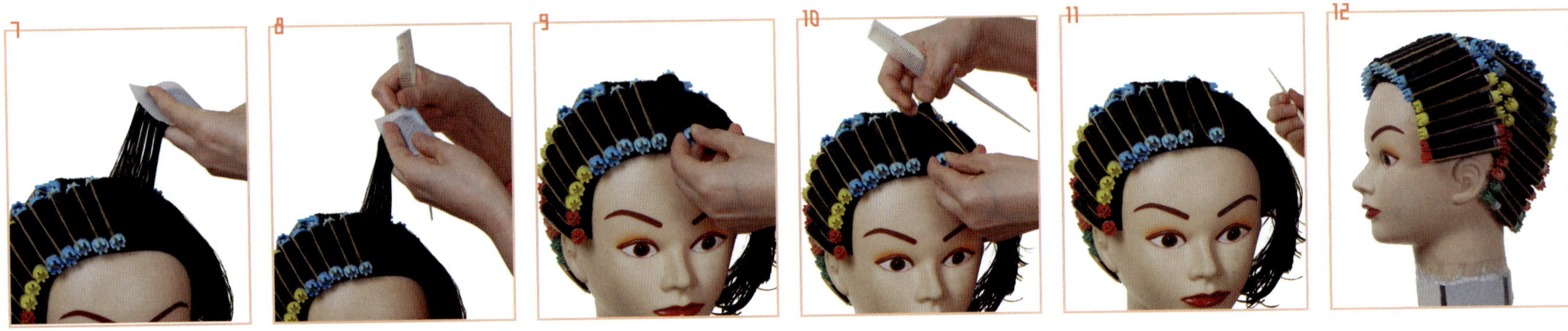

⑦~⑫ 6호(5개), 7호(3개), 8호(3개)에 맞추어서 와인딩한다.

Tip

미용사 자격시험 퍼머넌트웨이브의 실기과제형은 5등분에서 오른쪽 가르마, 왼쪽 가르마, 센터 가르마로 나누어지고 롯드의 수량과 호수의 배열 등은 거의 동일하며 브록킹에서 나누어지므로 주의하여야 한다.

2) 5등분(오른쪽 가르마)

· 꼭지점이 생기지 않게 한다.
· 센터를 중심으로 오른쪽으로 3.5㎝ 간 다음 작은 다발을 먼저 처리한다.
· 첫 슬라이스 양은 0.5~0.7㎝로 하고 120°로 와인딩 한다.
· 브로킹 순서는 번호대로 한다.

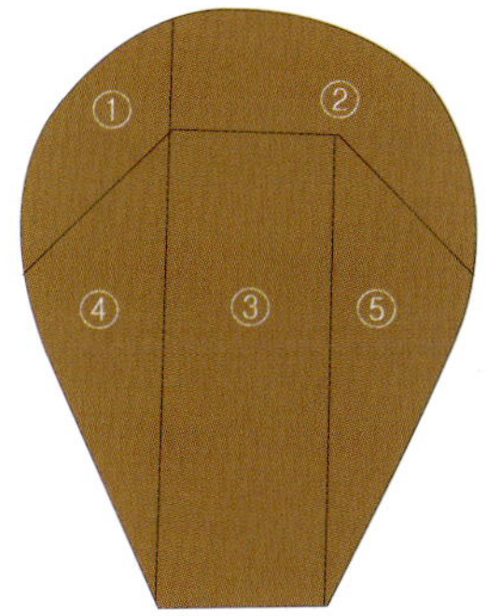

브로킹 순서

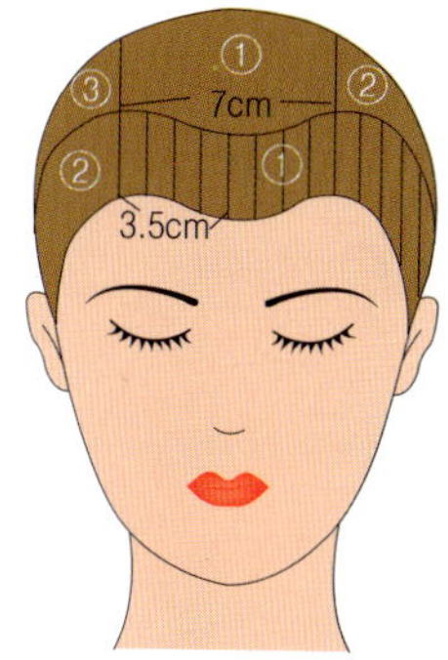

와인딩 순서

(1) 오른쪽 가르마 브로킹 타기

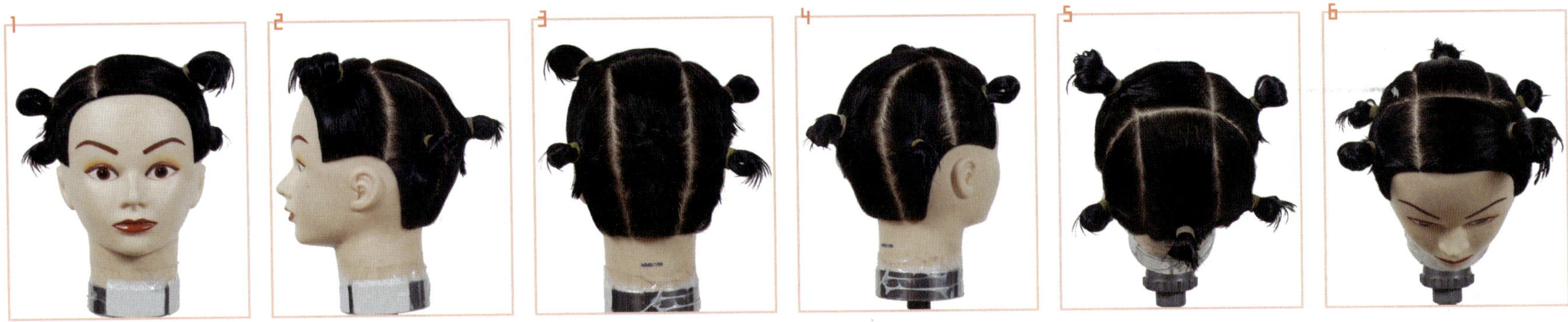

①~⑥ 9등분 브로킹한 방법에 연결해서 시술한다.

(2) 5등분(네이프 – 중앙)

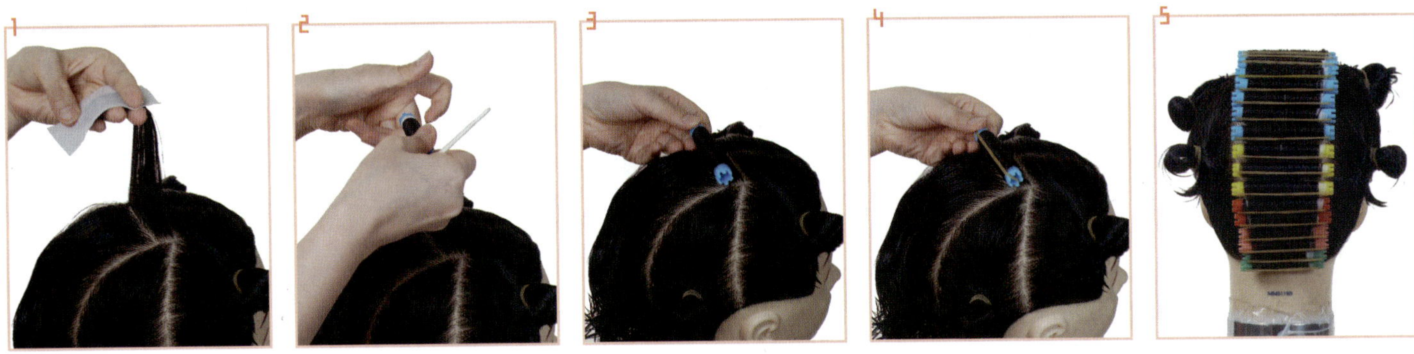

①~⑤ 중앙에서 아래로 내려오면서 6호(8개), 7호(3개), 8호(3개), 9호(2개), 10호(2개)에 와인딩한다.

(3) 5등분(네이프 – 사이드)

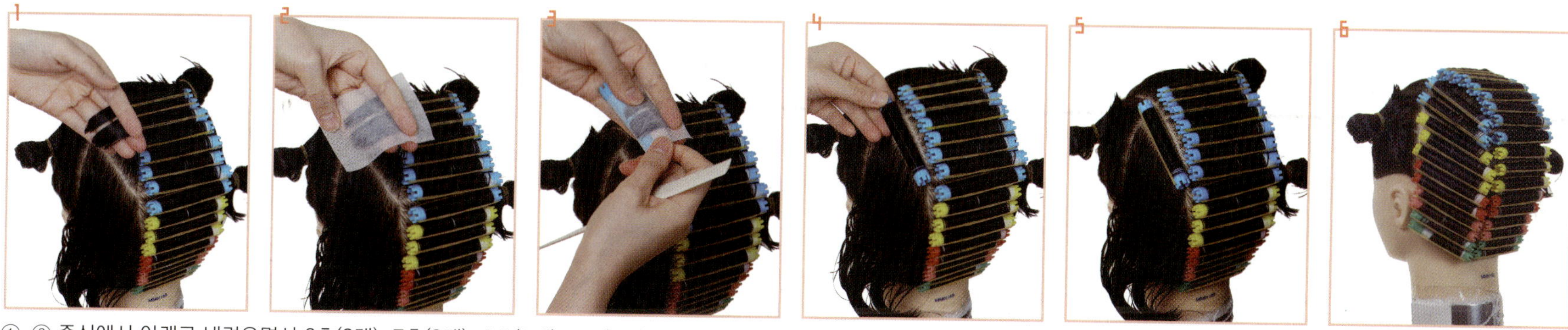

①~⑥ 중심에서 아래로 내려오면서 6호(2개), 7호(3개), 8호(3개), 9호(2개), 10호(2개)

⑦~⑫ 반대쪽도 6호(2개), 7호(3개), 8호(3개), 9호(2개), 10호(2개)에 맞추어가며 와인딩한다.

(4) 5등분(앞면)

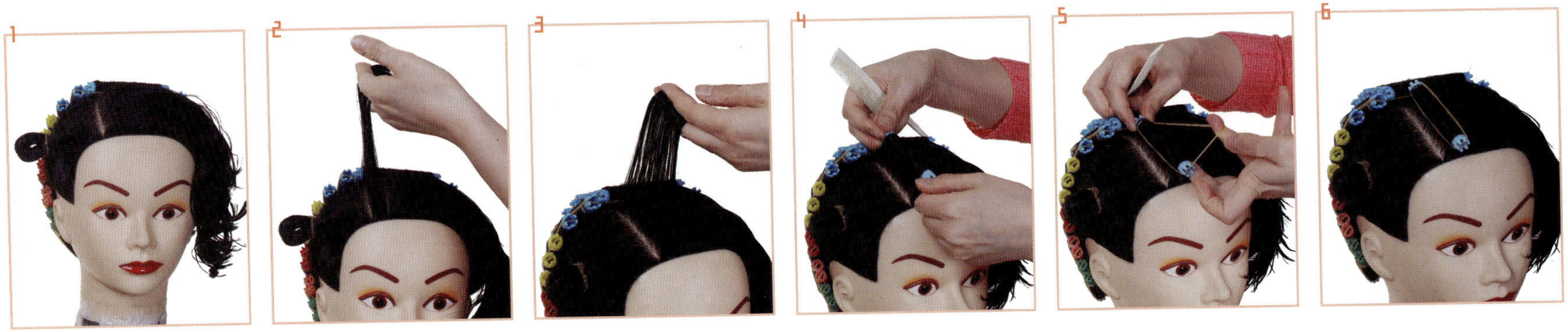

①~⑦ 6호(8개), 7호(3개), 8호(3개)에 맞추어서 와인딩한다.

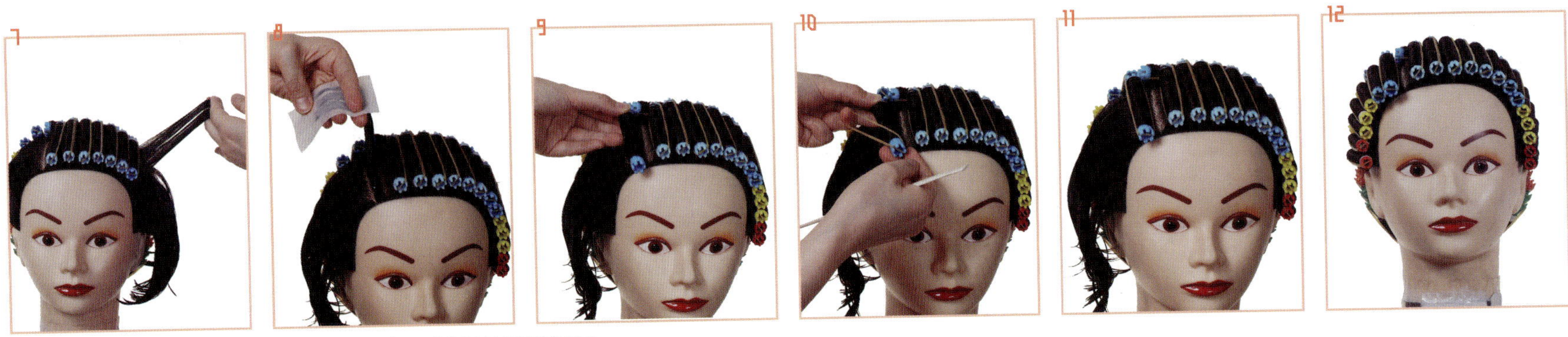

⑧~⑫ 반대쪽은 6호(2개), 7호(3개), 8호(3개)에 맞추어서 와인딩한다.

3) 5등분(왼쪽 가르마)

- 오른쪽과 다른 점은 가르마가 왼쪽에 있다.
- 다발처리는 작은 다발부터 먼저 처리한다.

(1) 왼쪽 가르마 브록킹 타기

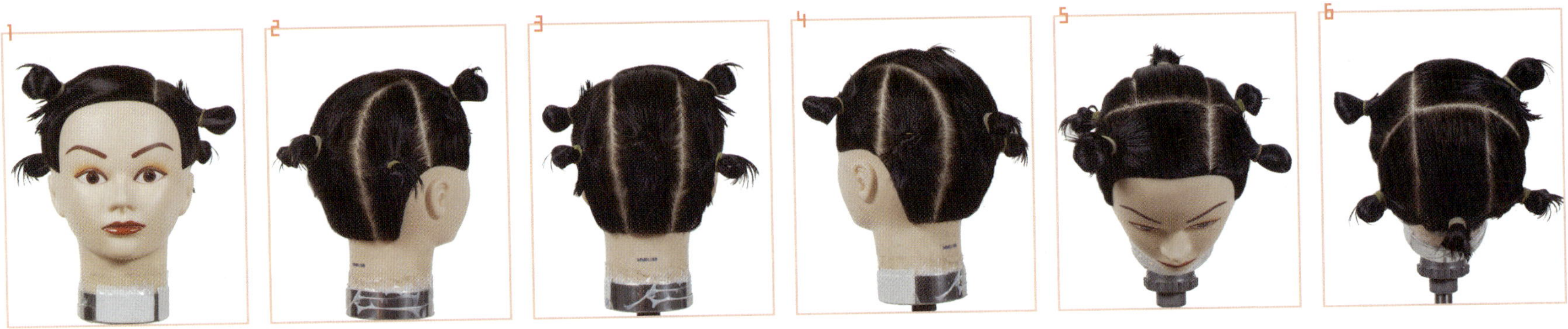

①~⑥ 9등분 브록킹한 방법에 연결해서 시술한다.

(2) 5등분(네이프 - 중앙)

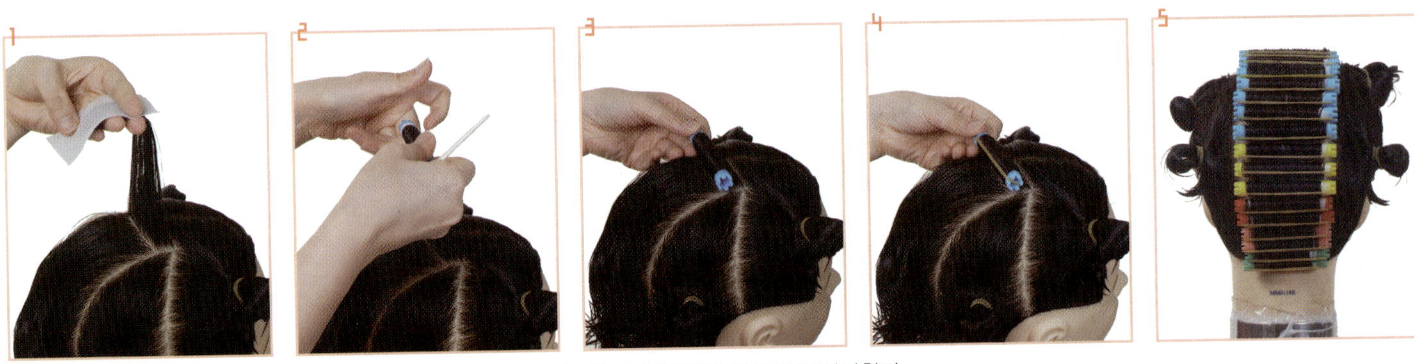

①~⑤ 중앙에서 아래로 내려오면서 6호(8개), 7호(3개), 8호(3개), 9호(2개)에 맞추어 와인딩한다.

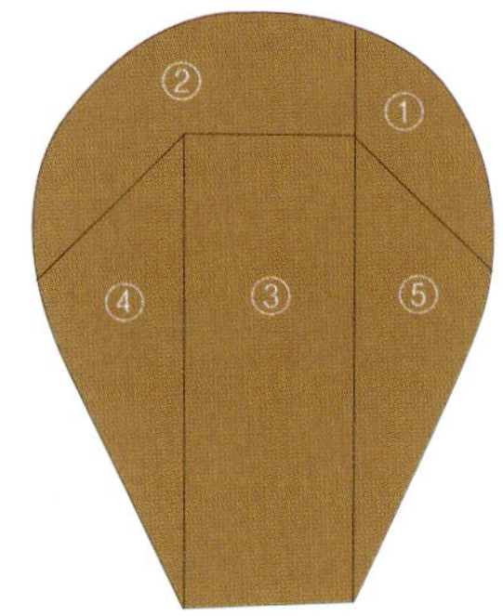

브록킹 순서

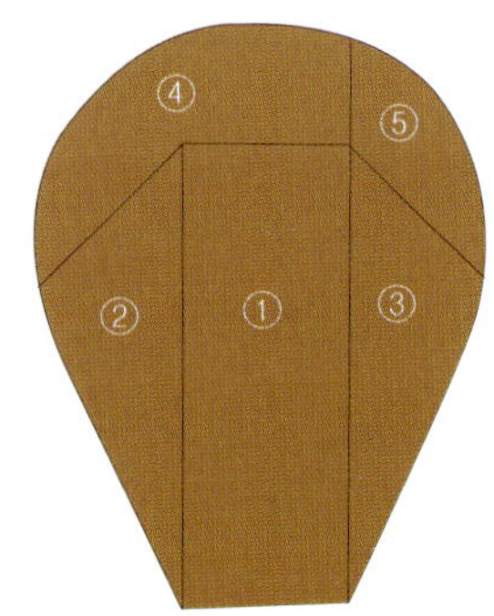

와인딩 순서

(3) 5등분(네이프 – 사이드)

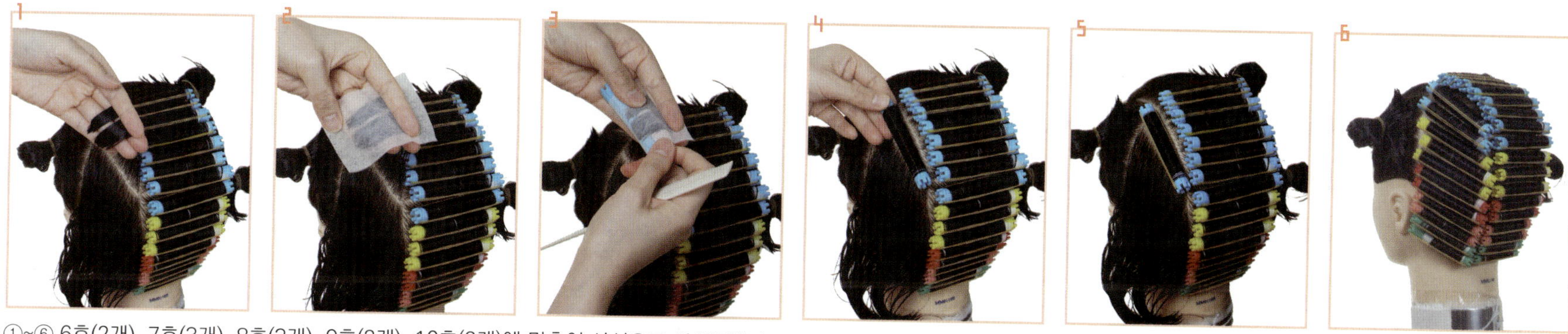

①~⑥ 6호(2개), 7호(3개), 8호(3개), 9호(2개), 10호(2개)에 맞추어 사선으로 와인딩한다.

⑦~⑫ 사이드는 6호(2개), 7호(3개), 8호(3개), 9호(2개), 10호(2개)에 맞추어 와인딩한다.

(4) 5등분(앞면)

①~⑥ 6호(8개), 7호(3개), 8호(3개)에 맞추어 와인딩한다.

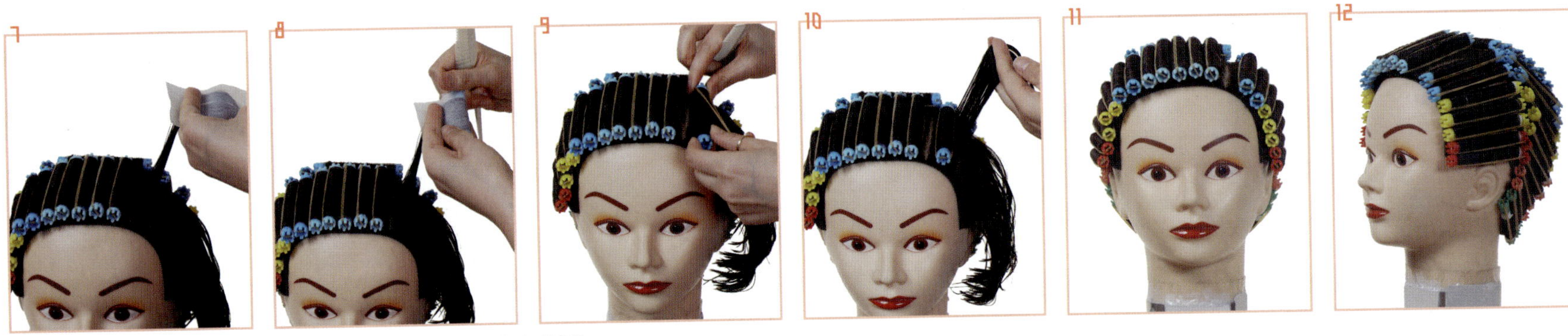

⑦~⑫ 반대쪽도 6호(2개), 7호(3개), 8호(3개)에 맞추어 와인딩한다.

4

퍼머넌트의 웨이브에 영향을 주는 요인

1. 커트 형태 변화에 따른 웨이브 변화
2. 퍼머넌트 웨이브의 구성요소

1) 브로킹 및 섹션
2) 슬라이스
3) 베이스
4) 고무밴드 사용법
5) 습지말기
6) 기본 와인딩, 랩핑
7) 와인딩 시술각
8) 롯드의 방향
9) 롯드의 선정과 회전수
10) 와인딩 방법

1. 커트 형태 변화에 따른 웨이브 변화

기본 스타일인 커트의 형태를 알고 펌 디자인을 설정하는 것이 원칙이다.

	솔리드(보브스타일)	그래쥬에이션	인크리스 레이어	유니폼레이어
이미지	 	 	 	 
디자인 방법	가로로 퍼지는 웨이브가 특징이고 뿌리부터 웨이브를 했어도 모발의 무거움으로 위는 양감이 생기지 않으며 모발끝의 어긋남이 적음으로 스타일의 표면이 처지고 또렷한 질감이 보이기 쉽다.	밑길이 보다 윗길이가 길기 때문에 볼륨으로 가로로 퍼지려는 양감을 가지고 있다. 길이와 모발의 손상정도를 파악하여 본인이 의도하고자 하는 헤어스타일을 연출해야한다.	밑모발의 길이가 길고 윗모발의 길이가 짧기 때문에 모발끝의 겹침이 위의 방향으로 퍼지고 양감, 질감폭의 표현이 넓어진다. 모발의 무게와 길이에 따라 웨이브의 방법을 선택해야 예쁘게 연출할 수 있다.	커트에 의한 둥근 실루엣이 웨이브에 의해 그대로 표현된다. 곡면이 들어간 부분과 돌출된 부분의 롯드를 적당하게 배열하여 두상의 단점을 보완하여 손쉽고 예쁜 스타일을 연출할 수 있게 한다.
특징	· 모든길이가 한 레벨에 떨어진다. · 잘린 머리끝이 보이지 않는다. · 무게감이 최대이다. · 언엑티베이트(unactivate)	· 아래쪽에서 위쪽으로 갈수록 길이가 길어진다. · 릿지라인, 무게선이 시술각에 의해 결정된다. · 끝부분이 서로 쌓인 듯 보인다. · 볼륨을 주는 커트이다(입체적으로 보임). · 엑티베이트(activate) + 언엑티베이트(un-activate)	· 겹쳐서 쌓아올리는 의미를 갖는다. · 윗머리는 짧고 아래로 내려감에 따라 길게 된다. · 컷팅라인으로 길이를 정하여 간다. · 가벼운 느낌이 된다. · 시술각에 따라 무게감이 달라진다.	· 무게감이 없다. · 두상의 곡면과 동일한 길이로 커트한다(길이의 연장선). · 커트의 기본이라고 한다(베이직 레이어). · 긴 길이일 때는 두상 생긴 모양이 표현되지 않으므로 유니폼레이어라 할 수 없다. · 커브가 진 부분은 베이스를 조심한다.

2. 퍼머넌트 웨이브의 구성요소

1) 브록킹 및 섹션(Blocking and section)

와인딩하기 쉽도록 두상의 형태에 따라 구획을 나누는 것으로 롯드를 효율적으로 와인딩하기 위한 것이다.

2) 슬라이스(Slice)

한 부분, 한 잘림 모발을 적고 엷게 가르는 것을 말한다. 브록킹된 부분을 와인딩하기 위해서는 스트랜드를 적절하게 나누는 작업으로 롯드의 지름 정도가 적당하다.

동일한 롯드를 선택한다고 하더라도 슬라이스폭을 얼마만큼 뜨느냐에 따라 달라진다.

마는 폭이 좁을수록 강한웨이브가 넓을수록 느슨한 웨이브가 형성한다.

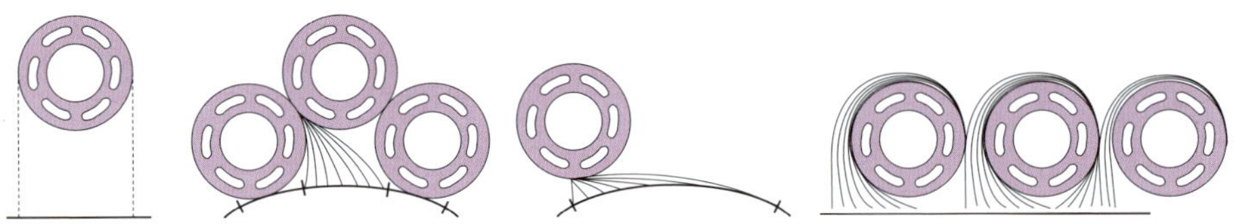

3) 베이스(Base)

기초, 기준, 토대, 모발의 밑뿌리

(1) 베이스의 크기(Base size)

베이스의 크기는 펌 디자인에서 많이 사용되며 롯드의 크기와 롯드의 길이에 의해 결정된다.

① 1직경 베이스(롯드지름 + 롯드길이)

1직경베이스 크기가 가장 기본적으로 사용되며 펌기구의 직경은 베이스의 폭을 결정하고, 펌기구의 길이는 베이스의 길이를 결정한다.

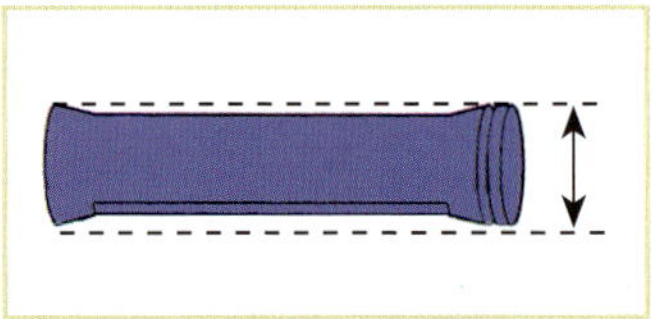

② 1.5직경 베이스는 롯드1개의 지름과 반지름을 더한 값이다.

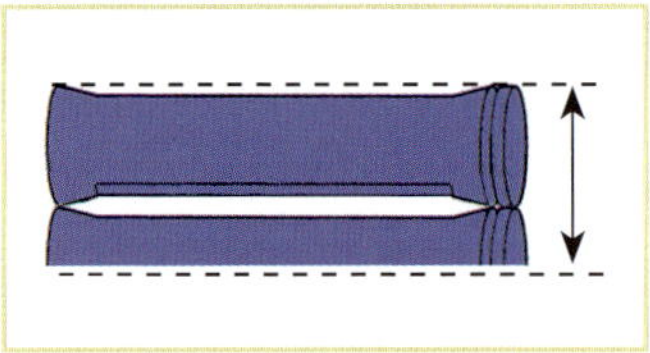

③ 2직경은 기구의 2개의 직경으로 측정된 베이스를 말한다.

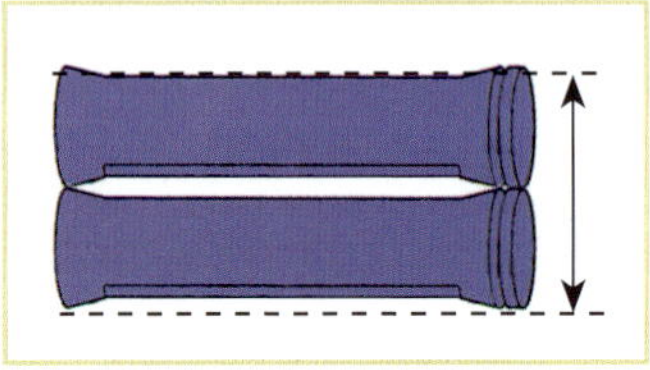

4) 고무밴드 사용법

와인딩된 머리 다발을 고정시키기 위해 사용되며 아래의 방법들이 사용된다.

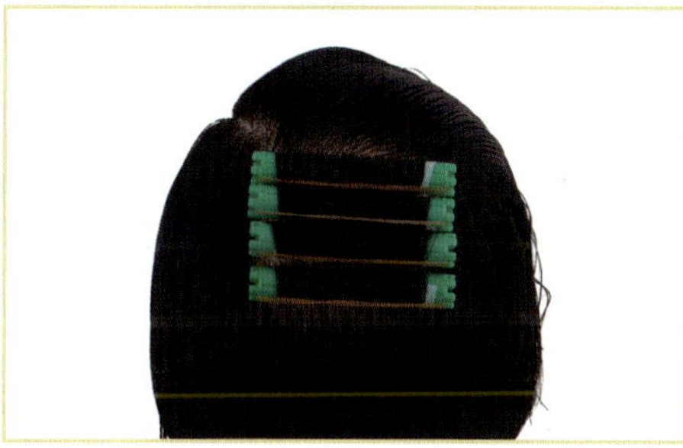

기본 11자형(미용국가고시 와인딩방법)

롯드에 고무줄 끼우는 기본형
미용국가고시 시험장에서 사용된다.
시간을 단축 시키기 위해서 아래의 방법을 이용하면 된다.

X자형

고무줄 거는 방법을 피할 수 있으며 모발의 손상도를 줄일 수 있고 약액 도포시 밴딩주위에 약액이 고이게 되는 것을 피할 수 있어 미용실 현장에서 사용된다.

복합X자형

약액 도포시 밴딩주위에 약액이 고이게 되는 것을 피할 수 있으며 텐션을 골고루 분산 시킬 수 있으므로 웨이브의 강약조절이 가능하다. 미용실 현장에서 가장 많이 사용된다.

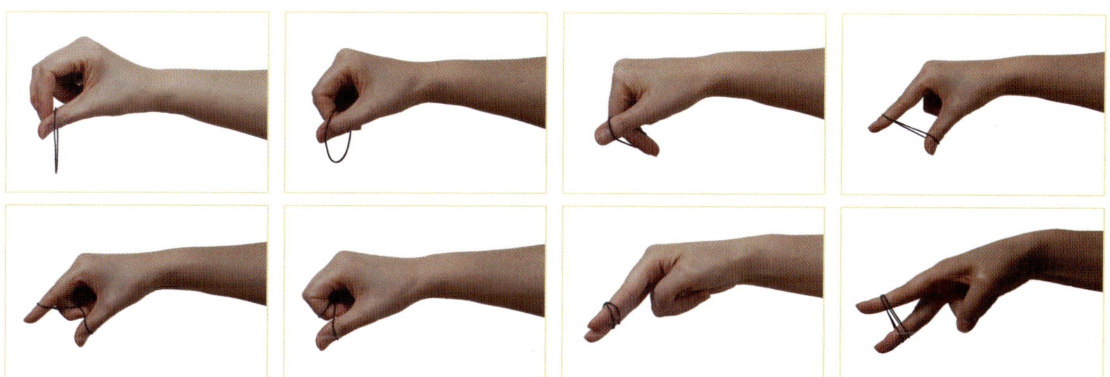

5) 습지말기(End paper)

모발을 롯드에 와인딩할 때 모발이 꺽인다거나 흐트러짐을 방지하여 보다 쉽게 와인딩 할 수 있는 편리함을 주며 약액의 지나친 흡수를 막아 모발의 손상을 방지해 준다. 또한 모발 끝을 감싸서 딱딱한 플라스틱 롯드로 부터의 모발을 보호한다.

단면 사용 와인딩

미용국가고시 와인딩 방법
스트랜드의 윗면에 페이퍼를 올려놓고 말아가는 방법으로 시술하기 전 아래의 방법을 먼저 연습한다.

양면 사용 와인딩

모발 끝이 지나치게 손상이 되었거나 모발의 길이 차가 심할 때 사용된다.

겹사용 와인딩

반으로 접어서 사용하므로 양면 사용과 같은 동일한 효과를 얻을 수 있다. 작은 섹션 폭을 사용하는 긴머리에 주로 사용하지만 페이퍼가 접히는 부분에 모발이 꺽이지 않도록 주의해야 한다.

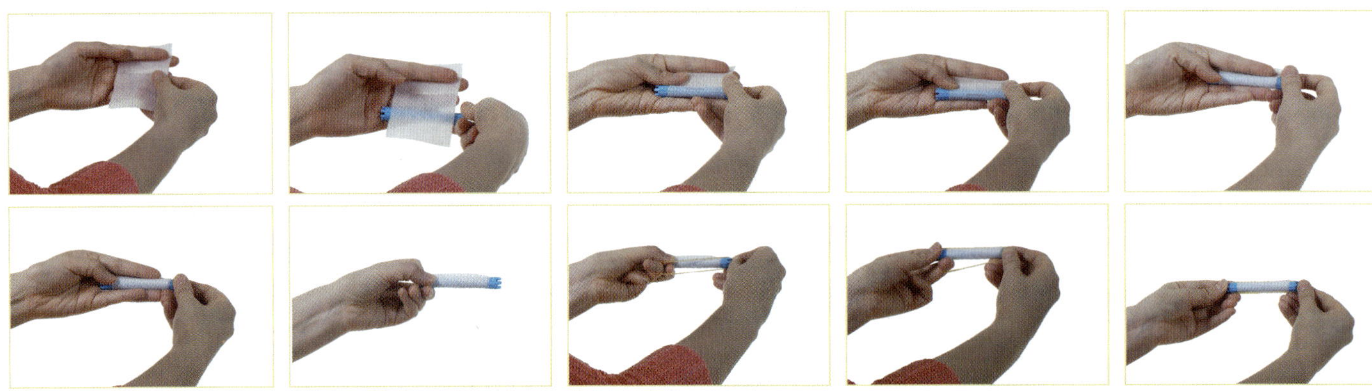

6) 기본 와인딩(Winding), 랩핑(Wrapping)

① 롯드에 모발을 감는 것으로 적절하고 균일한 힘(텐션)의 배분이 중요하다.
모발을 균일하게 당겨서 좌·우 또는 안쪽과 바깥쪽이 틈이 생기지 않게 말아서 슬라이스 위에 고정시키는 것을 말한다. 베이스 폭, 롯드와 모발의 길이, 모발의 양과 웨이브와의 관계, 고무줄 거는 방법에 주의하면서 시술한다.

② 꼬리빗은 재질은 부드럽고 표면이 매끈해야 하며 빗살이 촘촘한 것을 사용하는 것이 모발을 골고루 끌어내기가 쉽다. 끝부분이 뾰족하거나 날카로운 것의 사용은 두피를 자극하여 상처를 입힐 수 있기 때문에 사용에 주의하여야 한다.

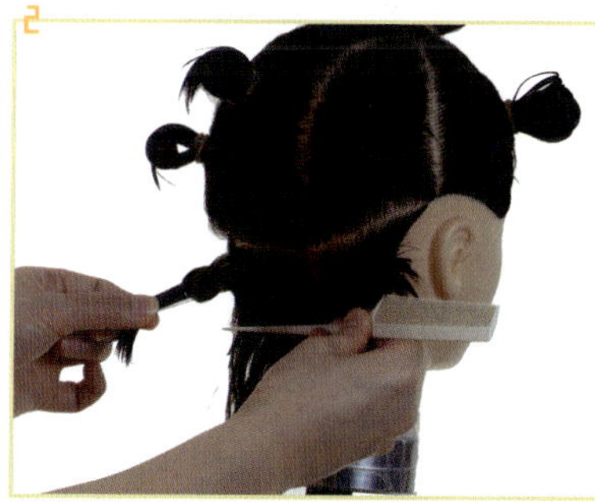
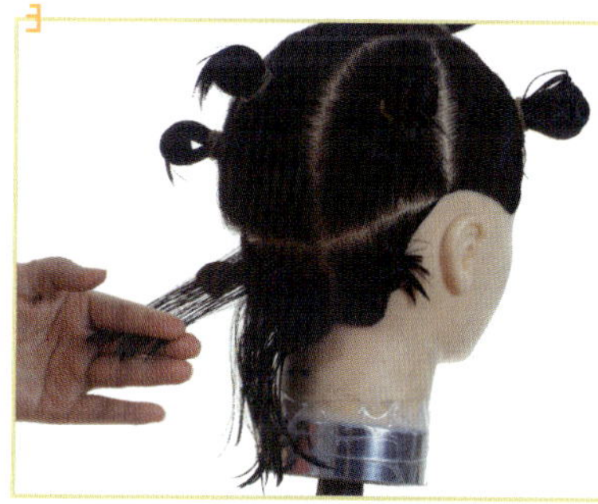
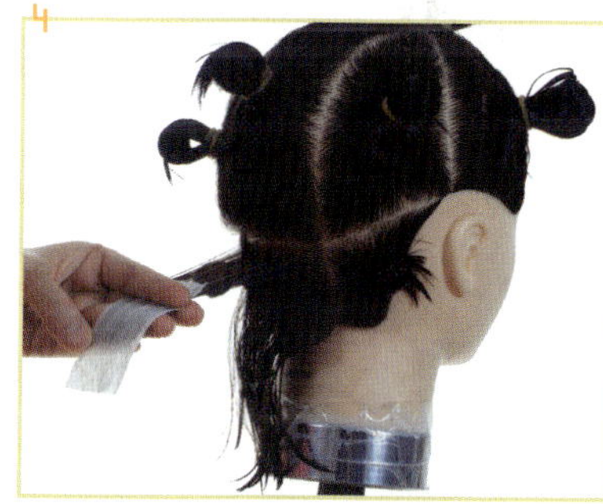

①~③ 와인딩 시술을 위한 슬라이스를 떠서 손가락에 모발을 펼쳐서 잡는다.

④ 와인딩 시술을 위한 습지를 댄다.

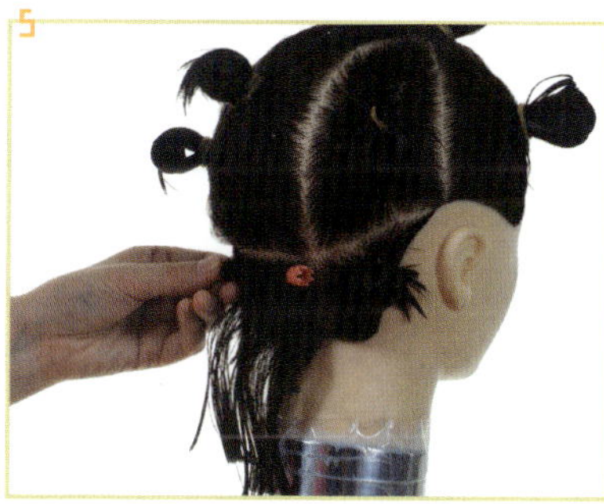

⑤ 좌·우가 균일한 텐션으로 와인딩한다.

⑥~⑧ 11자로 고무밴딩 처리한다.

7) 와인딩 시술각(베이스에 따른 롯드의 위치)

모든 조건이 같아도 모발의 시술각을 들어서 와인딩 할 때와 낮추어서 와인딩 했을 때의 웨이브의 조건은 달라진다. 기본은 두상곡면을 그대로 펼쳐진 시술각이다.

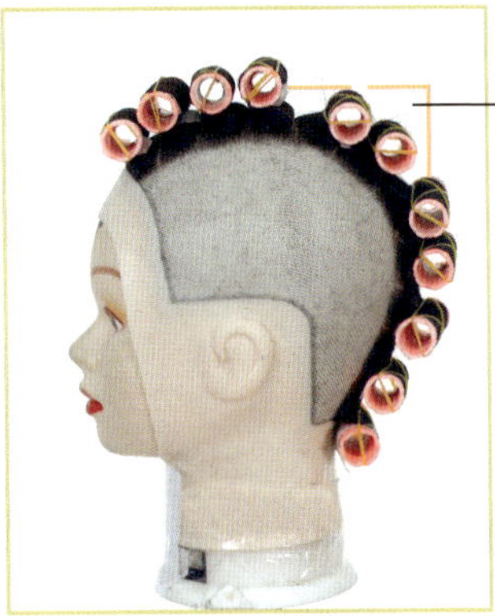

곡면이 함몰되어 있기 때문에 최대한 볼륨을 주기위한 와인딩을 한다.

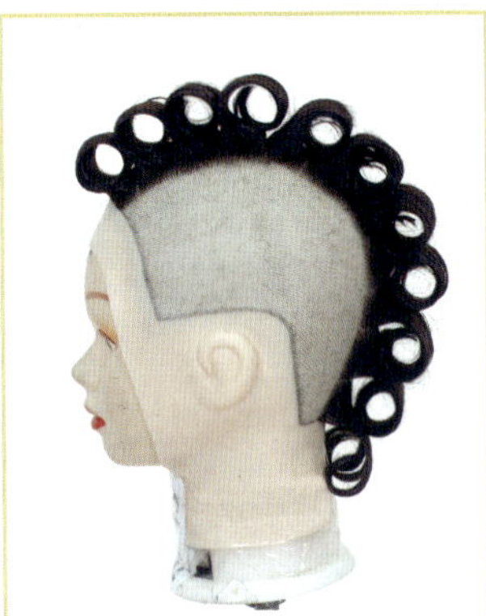

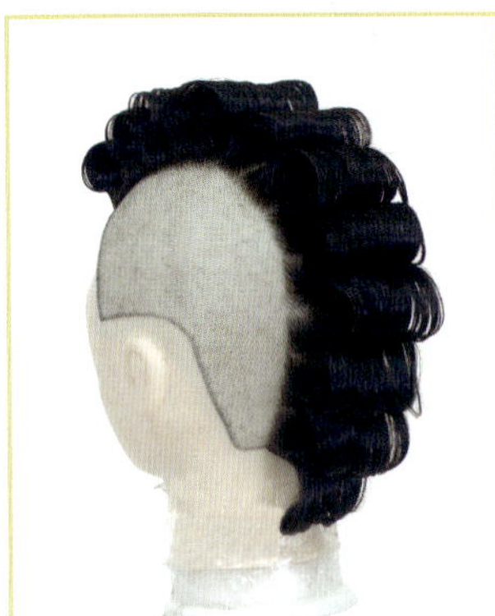

두상의 가장자리인 중심부는 시술각에 의한 토대를 잡아주는 것이 중요하다.

와인딩시 스트랜드의 각도에 따라 컬의 형태와 모근의 볼륨 정도가 달라진다.

135° on base(후상부)
베이스내에 자리잡는다. 최대한의 볼륨을 주기 위해 U라인 영역에 많이 이용한다.

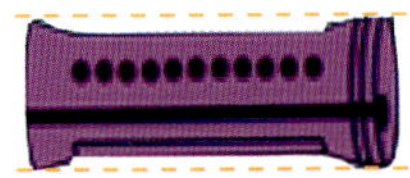

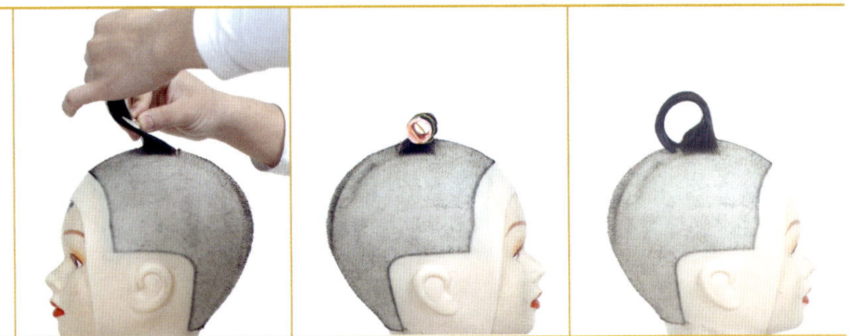

90° 1/2 off base(후중부)
베이스는 아래 자리잡는다. 최대한의 컬과 탄력이 적당한 웨이브를 얻을 수 있어 B.P~ G.P 사이에 많이 이용한다.

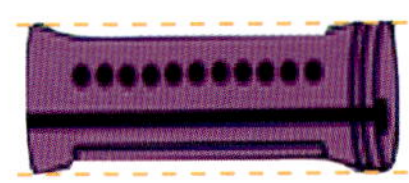

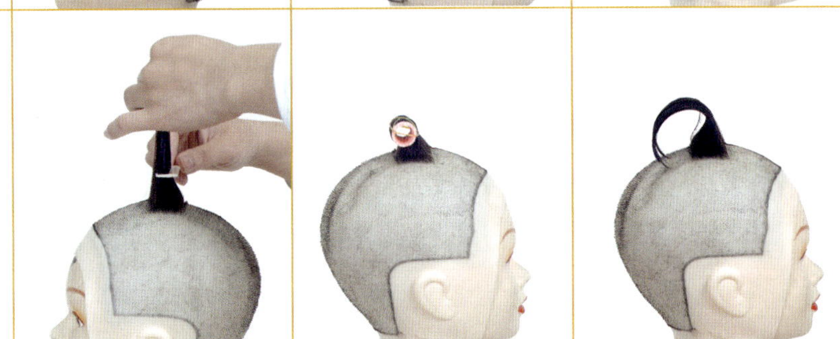

45° off base(후하부)
베이스에서 나온다. 흐름을 만들 수 있다. 헤어라인 주변이나 네이프에 흐름을 주고자 할 때 많이 이용한다.

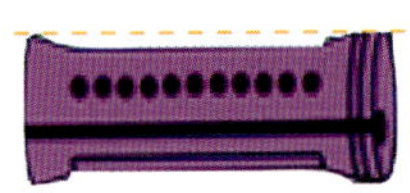

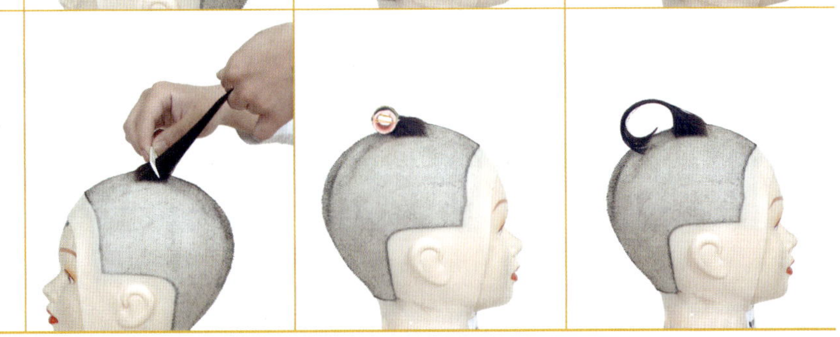

(1) 5개의 영역으로 분할한다.

헤어스타일을 만들어서 표현하는 곳은 두상이다. 두상의 골격과 각 특성을 잘 이해하여 쉽고 빠르게 헤어스타일을 연출하기 위해서는 두상을 골격대로 나누어서 표현하는 것이 좋다.

두상을 5영역으로 나누어서 커트하고 펌 디자인이 쉽게 표현된다.

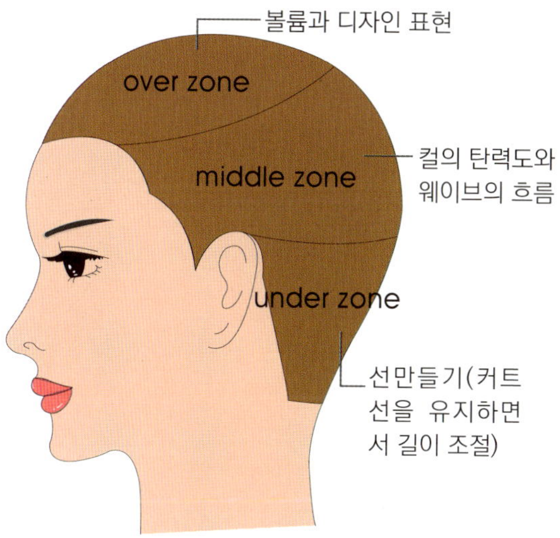

펌 시술시는 3개의 영역으로 나누어서
시술하면 펌 디자인 표현이 쉽다.

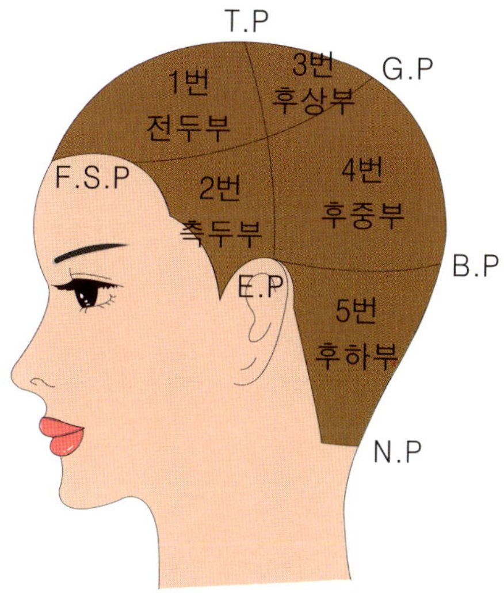

곡면을 분할하여 예쁜 스타일 만드는 방법

1번 영역	전두부	앞머리 표정만들기 영역. 얼굴주의의 밀접한 관계로 얼굴의 전체적 균형에 많은 영향을 준다.
2번 영역	측두부	옆선만들기 영역. 옆선의 이미지를 연출되는 곳으로 사이드나 아웃라인의 모양, 질감을 형성하는 곳이다. 짧은모발은 이곳에서 얼굴형의 이미지가 결정된다.
3번 영역	후상부	두상에서 가장 높은 곳에 위치하는 영역. 헤어스타일에 높이를 만들어 볼륨감을 주는 곳이다.
4번 영역	후중부	두상의 가장 넓은 영역이고, 외부로 돌출된 부분이기 때문에 헤어스타일의 전체적 질감이나 움직임에 관여한다. 따라서 헤어스타일의 형태를 좌우하는 곳이다.
5번 영역	후하부	헤어스타일의 형태를 결정짓는 영역. 두상에서 가장 낮은 곳에 위치하는 영역으로 두상의 뒷모습의 아웃라인이나 길이를 결정하는 곳이다.

(2) 곡면 조건에 맞추어서 와인딩 하기

후상부 영역은 곡면이 들어 갔기 때문에 최대한 모발을 들어 135° 와인딩 한다.

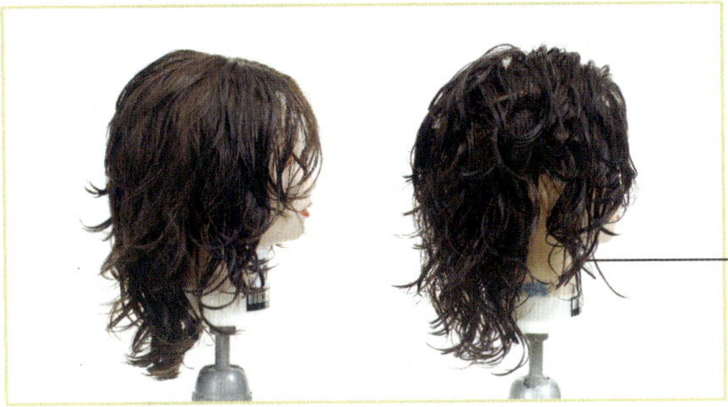

모발이 틀어진 상태
시술각을 들어서 했기 때문에 선의 표현이 부족하다.
특히 길이가 짧은 경우 위험하다.

측두부 영역은 모발에 떨어지는 선을 표현해야 하므로 각도를 45°로 내려서 와인딩 한다.

(3) 와인딩 방법은 동일하지만 와인딩 시술각에 따라 헤어스타일이 다르게 표현된다.

8) 롯드의 방향

가로 : 토대를 잡아주는 중심부

세로 : 방향성을 제시하는 곡면이 함몰된 부분

	135˚	90˚	45˚
베이스와의 관계	On base (온 베이스)	1/2 of base (1/2 오프 베이스)	off base (오프 베이스)
슬라이스와의 관계	베이스내에 자리를 잡는다.	베이스 1/2아래 자리를 잡는다.	베이스에서 나온다.
볼륨	최대	중간	적다.
컬	중간	최대	적다.
주의사항과 시술장소	파팅자국과 갈라짐 방지를 위해 슬라이스를 벽돌쌓기로 한다. 최대한의 볼륨을 주기위해 U라인 영역에 많이 이용한다(후상부).	볼륨이 중간정도는 만들 수 있으나 최대의 컬과 탄력이 적당한 웨이브를 얻을 수 있어 B.P~G.P 사이에 많이 이용한다(후중부).	볼륨이 없고, 헤어라인 주변이나 네이프의 흐름을 주고자 할 때 많이 이용한다(후하부).

◆ 빗질을 어느 방향으로 하느냐에 따라 펌 웨이브의 흐름은 다르다.

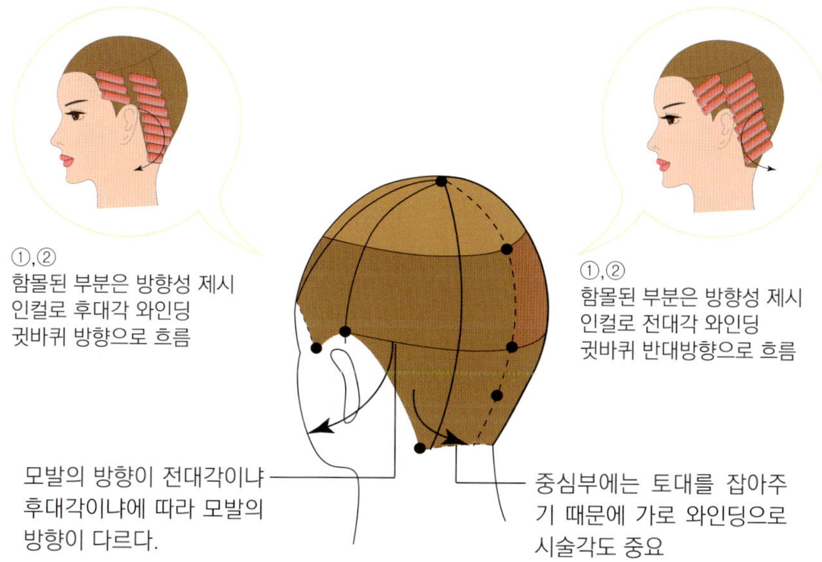

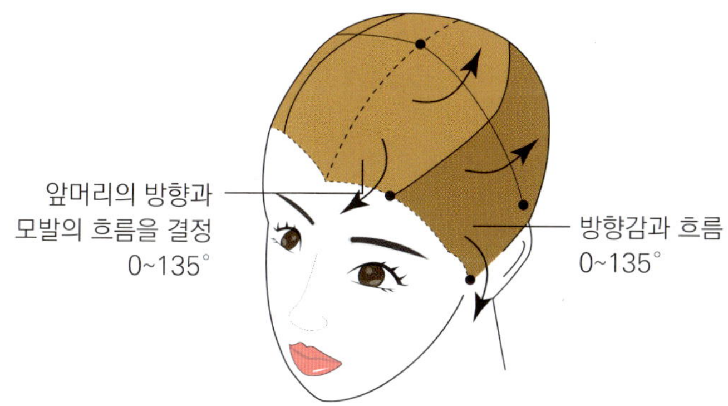

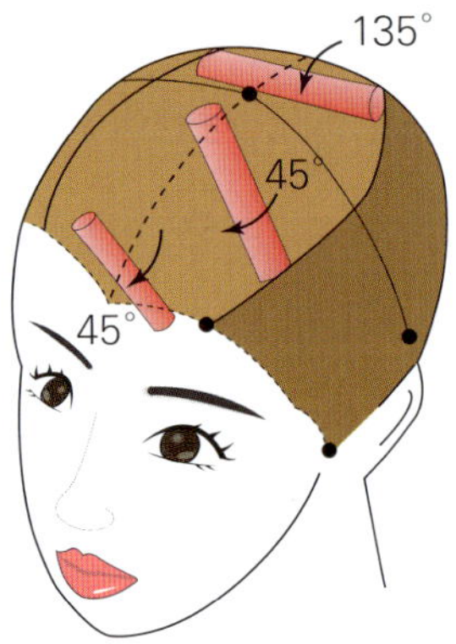

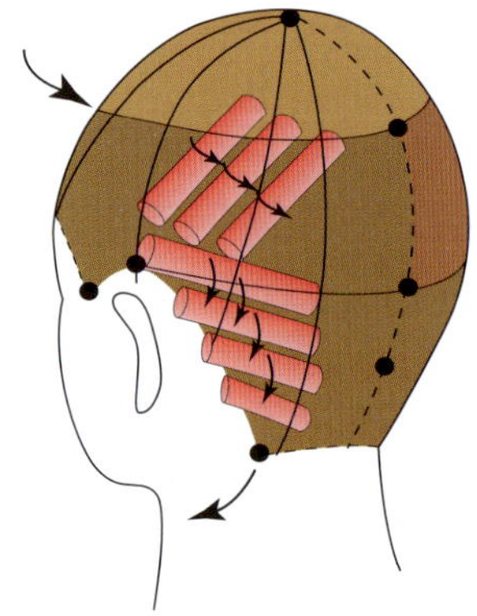

짧은 모발은 빗질의 방향과 슬라이스 간격을 어떻게 뜨느냐에 따라 모발의 흐름이 달라진다.
앞부분은 앞쪽으로 모발의 흐름을 주고 싶은 경우에 해당하고 뒷부분은 크레스트 영역 윗부분은 전대각으로 슬라이스를 떠서 와인딩하고 모발의 방향을 귓바퀴 반대로 하고 크레이트 아래는 후대각으로 슬라이스를 떠서 귓바퀴 방향으로 모발의 방향을 주었다.

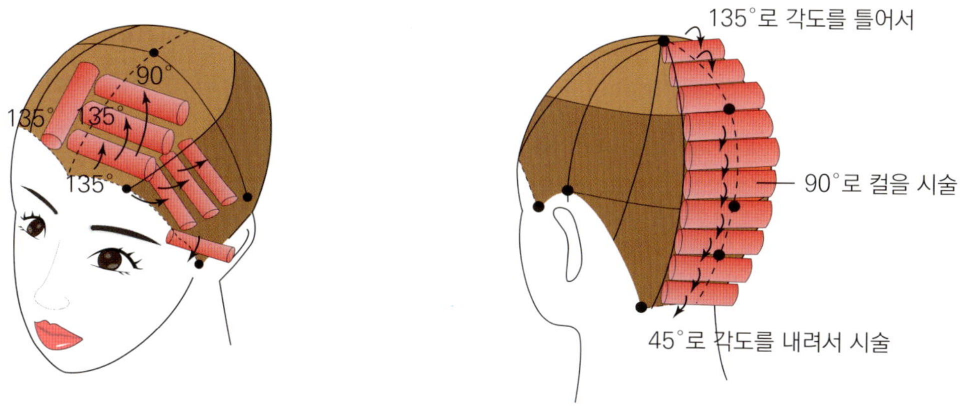

앞머리 부분에 세워지는 C컬을 표현하고자 하고 옆부분에 볼륨과 귓바퀴 반대방향의 흐름을 주고자 할 때 뒷부분에 중심부는 토대가 잡혀야하므로 가로 와인딩 시술각도를 맞추어 가면서 시술한다.
얼굴이 작을 때는 전대각을 더 많이 활용하고 얼굴이 클 때는 후대각을 많이 활용한다.

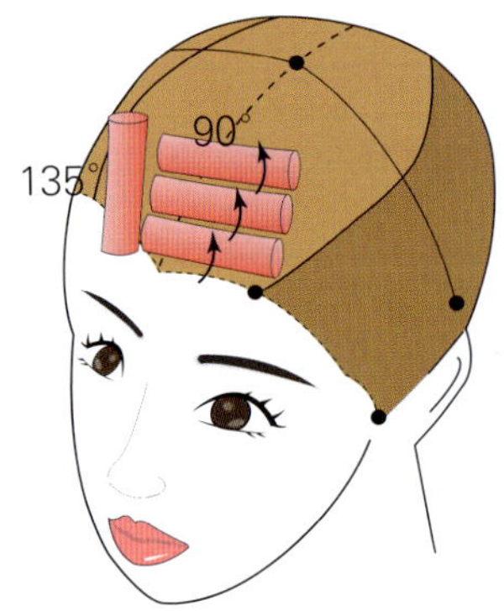

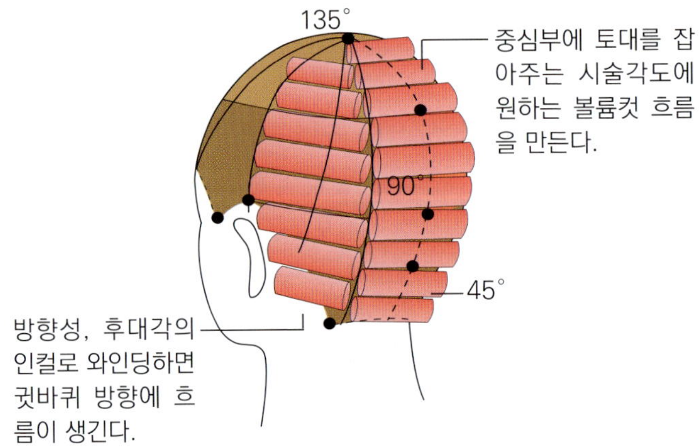

앞머리 표정의 방향성은 빗질과 슬라이스 뜨는 방향에 따라 다르다.

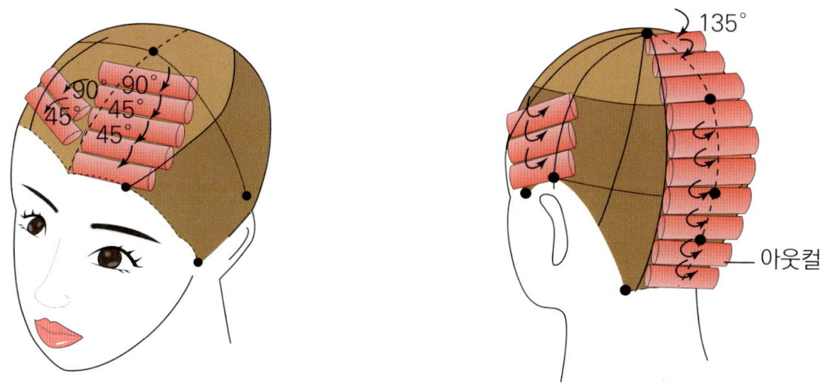

앞쪽으로 모발을 주고 싶은 경우

G.P부터 시작하여 흐름을 주고자 하는 방향의 사선으로 빗질하여 와인딩

와인딩된 상태

로드아웃

앞으로의 모발의 흐름을 주고, T.P 부분에 볼륨을 주고자 하는 경우에 시술한다.
B.P 아래에는 아웃컬로 와인딩한다.

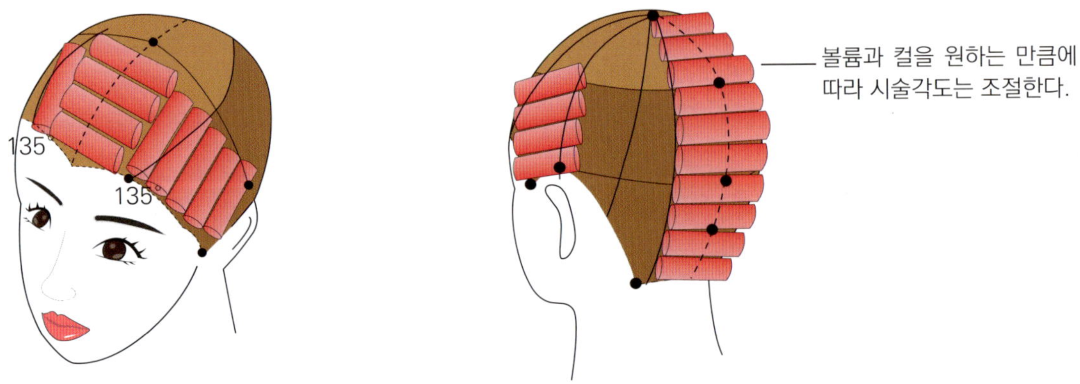

중심에서 빗질을 똑바로하여 모발의 흐름이 C.L쪽으로 흐르게 하고 양쪽에는 C컬의 흐름이 생긴다.

이마가 좁아 이마를 드러내고 싶은 경우에 시술한다.

앞머리 부분에 방향의 흐름을 알아야 한다.

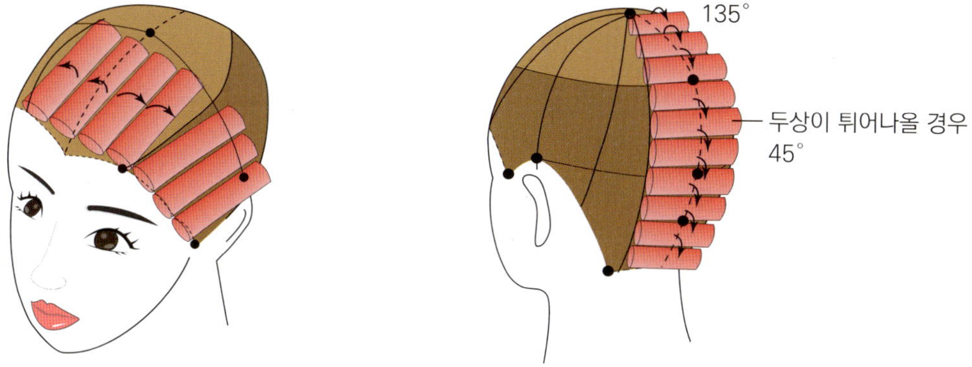

앞부분에 모발을 세우고 싶은 경우

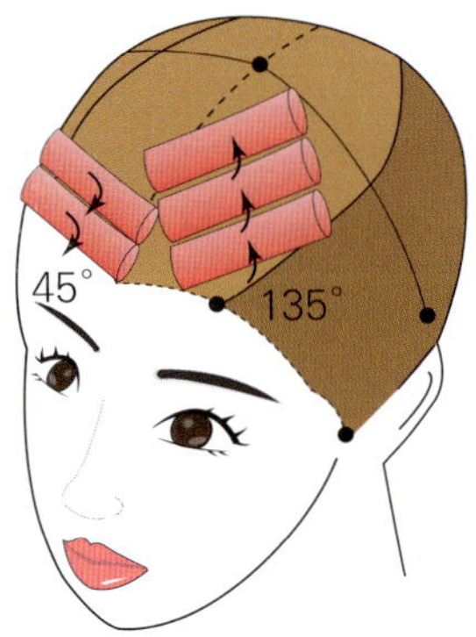

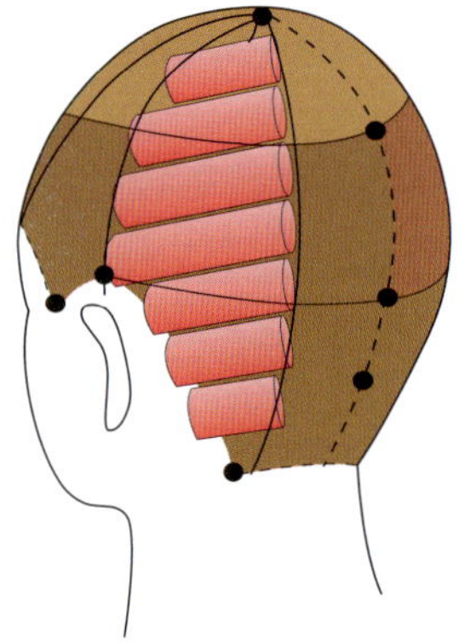

빗질과 시술각도에 따라 C커브의 흐름이 달라진다.

9) 롯드 선정과 회전수(모발의 길이와 관련)

롯드가 크면 동일한 길이의 모발일지라도 회전수가 적다. 길이에 따라 롯드의 회전수가 달라진다.

롯드에 1~1.5바퀴 정도 감기게 되면 C컬 웨이브가 생기고, 모발이 롯드에 2바퀴 이상 감기게 되면 S컬 웨이브가 생긴다.

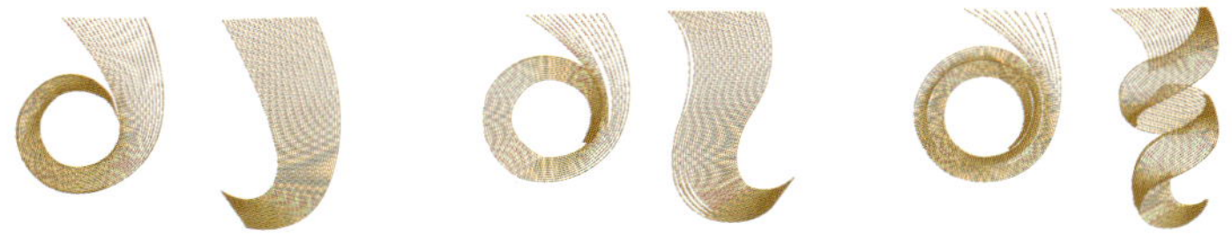

1회전 이하 1/2 회전~2회전 2회전 이상

동일한 길이라도 롯드의 선택에 따라 모발의 길이가 달라진다.

동일한 회전수를 와이딩 하더라도 모발의 길이에 따라 헤어스타일이 다르다.

동일하게 와인딩을 하더라도 길이에 따라 펌 디자인이 달라진다.

(1) 모발길이 변화에 따른 스타일(30cm, 25cm, 20cm, 15cm, 10cm 이하)

동일한 길이라 하더라도 롯드의 회전수에 따라 헤어스타일이 다르다.

적은 롯드는 회전수가 많아지고 큰 롯드는 회전수가 적어진다. 적은 롯드 사용시 모발의 길이는 짧아진다.

1

① 30cm 이상의 긴 롱헤어는 C컬이 되면 모발의 무게 때문에 컬이 쳐진다. 끝부분이 이런 전체적인 웨이브와 잘 어울린다.

2

② 25cm 롱헤어로 30cm와 웨이브의 느낌은 비슷하다.

3

③ 20cm의 길이는 얼굴이 큰 사람에게 S컬의 웨이브를 주면 더 커보이므로 옆면과 뒷부분의 웨이브를 믹스하여 활용한다.

4

④ 15cm의 길이는 S컬 보다는 J컬이나 C컬이 전체적인 확장을 위해서 상관이 없다.

① 모발길이에 따른 스타일(25cm 이상의 길이)

25cm 이상의 모발의 길이는 모발의 무게 때문에 컬의 흐름도 처지고 겹치는 부분이 많아지기 때문에 얼굴형을 보정할 때 모발끝에서인지 모근부인지 아니면 전체적인 웨이브인지를 잘 파악하여 펌 디자인을 연출한다.

자연스러운 기본 스타일	끝부분의 S컬	전체적인 웨이브

② 모발길이에 따른 스타일(25cm 이하의 길이)

20cm 이상의 모발은 C컬, S컬의 연출이 가능하다.

모발의 길이에 무게가 생기게 되므로 볼륨은 약해지고 웨이브의 컬의 흐름이 생긴다.

얼굴형의 보정을 위해 모발 끝에 웨이브를 내느냐 전체적인 컬을 주느냐, 부분적으로만 방향을 주느냐, C컬 S컬의 방향이 어느 방향이냐를 결정하여 펌디자인을 결정한다.

③ 모발길이에 따른 스타일(15cm 이하의 길이)

10~15cm 길이의 모발은 C컬과 S컬이 가능한 웨이브가 시작된다. 빗질, 방향, 시술각에 따라 펌 디자인이 연출된다. 모류역행이 가능한 강한 C컬을 연출할 수도 있고 두상영역의 단점을 보완해 가면서 고객이 원하는 연출이 가능하다.

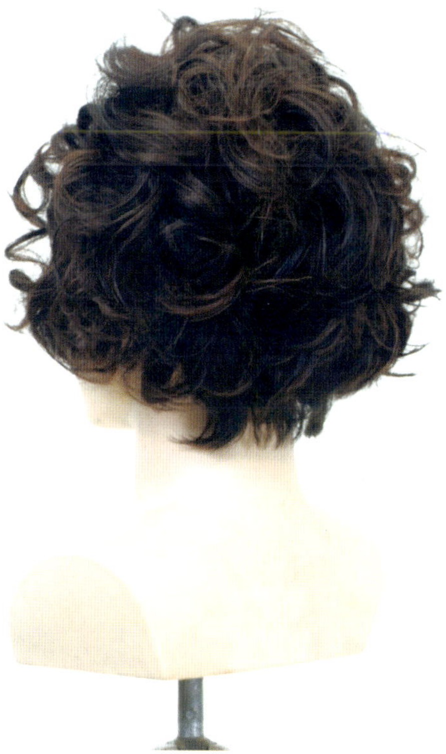

④ 모발길이 변화에 따른 스타일(10cm 이하)

10cm 이하의 길이는 모발의 무게가 없이 때문에 모류의 영향을 강하게 받는다.
짧은 모발은 골격에 따라 모류의 방향이 달라지므로 디자인을 설정하기 이전에는 모류방향을 먼저보고 펌디자인을 설정한다.

10cm 이하 짧은 모발은 모류방향을 잡아주기 위해 핀컬퍼머

◈ 와인딩의 기법에 따라

- 원형핀컬(바렐핀컬, Barrel pincurl) 컬이 머리끝쪽부처 와인딩(머리끝쪽 웨이브가 강하다.)
- 나선형핀컬(스파이럴핀컬, Spiral pincurl) 머리뿌리부터 와인딩(탄력도는 머리의 뿌리쪽이 강하다.

◈ 각도에 따라

- 스탠드 업 컬 90°(stand up curl) 볼륨을 주고자 할 때
- 리프트 컬 45°(Lift curl)컬의 연결과 방향감을 주고자 할 때
- 플래트 컬 0°(flat curl)흐름을 주고자 할 때

◈ 방향에 따라

- 포워드 컬(Forward curl) 머리끝이 앞쪽(귓바퀴 방향)을 향한 컬
- 리버스 컬(Reverse curl) 머리끝이 뒤쪽(귓바퀴 반대방향)을 향한 컬

이렇게 짧은 모발은 핀컬 펌을 이용하거나 각도를 내려서 방향과 흐름을 잡아주는 것이 중요하다.

핀컬퍼머

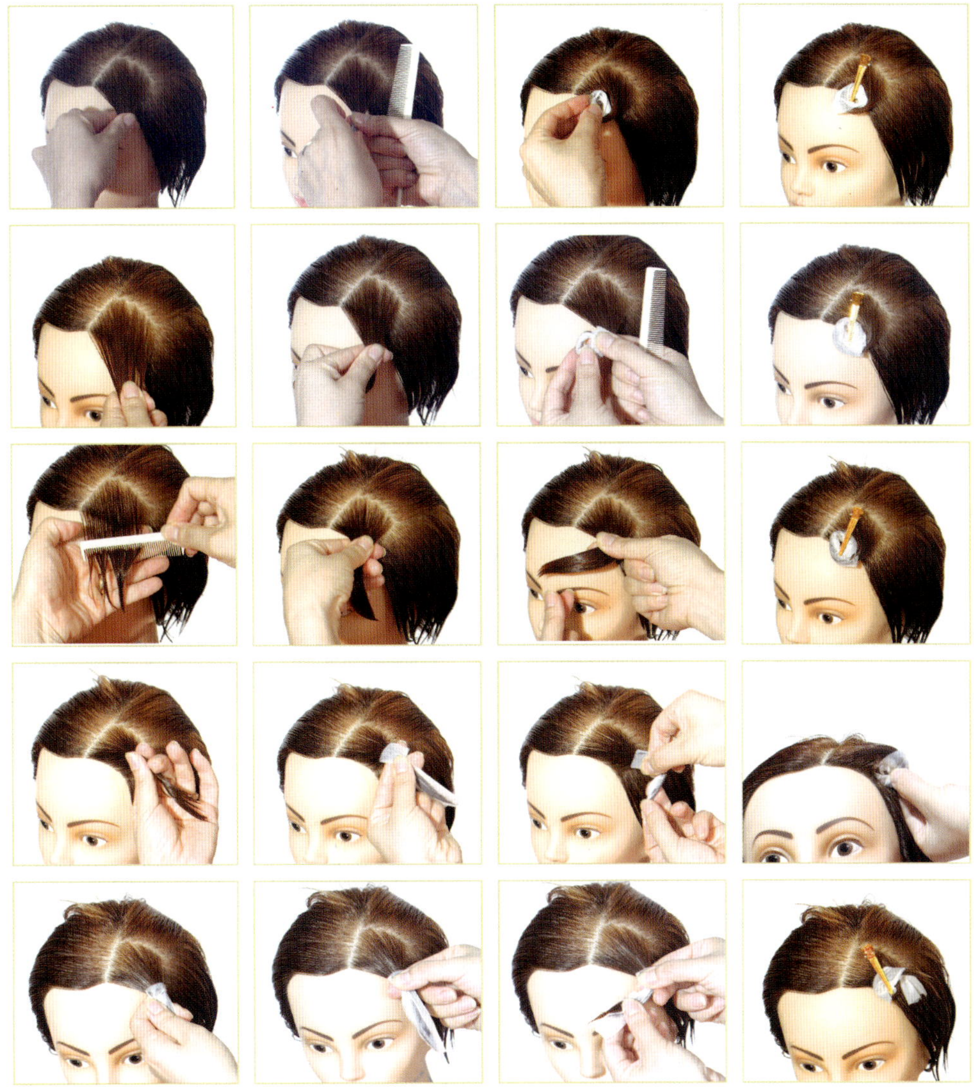

10) 와인딩 방법

모발에 표현하고자 하는 웨이브에 따라 가로, 세로, 사선으로 와인딩
가로 슬라이스 - 곡면이 편평한 영역 (중심부)이곳은 방향성보다 시술각이 중요
사선 슬라이스 - 곡면이 함몰된 부분. 이곳은 방향성이 중요하므로 C컬이냐 CC이냐에 따라 전대각, 후대각을 선택하여 와인딩

① 가로 말기(크로키놀) - 컬감이 강함, 회전수의 차이(짧은 모발, 롱헤어 끝부분만)

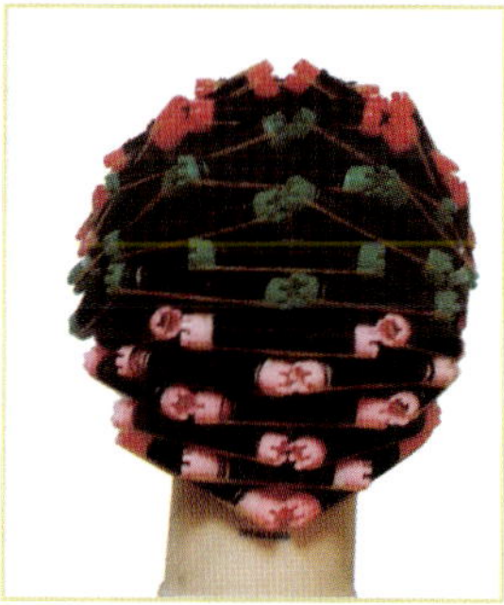

반 바퀴~한 바퀴

모발 끝에 c컬이 생기므로 탄력이나 율동감이 생긴다. 모발끝의 길이가 길면 J컬이 표현되기도 한다.

한 바퀴~두 바퀴 회전

S컬이 생긴다. 모발 끝부분에 말게 되므로 처음에 말린 모발 끝이 강한 컬이 생긴다. 릿지가 나타나고 가로의 율동이 생긴다.

두 바퀴 이상

S컬이 생긴다. 처음 말린 모발끝이 강하고 뿌리로 갈수록 웨이브가 약하다. 20cm 이상의 길이 에서는 모속이 흐트러지기 쉽다.

② 사선 말기(스파이럴, 롱헤어)

가로 사선 말기	모발끝에서 사선 말기	뿌리부터 사선 말기
커다란 컬이 뿌리부터 모발 끝까지 균일하게 나타난다. 웨이브의 형상은 뿌리스파이럴말기의 중간가로의 율동감은 나타나지만 모발끝의 릿지는 약하다.	모발끝에서 릿지가 확실하게 나타나며 뿌리의 릿지는 약하다. 모발끝에서의 릿지가 강하기 때문에 웨이트의 위치는 낮다.	뿌리 부근에 릿지가 나타난다. 모발끝의 릿지는 약하고 가로의 율동이 적다. 뿌리 부근에서 웨이브가 나타나기 때문에 웨이트의 위치는 넓다.

실무 현장에서 필요한 디자인 펌(일반 펌)

15cm 이하

25cm 이하

25cm 이상

열 펌

1. 기본 펌 1

자연스런 웨이브와 끌어올린 앞머리가 꾸미지 않아도 스타일링이 자연스런 아름다운 헤어 스타일.

펌 시술시 체크사항

약액 및 롯드 선정
약액 : 시스테인
롯드 : 세라믹 2호, 3호, 4호

Before

after

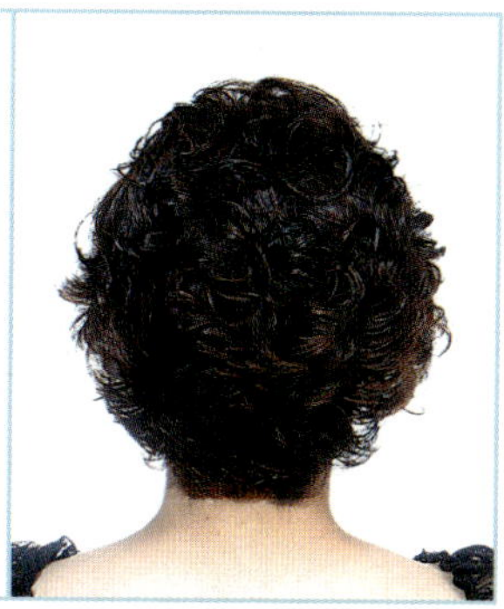

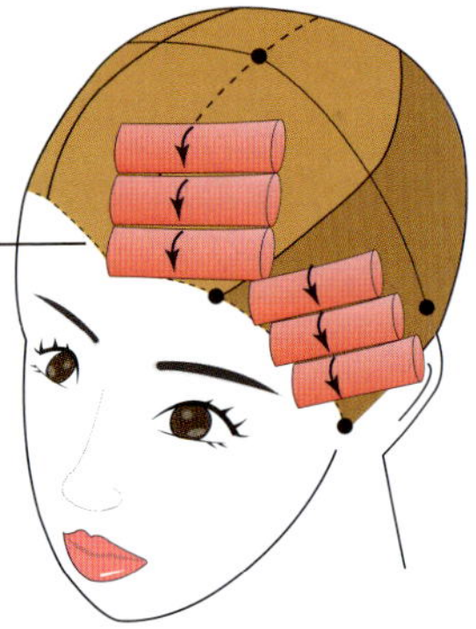

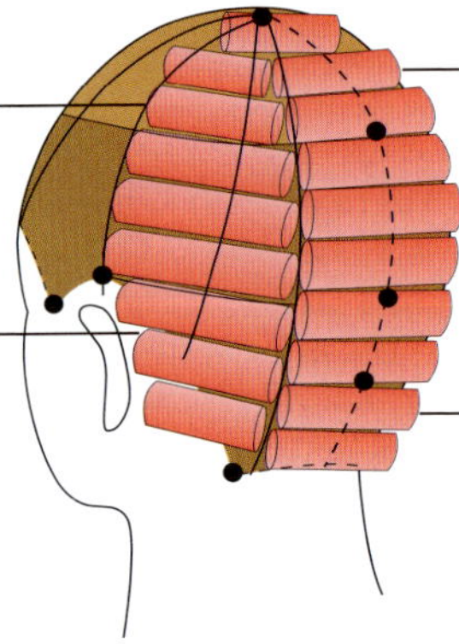

1. 퍼머약 도포

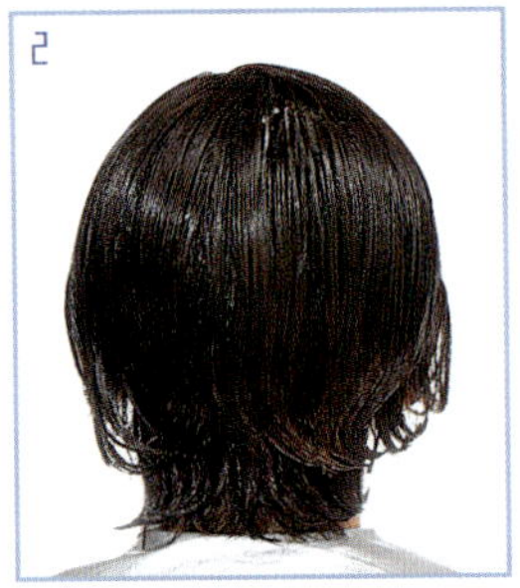
2. 원래의 웨이브를 없애기 위해서 빗질을 해 놓은 상태

3. 브록킹나누기

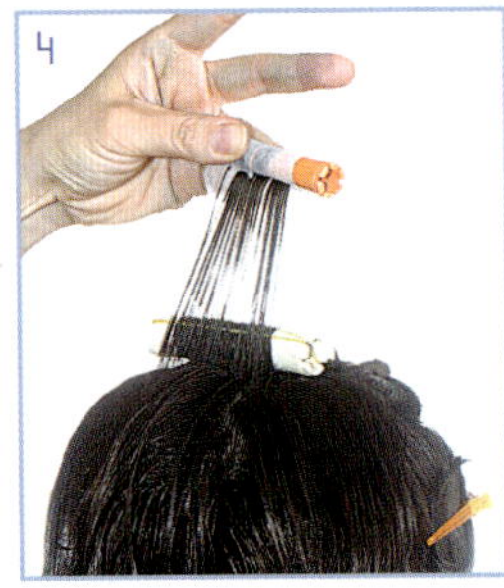
4. 가르마 부분에 볼륨을 최대로 주기 위해 135° 와인딩

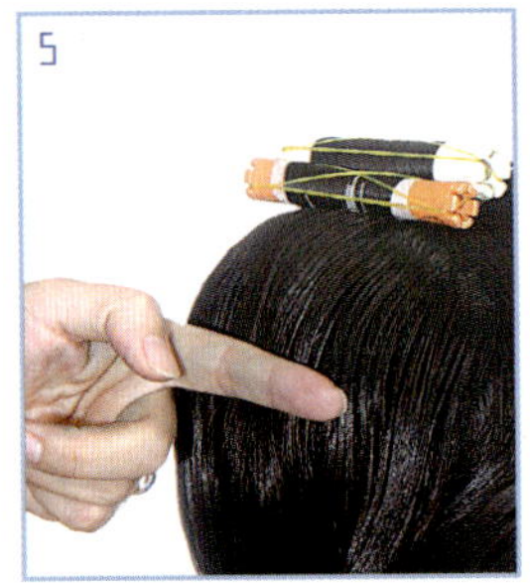
5. 피기백으로 위에는 큰 롯드, 아래는 작은 롯드로 와인딩

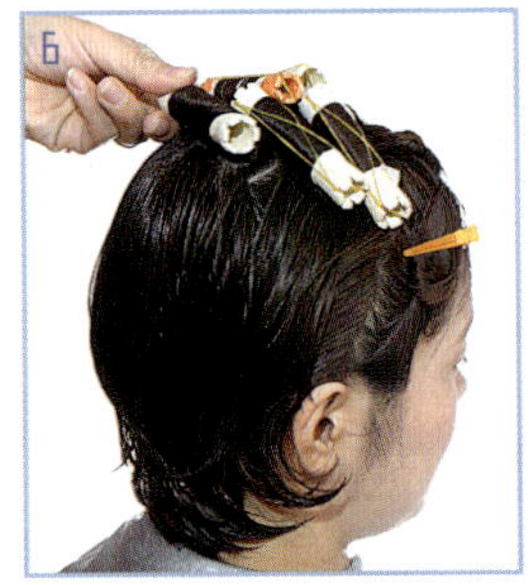
6. 135°로 모발의 갈라짐을 방지하기 위해 지그재그 와인딩

7. G.P부터는 컬을 최대로 시술하기 위해 90°로 모발을 빗질하여 판넬을 잡은 상태

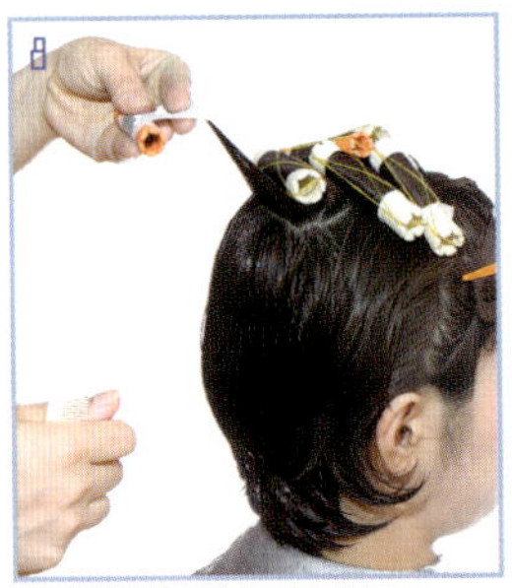
8. 약지로 롯드를 지탱하면서 롯드에 모발을 감는다.

9. 슬라이스폭과 롯드를 나란히 와인딩

10. 롯드를 고정하기위해 고무줄을 끼운 상태

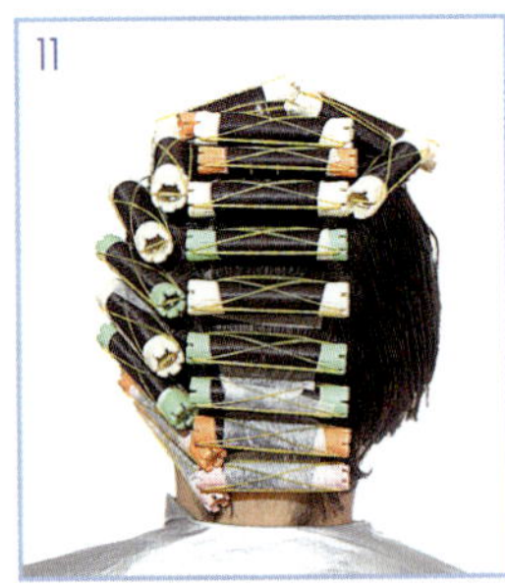
11. 센터부분을 와인딩하고 양 을 시술한 상태

12. 브록킹 한대로 와인딩

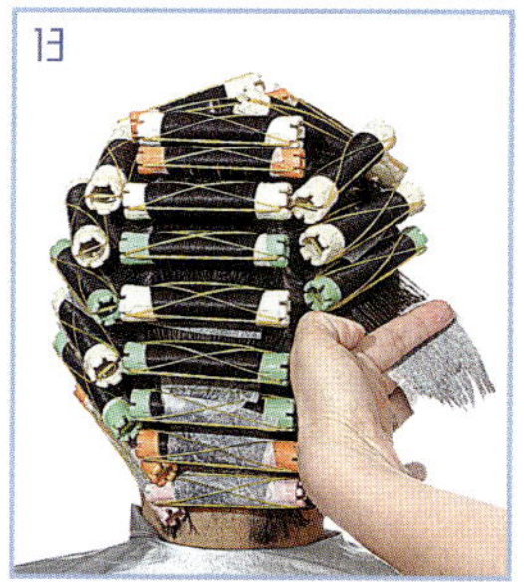

13. 후대각 파팅대로 모발을 당긴 상태

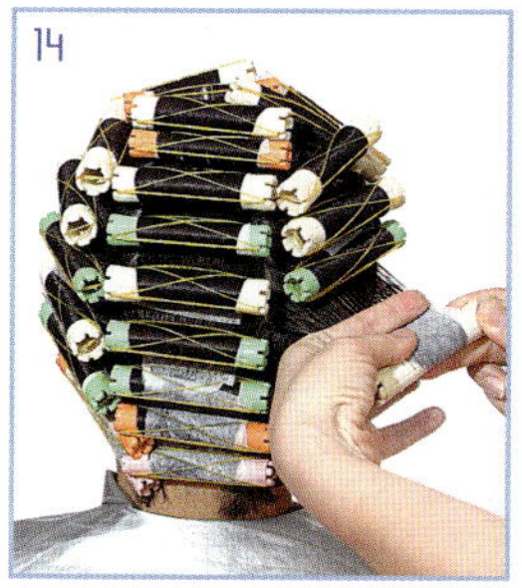

14. 습지를 중지로 빼내면서 롯드에 모발을 감싼다.

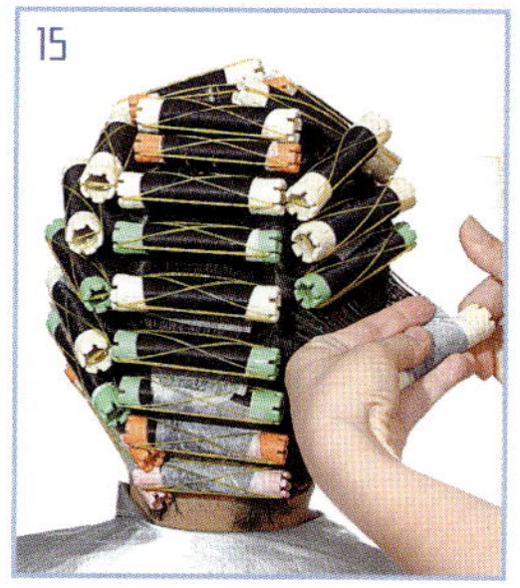

15. 모발이 롯드에 감긴 상태

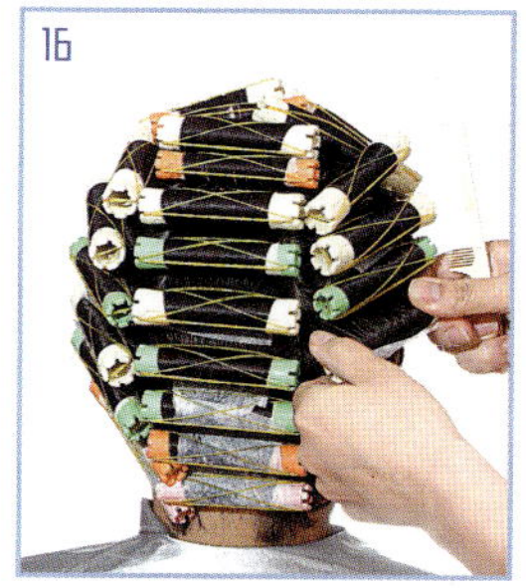

16. 슬라이스폭과 롯드가 나란히 있는 상태

17. 롯드를 고정하기 위해 고무줄을 끼운다.

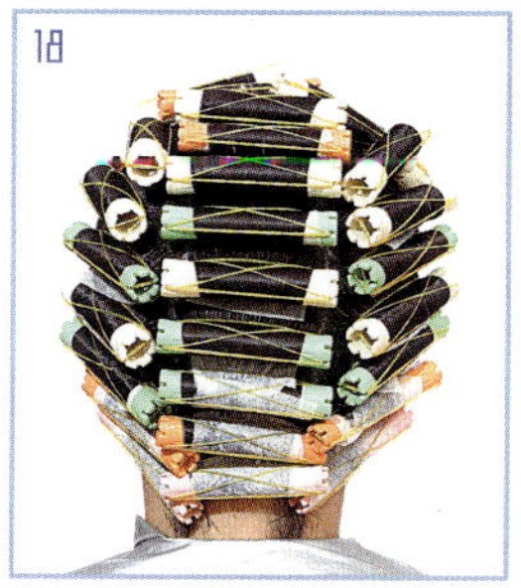

18. 뒷부분 와인딩 종료

19. 앞머리는 두상의 곡면대로 롯드를 얹고 자연스런 흐름과 볼륨을 위해 45° 와인딩

20. 앞부분 와인딩 종료

21. 옆부분 와인딩 종료

22. 열처리 10분, 자연방치 10분 후 컬 테스트

23. 네이프는 자연스런 흐름을 위해 B.P까지 롯드 아웃

24. 중화제 도포

25. 롯드 아웃

26. 롯드 아웃

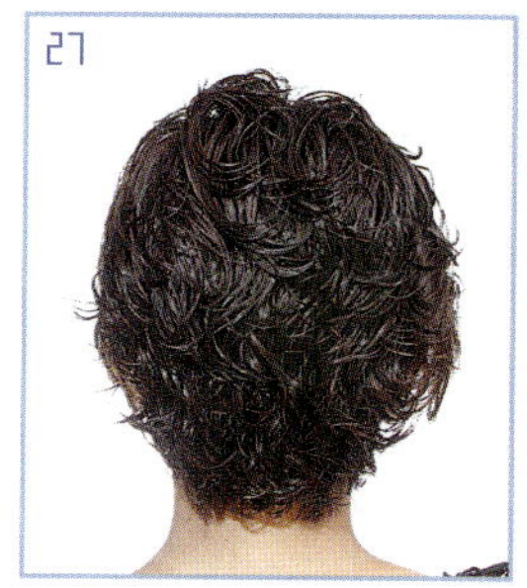

27. 샴푸 후 컬의 상태

2. 기본 펌 2

퍼머 초보자에게 어울리는 웨이브 단발스타일, 캐쥬얼하고 발랄한 표정을 만들고 싶을 때 하는 헤어 스타일로 길이를 축소하고 싶지 않을 때 필요한 방법이다.

펌 시술시 체크사항

약액 및 롯드 선정
약액 : 시스테인
롯드 : 세라믹 3호, 4호, 5호

Before

after

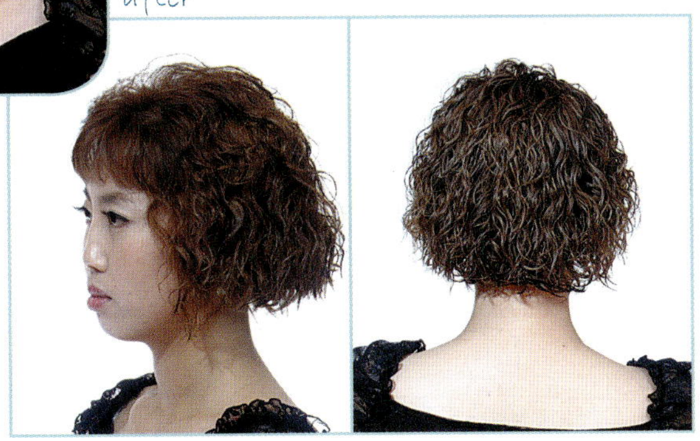

|Front|
자연스런 흐름을 위해 가르마에서 2㎝씩 양쪽에서 슬라이스를 떠서 45° 크로키놀 와인딩

|Side|
움직임을 주기 위해 모근부부터 스파이럴 와인딩

|Top|
볼륨을 주기위해 135° 크로키놀 와인딩

|Back|
길이의 축소를 방지하기 위해 모발 중간부터 크로키놀 와인딩

|Nape|
모발을 풍성하게 띄우기 위해서 B.P부터 아래는 아웃컬 와인딩

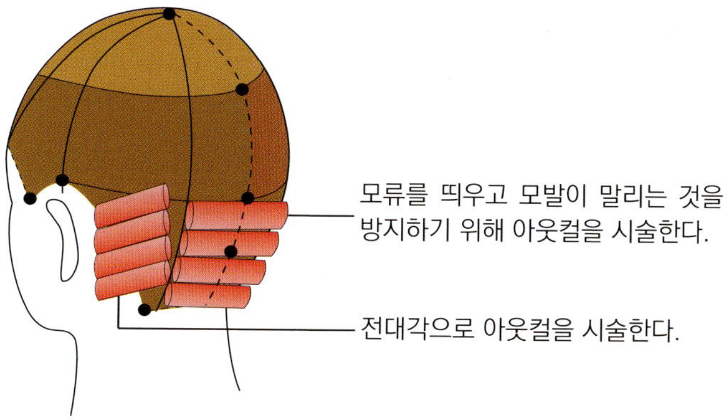

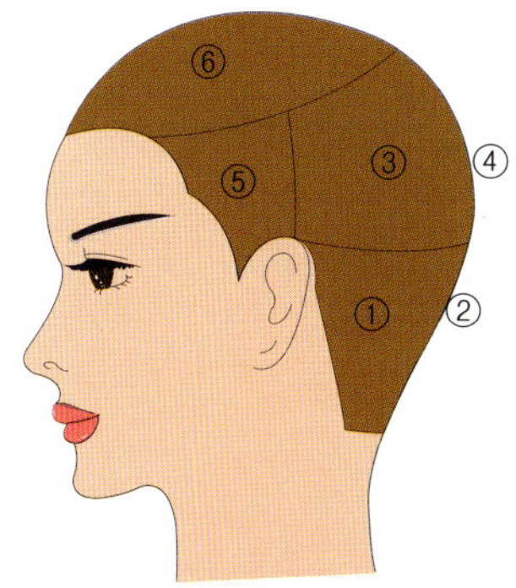

펌제 도포순서

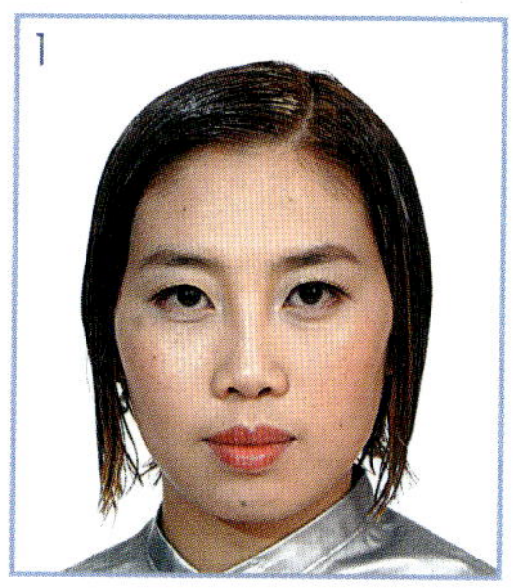

1. 퍼머약 도포

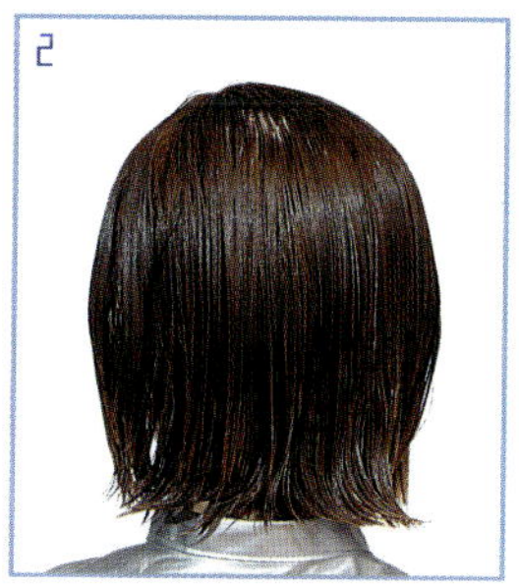

2. 건강모, 손상모를 부분하여 퍼머약 도포

3. B.P까지 브록킹하여 아웃컬 와인딩

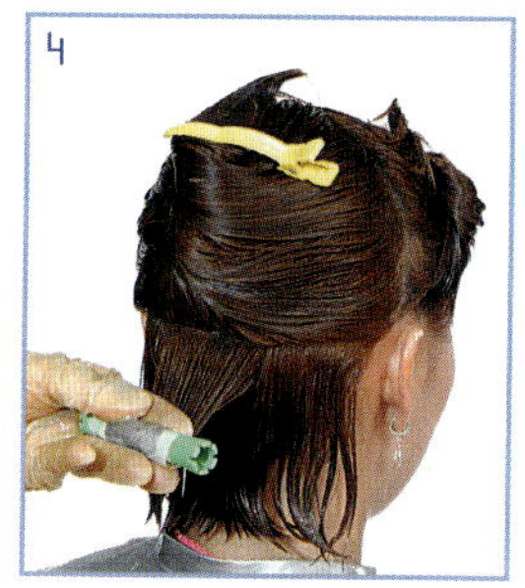

4. 큰롯드부터 시작하여 아웃컬 와인딩

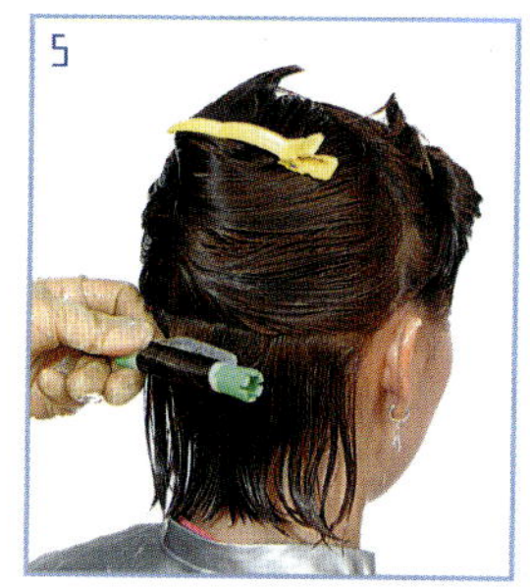

5. 슬라이스와 롯드는 평행하게 놓는다.

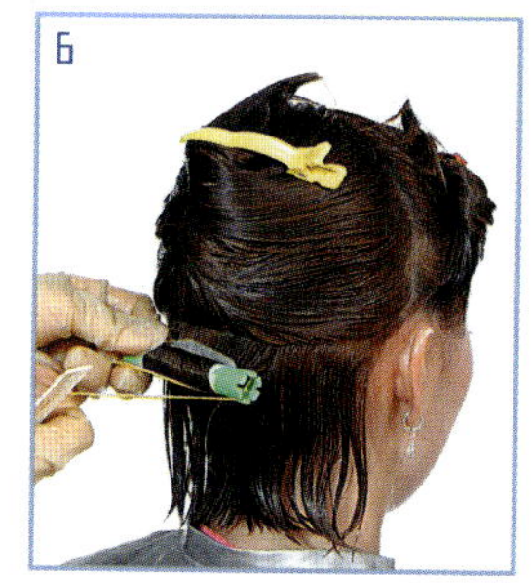

6. 롯드를 고정하게 고무줄을 끼운다.

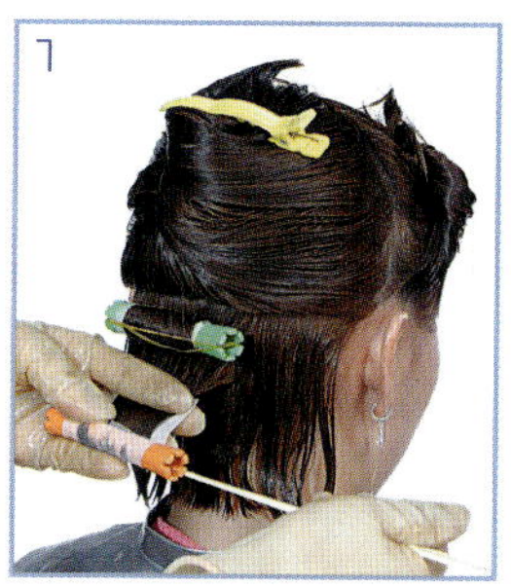

7. 아래는 위보다 적은 롯드로 아웃컬 와인딩

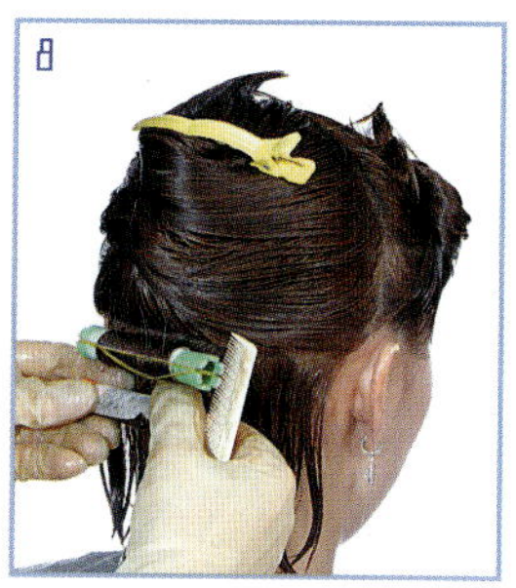

8. 롯드와 평행하게 놓는다.

9. 사선으로 아웃컬 와인딩

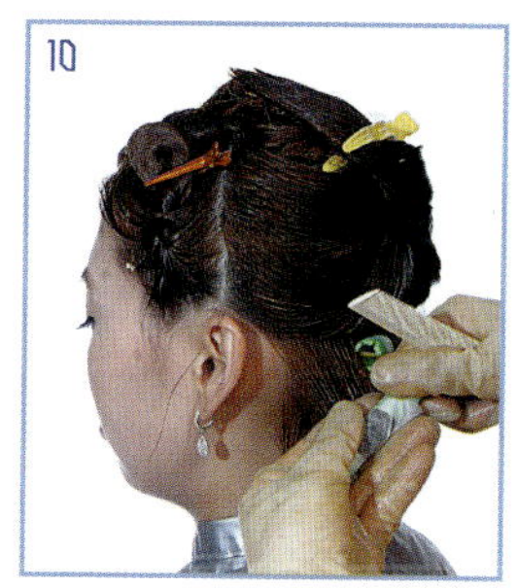

10. 얼굴쪽으로 사선 아웃컬 와인딩

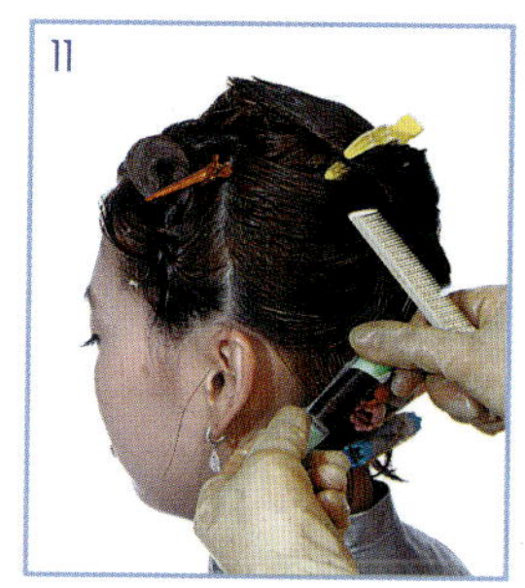

11. 사선 와인딩 상태

12. B.P아래를 와인딩 해 놓은 상태

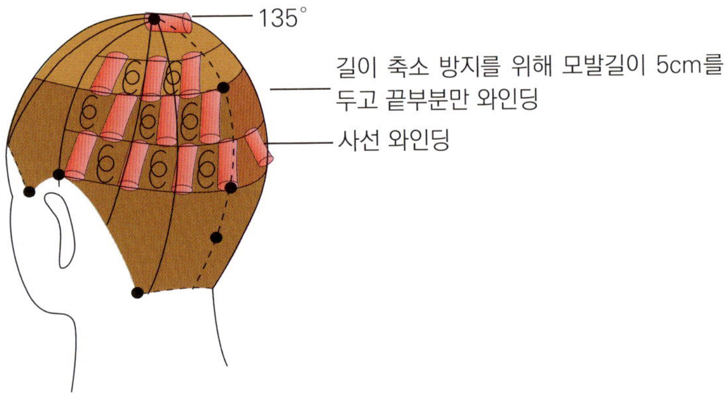

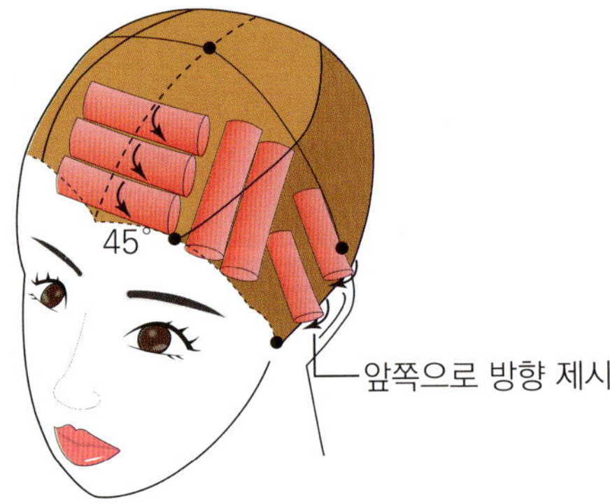

13. 사선 와인딩 상태

14. B.P아래를 와인딩 해 놓은 상태

15. 1:1로 위빙 와인딩

16. 파팅과 롯드를 나란히 놓은 상태

17. 길이 축소를 위해 남은 모발은 핀컬 펌

18~19. 남은 모발은 핀컬펌으로 자연스럽게 연결

20. 핀컬 펌

21. 핀컬핀 꽂는 상태

22. 핀컬+사선 와인딩 종료

23. 길이가 축소되는 것을 방지하기 위해 모발 중간부분부터 와인딩

24. 검지로 중심을 잡고 롯드를 감싸고 컬을 말아준다.

25. 롯드를 고정시키기 위해 고무줄을 끼운상태

26. 1:1 와인딩(1단은 모발 중간부터 1단은 모근부부터)

27. 앞쪽으로 움직임을 주기위해 모근부 중심부터 와인딩

28. 롯드를 와인딩하기 위한 상태

29. 와인딩하기 위한 상태로 움직임을 주고 싶은 방향으로 롯드를 댄다.

30. 롯드를 고정하기 위해 고무줄을 끼운다.

31. 가르마부분에 볼륨을 주기위해 135° 와인딩

32. 와인딩 종료(앞면)

33. 와인딩 종료(옆면)

34. 와인딩 종료(뒷면)

35. 와인딩 종료(반대쪽 옆면)

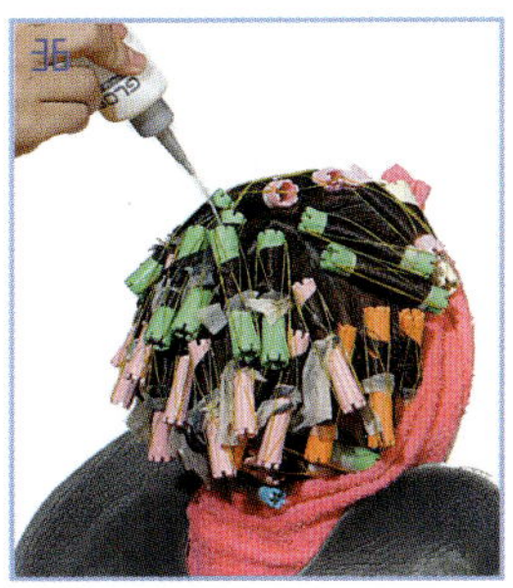

36. 퍼머약 도포 후 열처리 10분, 자연방치 10분, 컬 테스트 후 중화제 도포

37. 롯드 아웃

38. 롯드 아웃

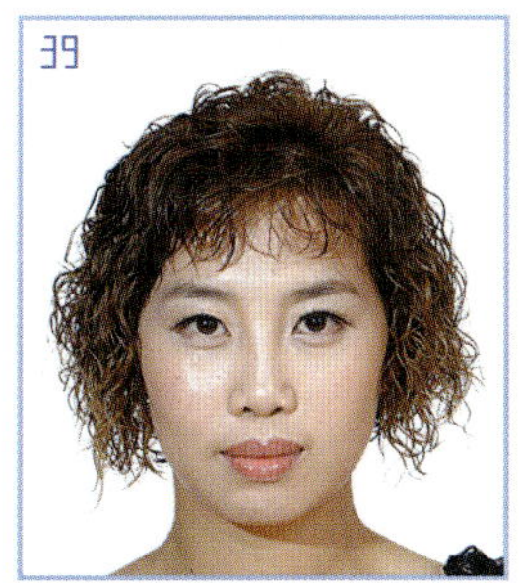

39. 샴푸 후 컬의 상태

40. 마무리 상태

3. 기본 펌 3

대담한 앞머리의 표정과 머리끝의 흐름을 펌 웨이브로 발랄하고 귀여움을 연출하는 헤어 스타일.

펌 시술시 체크사항

약액 및 롯드 선정
약액 : 치오클리콜산
롯드 : 세라믹 2호, 3호, 4호

Before

after

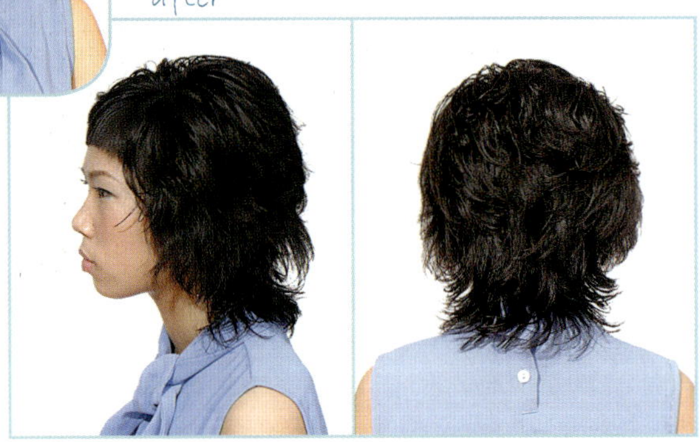

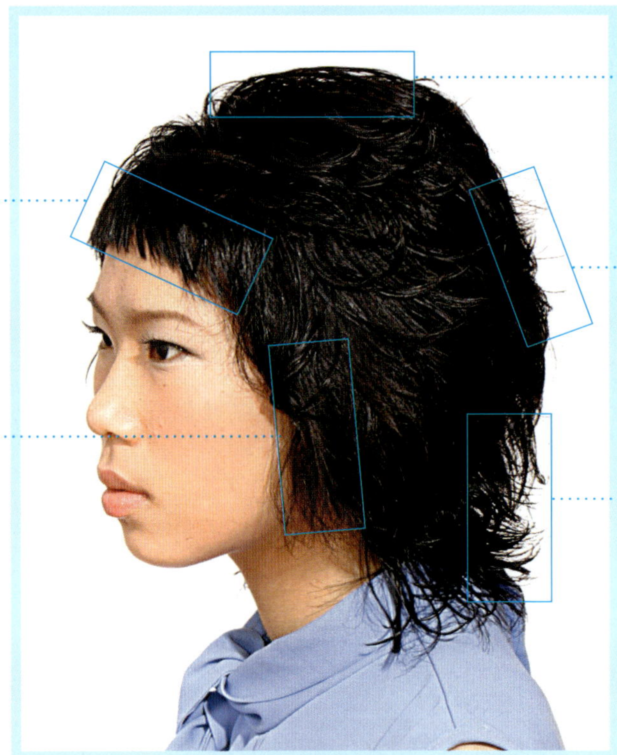

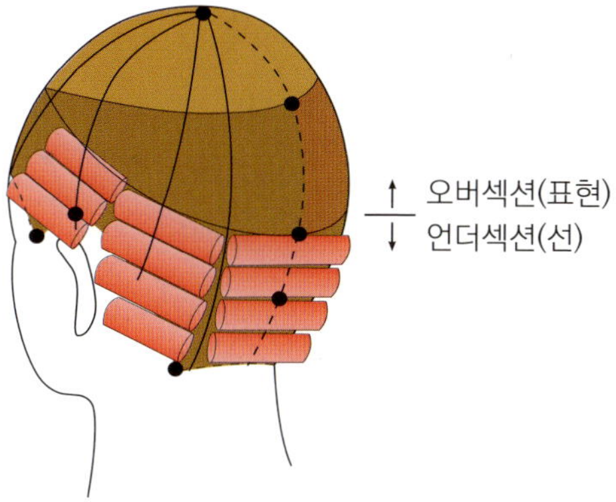

① 모발이 짧고 강하기 때문에 언더섹션은 모발이 떨어지는 대로 브록킹을 나누어서 와인딩한다.
② 시술 각도는 내려서 흐름만 잡아주는 45°~90°로 믹스하여 와인딩한다.
③ 강모는 먼저 연화시키고 와인딩을 하면 작은 롯드를 사용하지 않아도 된다.

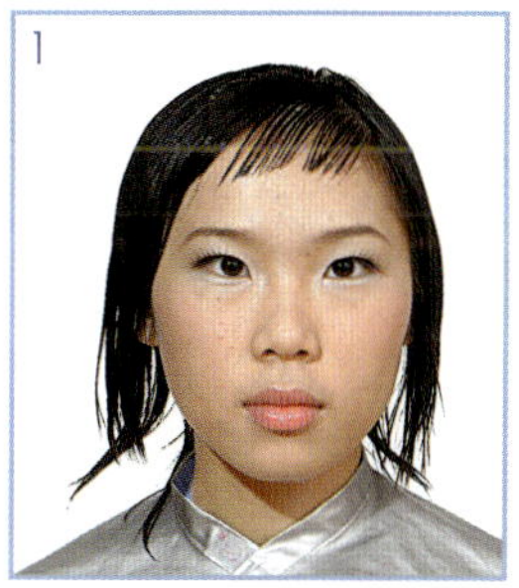
1. 퍼머약 도포

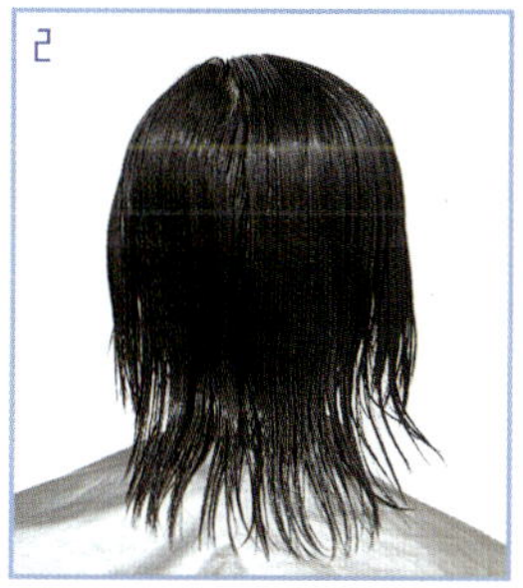
2. 퍼머약 도포

3. 떨어지는 선은 따로 와인딩하도록 라운드 브록킹

4. 라운드 브록킹타기

5. 브록킹과 롯드와 평행하게 와인딩

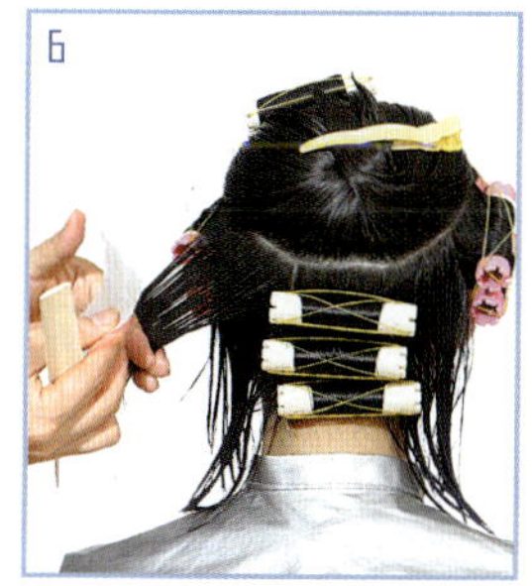
6. 브록킹과 롯드를 나란히 45° 와인딩하기 위해 판넬을 뜬다.

7. 약지에 롯드를 얹어 놓고 습지를 중지로 빼낸다.

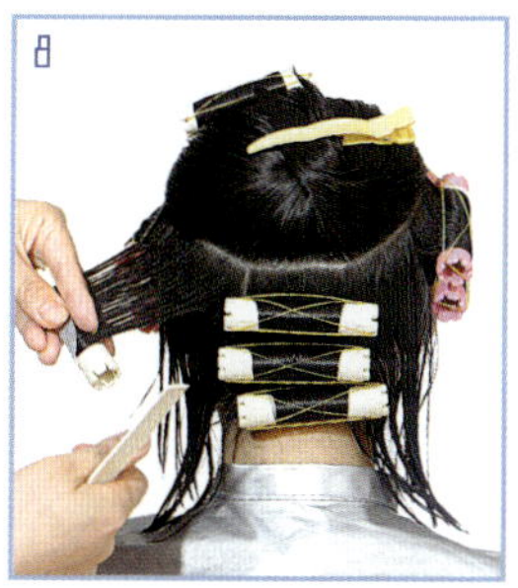
8. 롯드와 파팅을 평행하게 와인딩

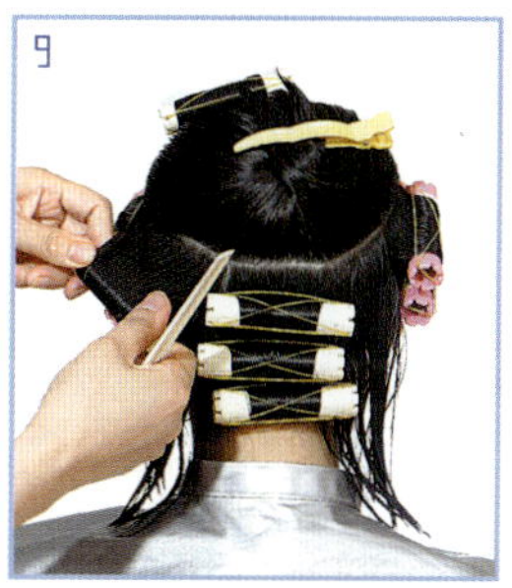
9. 손가락으로 텐션을 가한다.

10. 롯드를 고정시키기 위해 고무줄을 끼운다.

11. 45°로 파팅과 나란히 와인딩

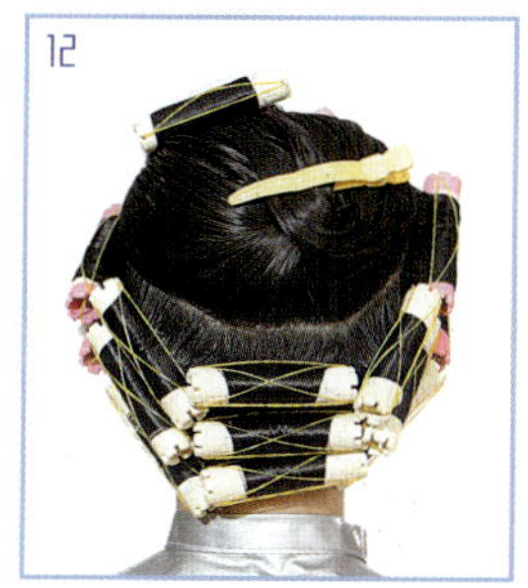
12. 라운드 브록킹에 맞추어서 롯드를 놓은 상태

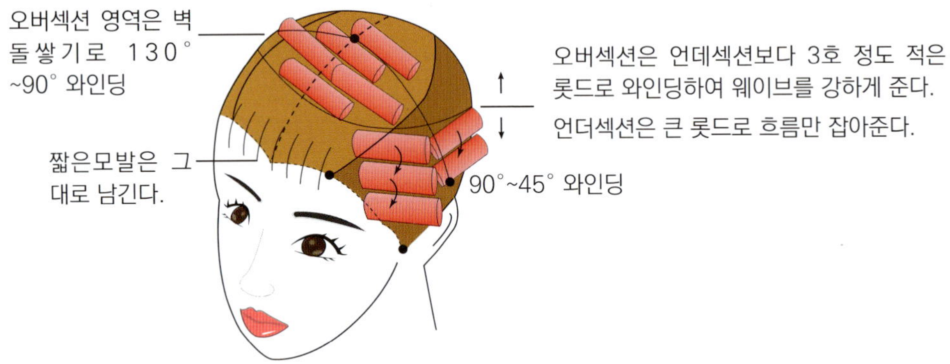

13. 라운드 브록킹과 롯드가 나란히 놓인 상태

14. 앞머리는 두고 와인딩

15. 벽돌쌓기로 라운드 브록킹을 남긴 부분 와인딩

16. 와인딩 종료

17. 와인딩 종료

18. 열처리 10분, 자연방치 15분 테스트컬 후 중화제 도포

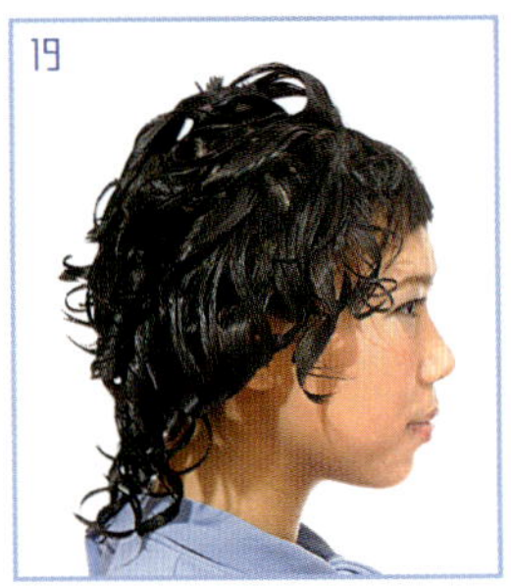
19. 롯드 아웃

20. 롯드 아웃

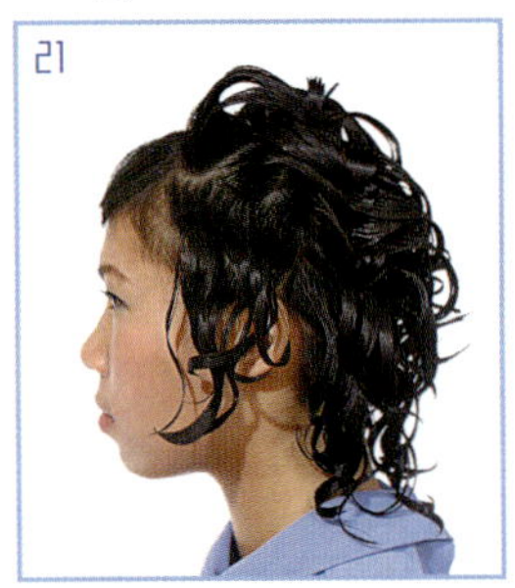
21. 롯드 아웃

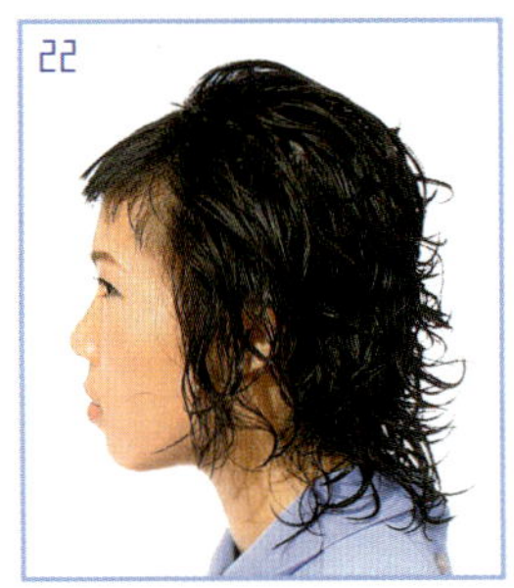
22. 샴푸 후 컬의 상태

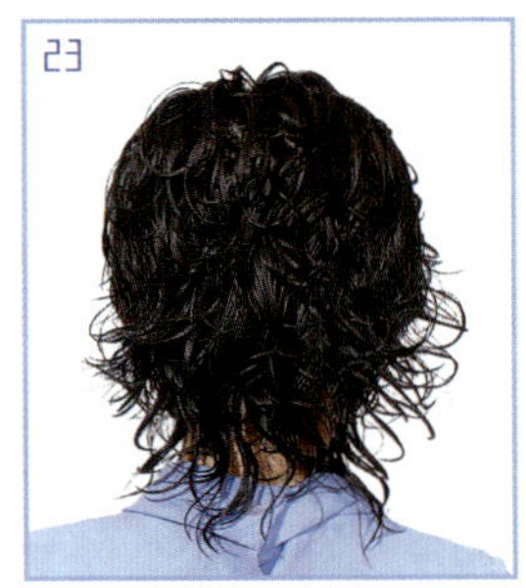
23. 샴푸 후 컬의 상태

24. 샴푸 후 컬의 상태

4. 기본 펌 4

펌을 강하게 하여 오랫동안 웨이브를 유지하고자 하는 스타일을 원할 경우 타원형 롯드와 일반 롯드를 믹서하여 웨이브를 만드는 스타일

펌 시술시 체크사항

약액 및 롯드 선정
약액 : 치오클리콜산
롯드 : 타원형 롯드, 세라믹 4호, 5호

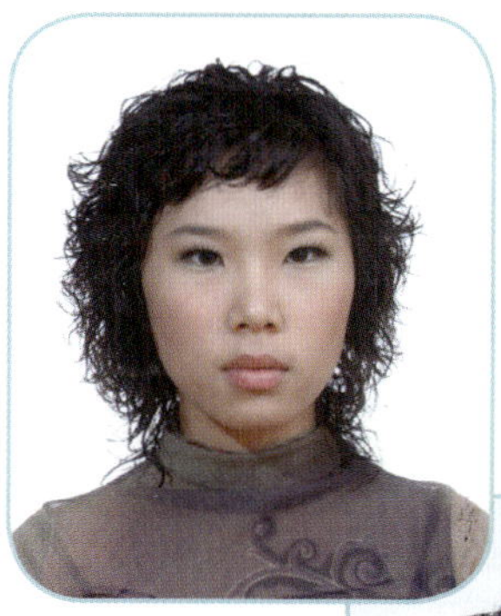

after

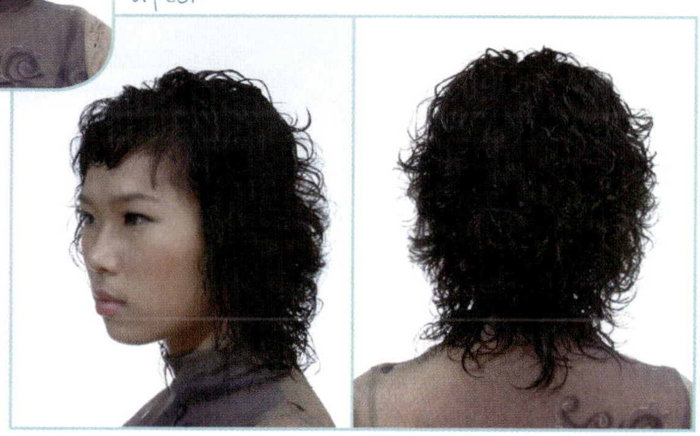

1. 퍼머약 도포

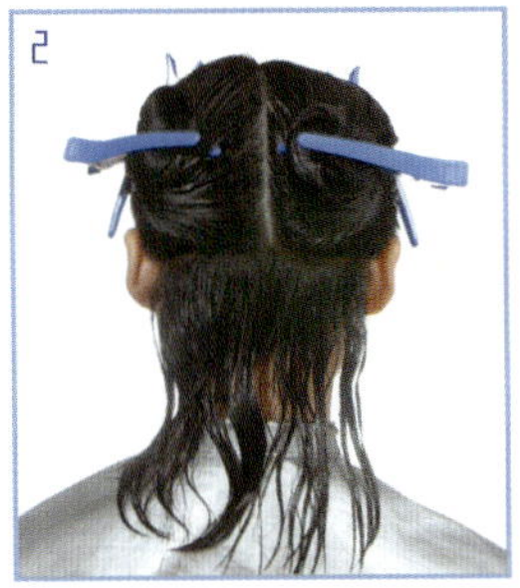
2. 디자인에 맞추어 브록킹 하기

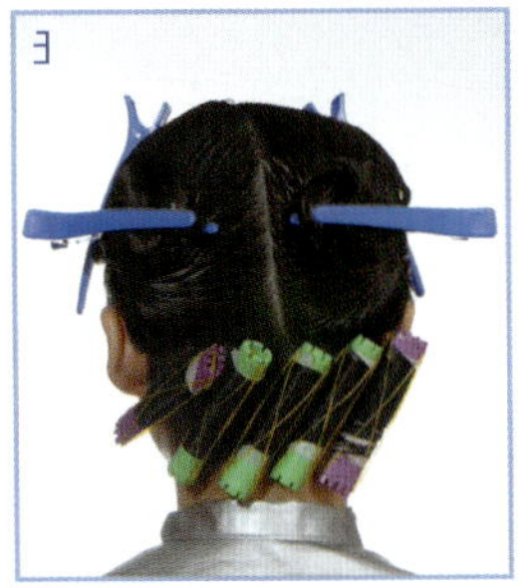
3. 네이브 부분 먼저 원형 롯드와 타원형 롯드를 믹스하여 와인딩

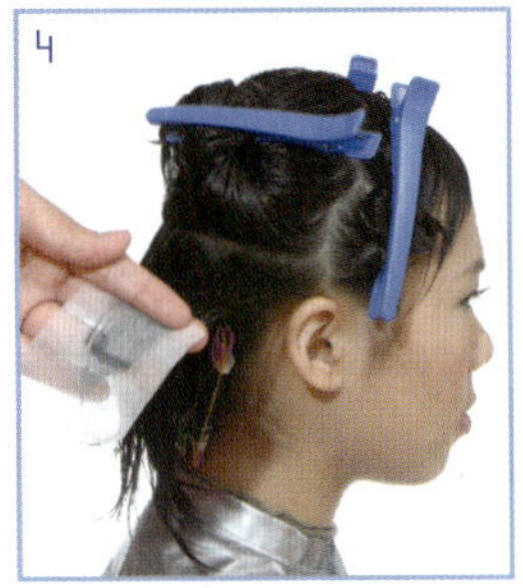
4. B.P부분은 머리길이가 짧고 컬을 강하게 주기 위해 가로로 와인딩

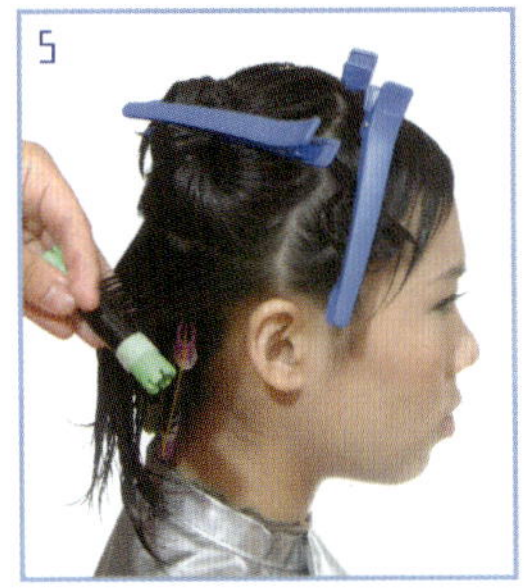
5. 가로로 와인딩 상태이지만 약간 사선으로 와인딩 한 상태

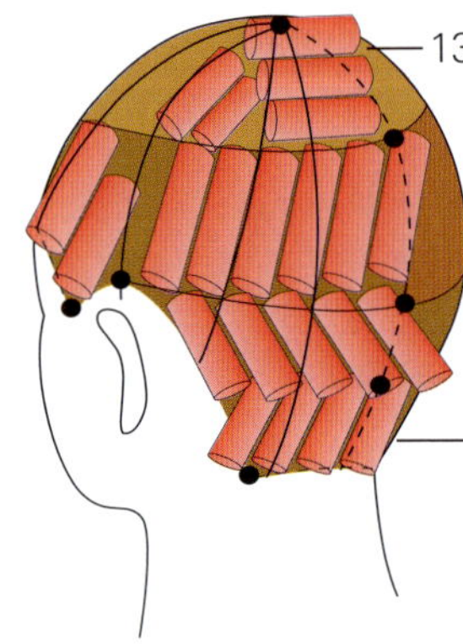

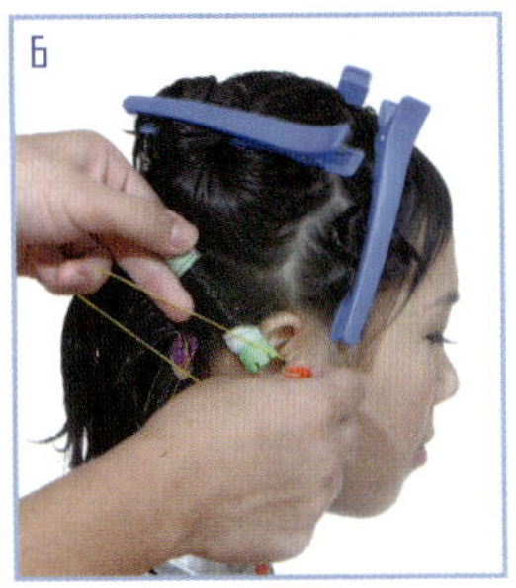
6. 롯드를 고정시키기 위해 고무줄 끼우기

7. 컬을 강하게 말기 위해 90°로 와인딩

8. 롯드를 교차하여 웨이브의 흐름을 연결하여 와인딩

9. U라인 영역은 볼륨을 최대로 주기 위해 135° 와인딩

10. 앞머리는 흐름과 방향성을 주기 위해 핀컬 펌

11. 와인딩 종료

12. 와인딩 종료

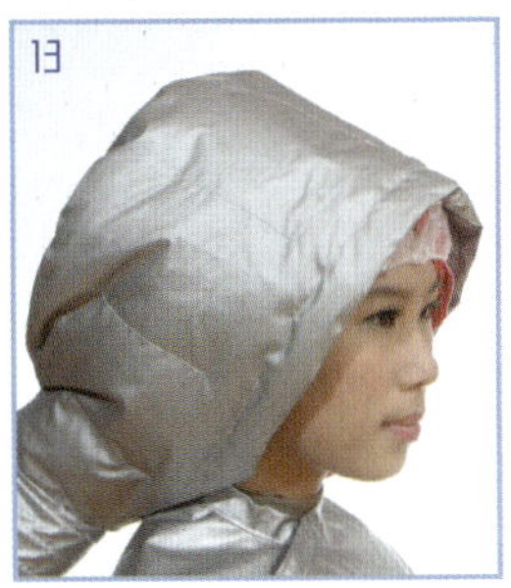
13. 퍼머약을 도포하여 열처리 10분, 자연방치 10분

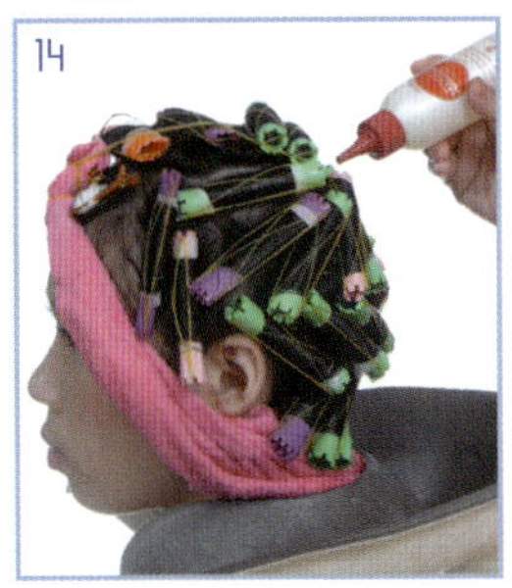
14. 컬 테스트 후, 중화제 도포

15. 롯드 아웃

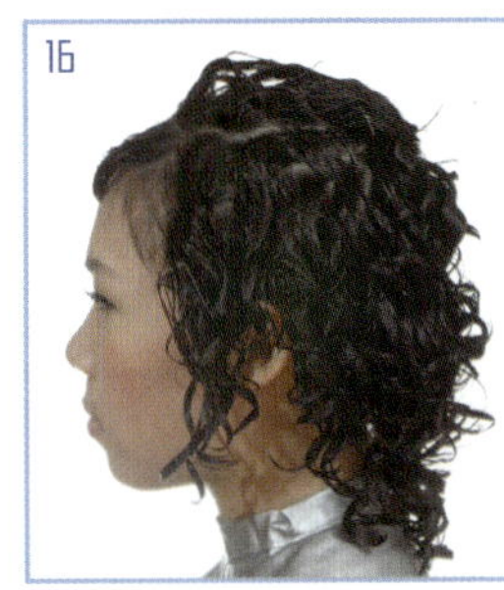
16. 롯드 아웃

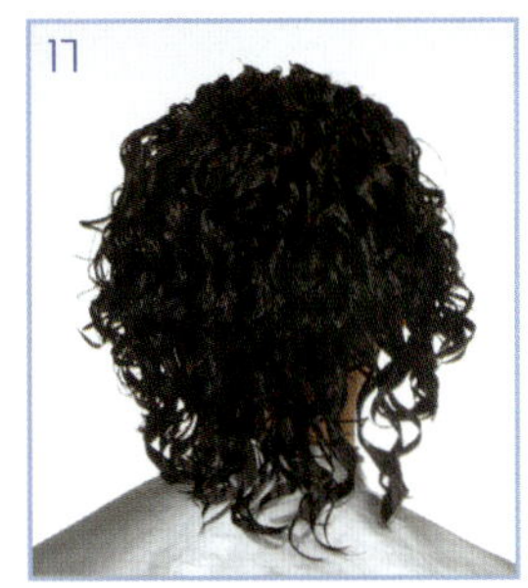
17. 롯드 아웃

5. 기본 펌 5

샴푸한 상태의 웨이브만으로도 자유로운 머리끝이 샤기인 헤어 스타일.

펌 시술서 체크사항

약액 및 롯드 선정
약액 : 치오클리콜산
롯드 : 꼬마 롯드

Before

after

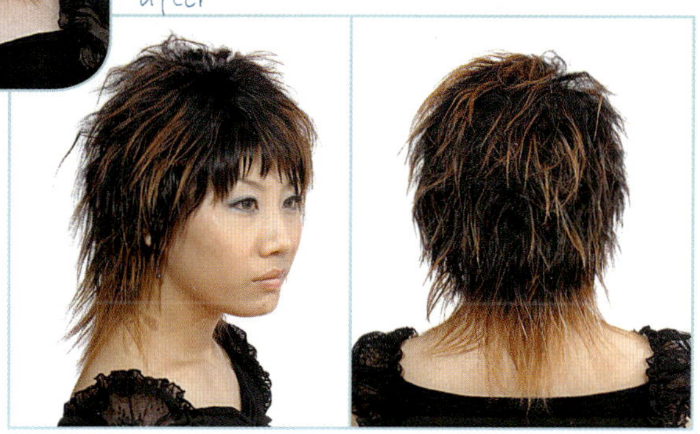

|Front|
방향의 흐름을 주기 위해 펀컬 펌

|Back|
풍성함을 주기 위해 모근부에서 90° 트위스트 와인딩하고 모발을 남긴다.

|Top|
볼륨을 주기 위해 135°트위스트 와인딩 하고 모발을 남긴다.

|Side|
뿌리에 볼륨을 주기 위해 뿌리 부분만 트위스트 와인딩 모발끝은 남긴다.

|Nape|
뿌리에서 트위스트 와인딩 끝모발은 남긴다.

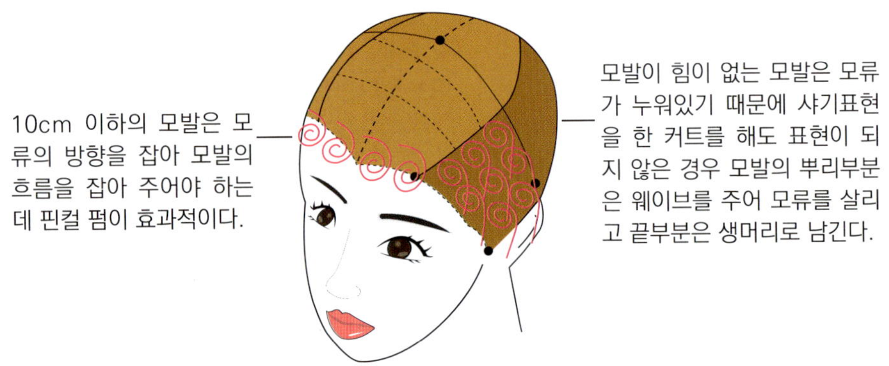

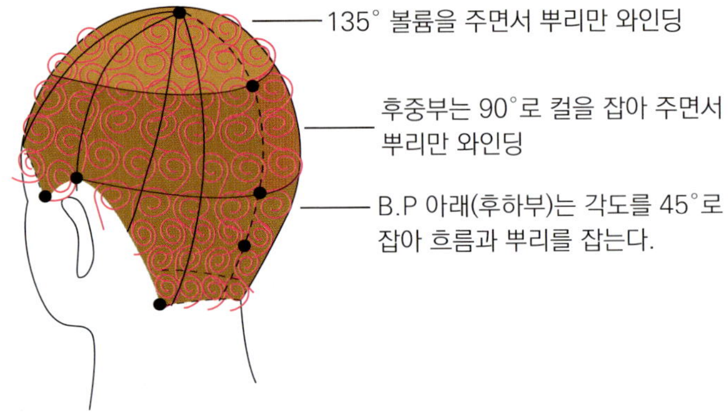

1. 건강모부분 먼저 퍼머약 도포

2. 건강모, 손상모 구별하여 퍼머약 도포

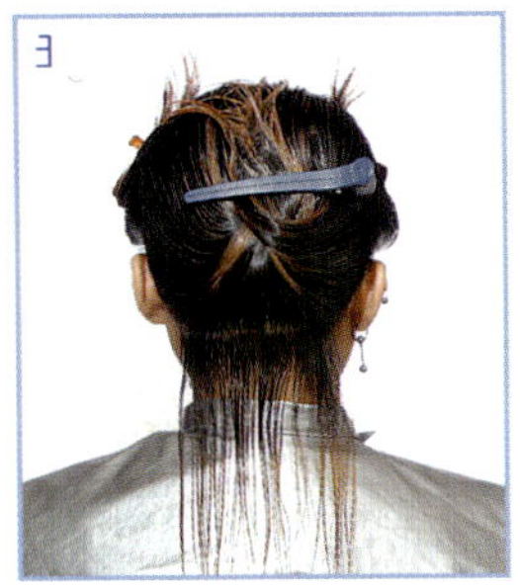
3. 시술을 위한 브록킹타기

4. 모발끝을 남기면서 모근부에서 와인딩

5. 검지가 롯드를 지탱하고 다른쪽 손이 롯드에 모발을 감싼다.

6. 롯드를 고정하기 위해 고무줄 끼우기

7. 모발끝 남기면서 와인딩 한 상태

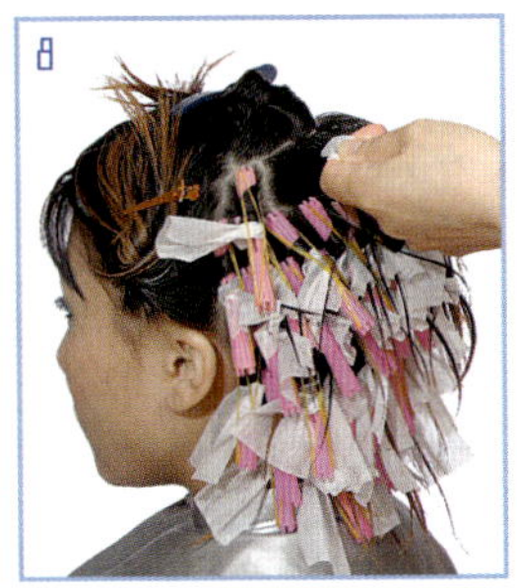
8. 컬이 강하게 하기 위해 90°각도 유지하면서 와인딩

9. 모발끝을 남기면서 모근부부터 와인딩

10. 롯드에 모발을 감싸면서 모근부부터 와인딩

11. 모발끝을 남기면서 고정한다.

12. 롯드를 고정하기 위해 고무줄 끼우기

13. 다음파팅에 넘지않게 롯드에 고정하면서 고무줄 끼우기

14. 컬을 강조하기 위해 두피각도 90°유지하면서 모근부부터 와인딩

15. 사이드도 모발끝 남기면서 트위스트 와인딩

16. 트위스트 와인딩 종료

17. 와인딩 종료

18. 자연스런 흐름을 주기 위해 핀컬 펌

19. 흐름을 주고자 하는 방향대로 모발을 당기면서 핀컬 펌

20. 핀컬 펌(루프는 동전크기만큼)

21. 핀컬핀을 모발이 꺽이지 않게 꽂는다.

22. 열처리 10분, 자연방치 10분 후 테스트컬

23. 중화제 도포

24. 롯드 아웃

25. 롯드 아웃

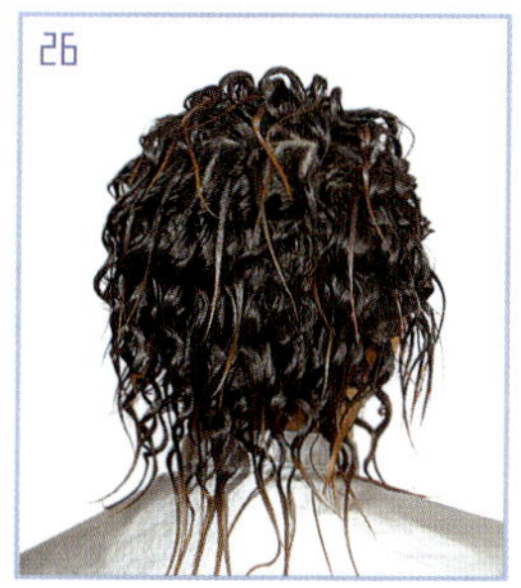
26. 롯드 아웃

27. 롯드 아웃

6. 루트 펌 1

삐쭉삐쭉한 머리끝이 쇼킹할 만큼 개성이 강한 실루엣을 연출한 헤어 스타일.

펌 시술시 체크사항

약액 및 롯드 선정
약액 : 시스테인
롯드 : 세라믹 3호, 4호, 5호, 호일

after

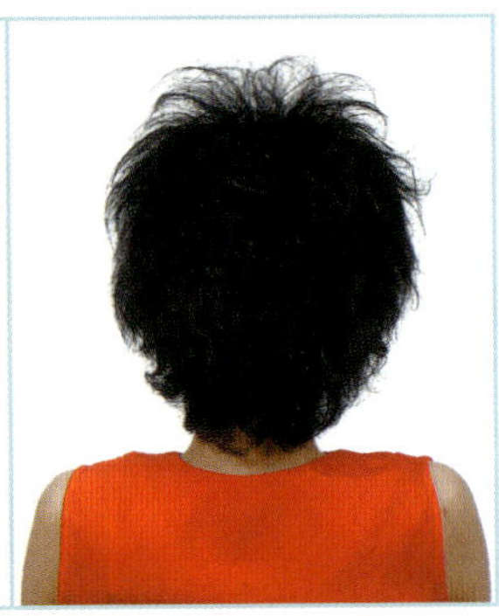

|Front|
얼굴쪽으로 자연스런 흐름을 얻기 위해 45° 크로키놀 펌

|Side|
옆선은 자연스러움과 흐름을 위해 핀컬 펌과 크로키놀 펌

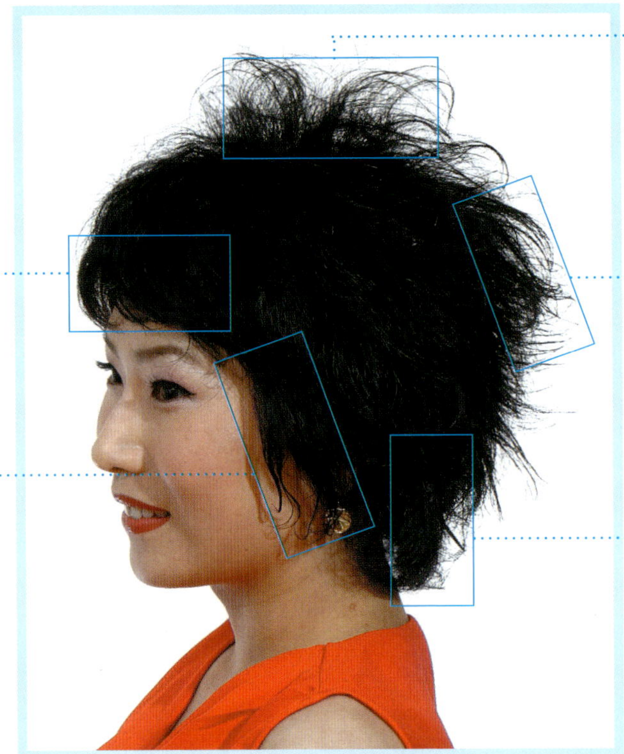

|Top|
뿌리에만 풍성함을 주기 위해 호일과 모발을 십자 모양의 135°로 교차하여 루트 펌

|Back|
모근부에 풍성함을 주기 위해 호일과 모발을 십자모양으로 90°로 교차하여 루트 펌

|Nape|
모류방향대로 다운하여 45° 크로키놀 와인딩

1. 퍼머약 도포

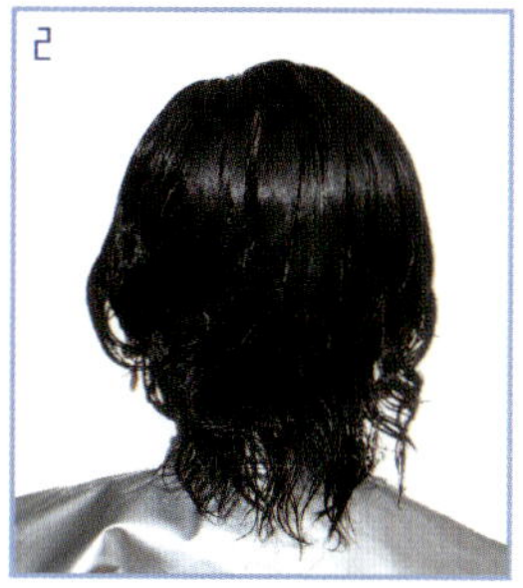
2. 극한 손상모와 건강모 구별하여 퍼머약 도포

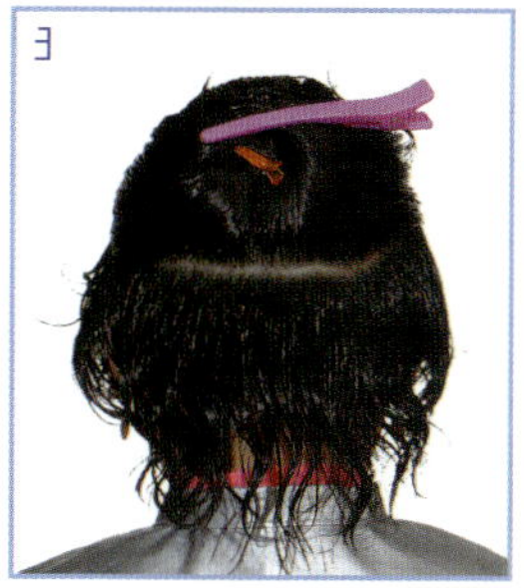
3. 브록킹타기

4. B.P아래는 45° 크로키놀 와인딩

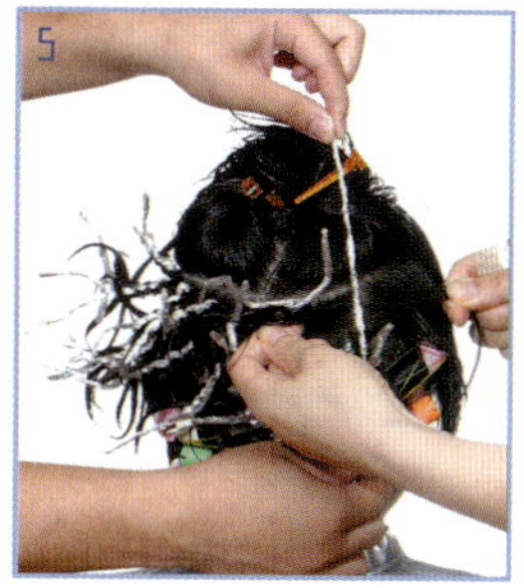
5. B.P윗 부분에서 루트 펌 시작

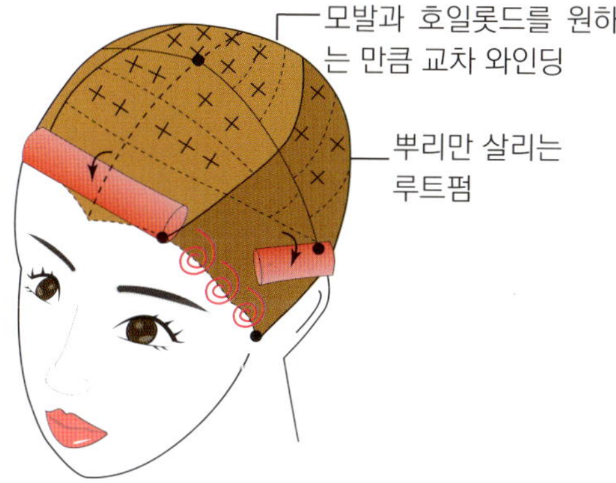

6. 호일과 모발을 교차시킨다. 모근부 부분에 풍성한 볼륨을 준다.

7. 십자모양으로 모발과 호일을 교차한다.

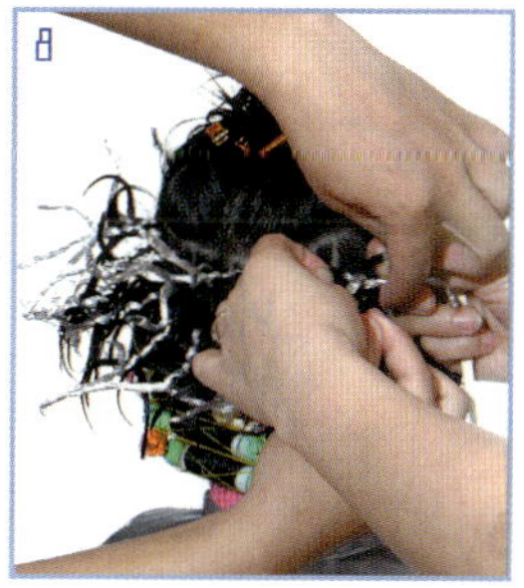
8. 호일로 끝부분을 엮는다.

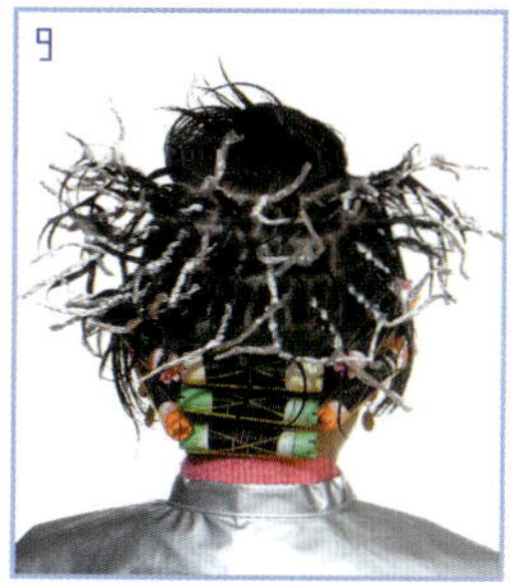
9. 모발끝부분을 남기고 뿌리에만 볼륨을 준다.

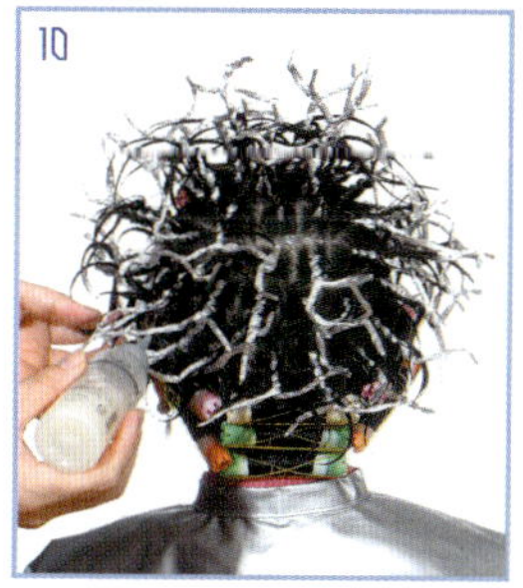
10. 엮은 모발에 퍼머약 도포

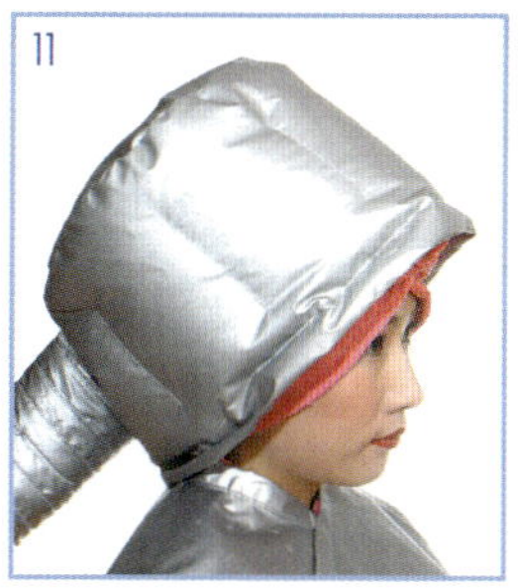
11. 열처리 10분, 자연방치 10분 후 테스트 컬

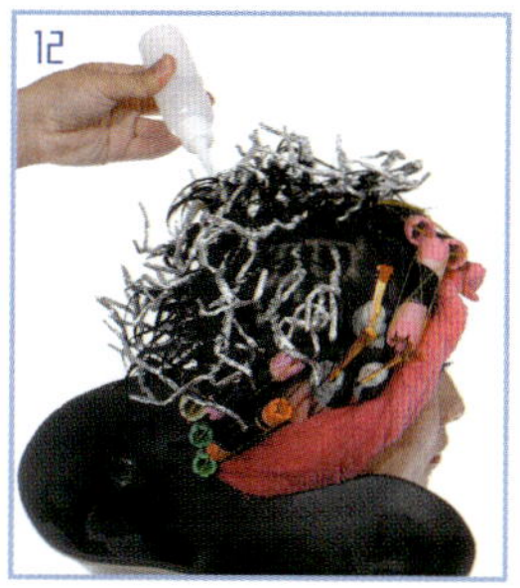
12. 중화제 도포

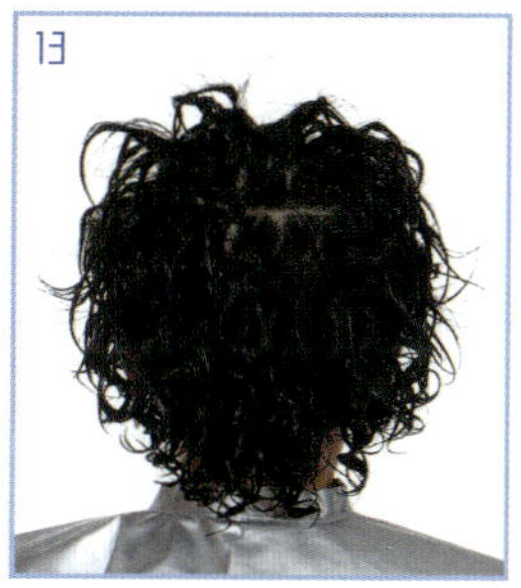
13. 롯드 아웃

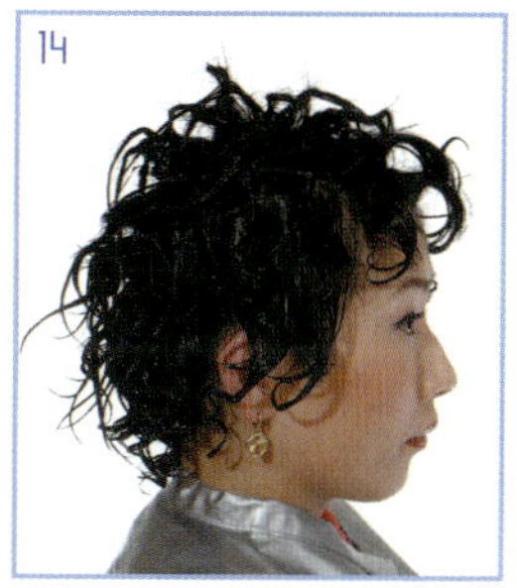
14. 롯드 아웃

15. 롯드 아웃

16. 롯드 아웃

17. 샴푸 후 모발의 컬의 상태

7. 루트 펌 2

스타일링이 간단한 쇼트. 남성스럽게 보이는 뾰족뾰족한 자유로운 머리끝이 샤기가 샤프하고 멋지게 보이는 헤어 스타일.

펌 시술시 체크사항

약액 및 롯드 선정
약액 : 시스테인
롯드 : 호일, 핀컬펌

Before

after

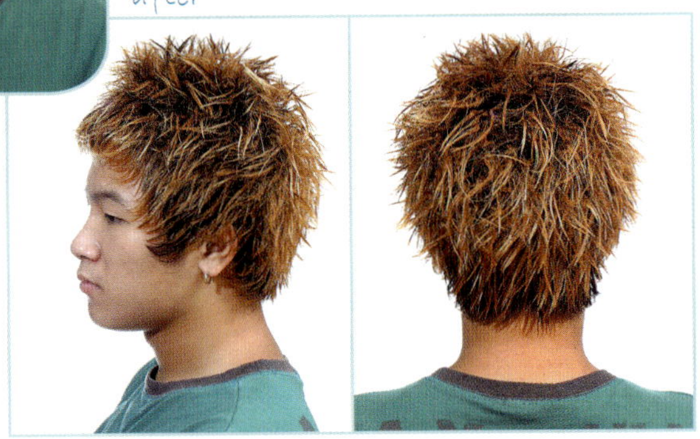

|Front|
흐름을 주기 위해 핀컬 펌

|Side|
옆선의 자연스러움을 위해 핀컬 펌

|Top|
뿌리 부분 세우고 싶기 때문에 호일과 모발의 135° 십자로 교차하여 루트 펌

|Back|
라운드 브록킹을 제외한 부분은 90° 십자모양으로 호일과 모발을 교차하여 루트 펌

|Nape|
라운드 아랫 부분은 핀컬 펌

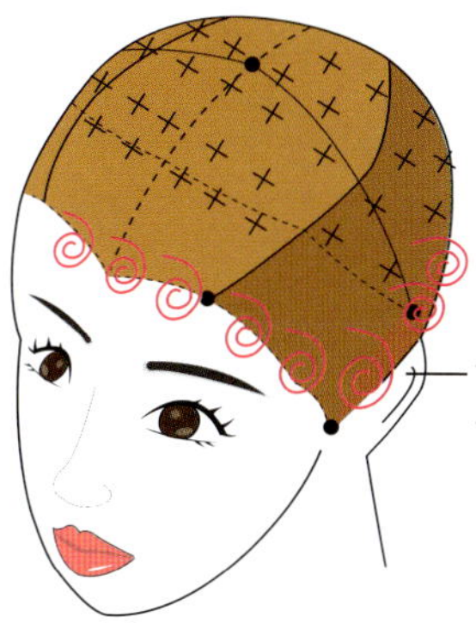

각도에 따라

스탠드업 컬 90° : 볼륨을 주고자 할때
리프트 컬 45° : 컬의 연결과 방향감을 주고자 할때
플랫트 컬 0° : 흐름과 방향성르 주고자 할때

방향에 따라

포워드 컬(forward curl) : 머리 끝이 귀바퀴 방향으로 향한 컬
레버스 컬(reverse curl) : 머리 끝이 귀바퀴 방향으로 향한 컬

1. 퍼머약 도포

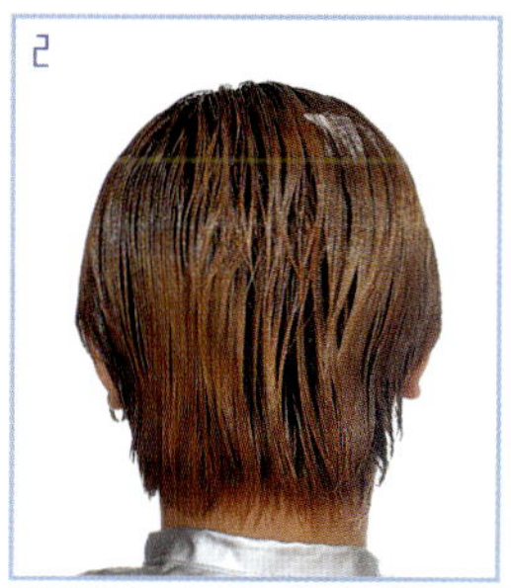
2. 손상모, 건강모 구별하여 따로 퍼머약 도포

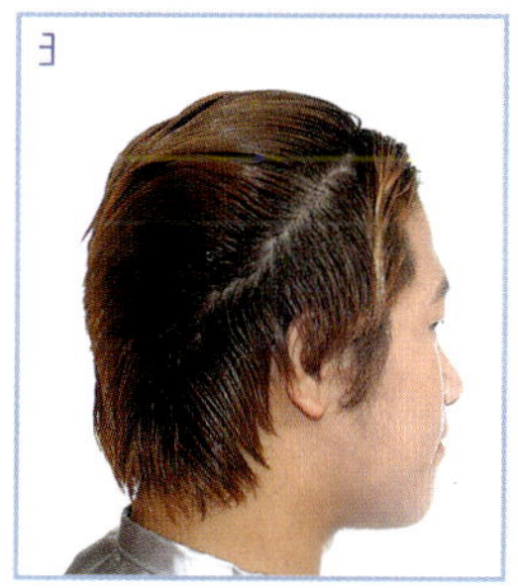
3. 두상이 함몰되는 아래는 손질이 불편하므로 라운드 브록킹 타기

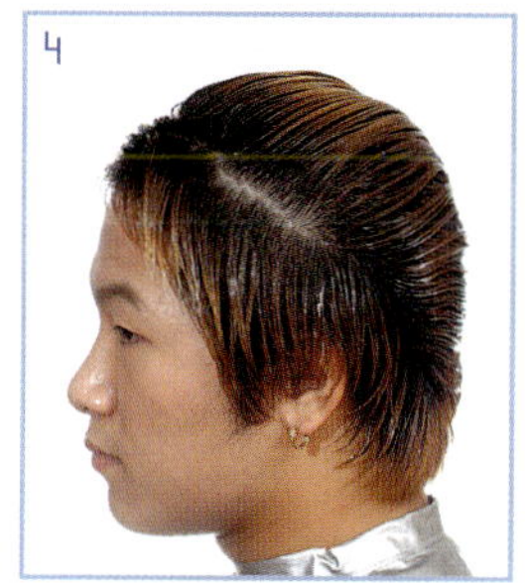
4. 라운드브록킹 타서 시술이 다르게 와인딩

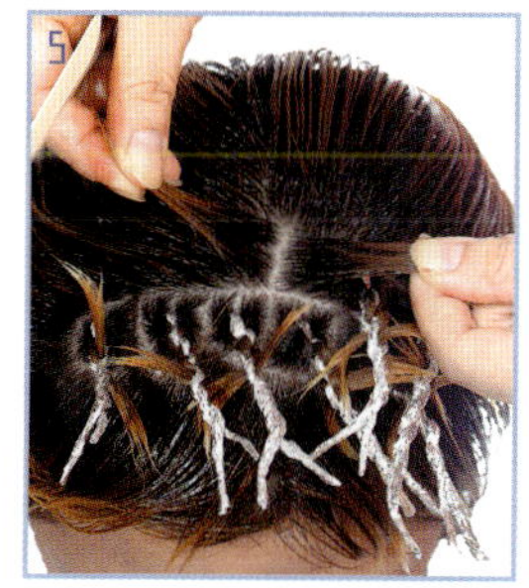
5. 라운드브록킹 윗부분만 모발과 호일롯드를 교차하면서 와인딩

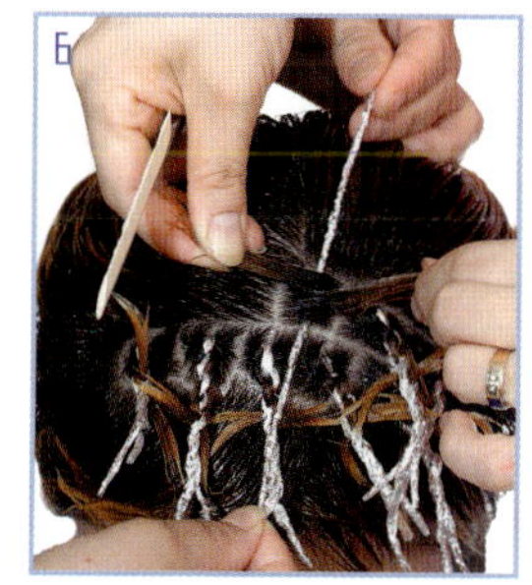
6. 모발과 호일이 십자모양으로 교차 한 상태

7. 호일과 모발이 십자모양으로 와인딩

8. 모발끝을 남기고 호일로 엮는다.

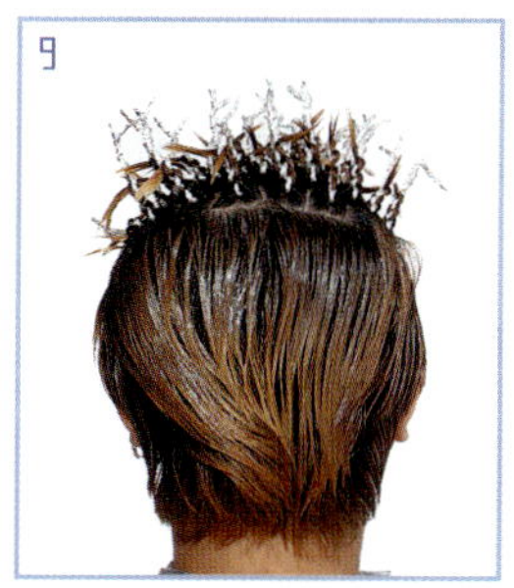
9. U라인 부분을 와인딩 해 놓은 상태

10. 두피각도 90°로 호일과 모발을 교차하면서 와인딩을 해 놓은 상태 (슬라이스 판넬은 벽돌쌓기)

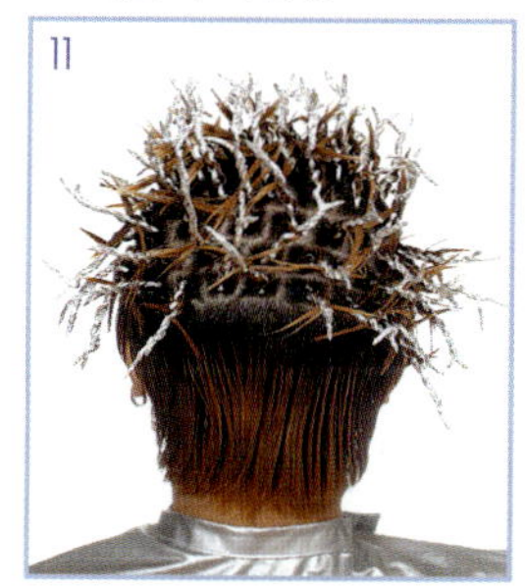
11. 모발끝부분은 디자이가 원하는 만큼 남기면서 와인딩 해 놓은 상태

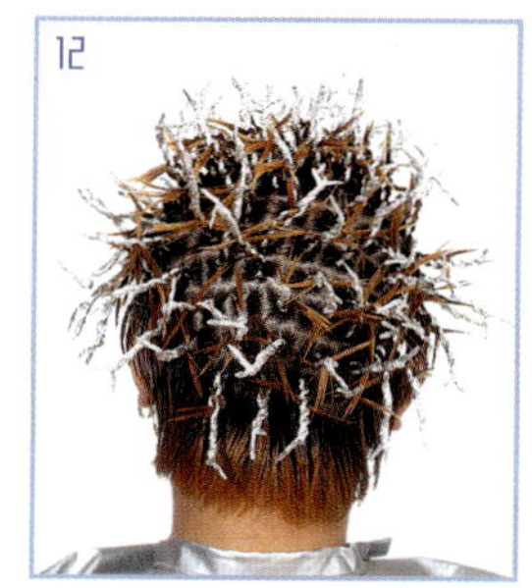
11. 모발끝부분은 디자이가 원하는 만큼 남기면서 와인딩 해 놓은 상태

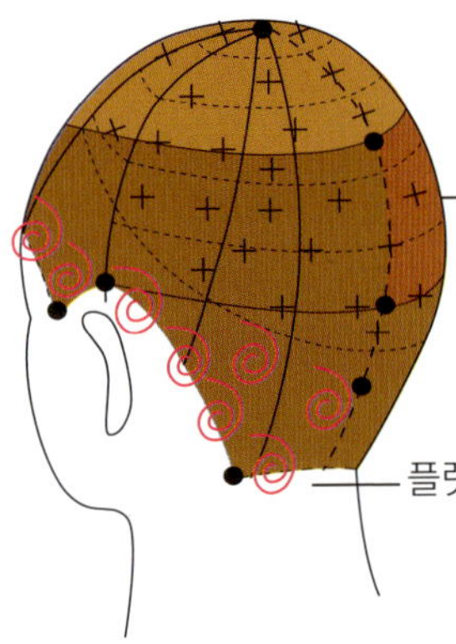

모발과 호일 롯드를 교차하여 강한 모류 방향을 없애고, 끝부분에서 뾰족뾰족한 질감을 만들기 위한 펌

* 호일의 롯드는 두께에 따라 질감이 다르다.

플랫트 컬 0° 핀컬 펌

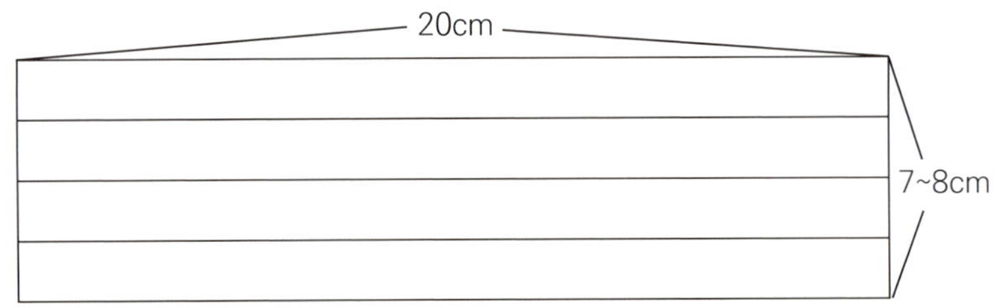

호일 롯드 만드는 방법

호일 롯드는 호일을 가로 20cm와 세로 7~8cm 자른 후 4번 이상 접고 손바닥으로 호일을 비벼주면 롯드가 만들어진다. 롯드를 50~80개 이상 먼저 만들어 놓고 시술한다.

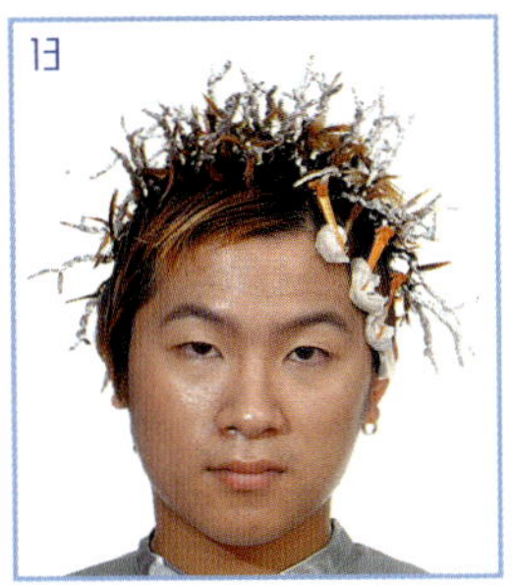

13. 흐름을 주고자 하는 방향대로 핀컬 펌

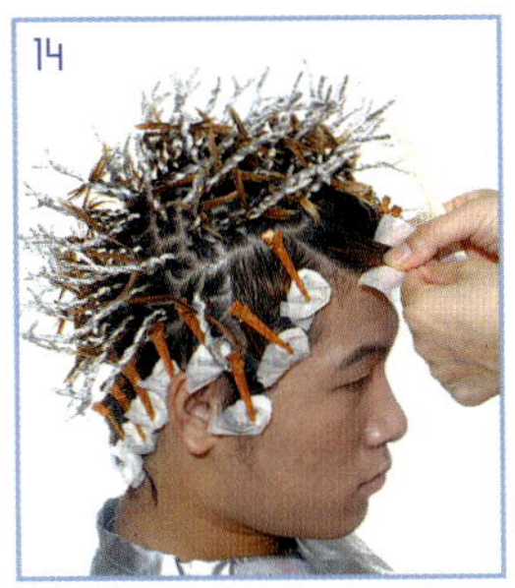

14. 모발의 방향이 흐름을 결정한다.

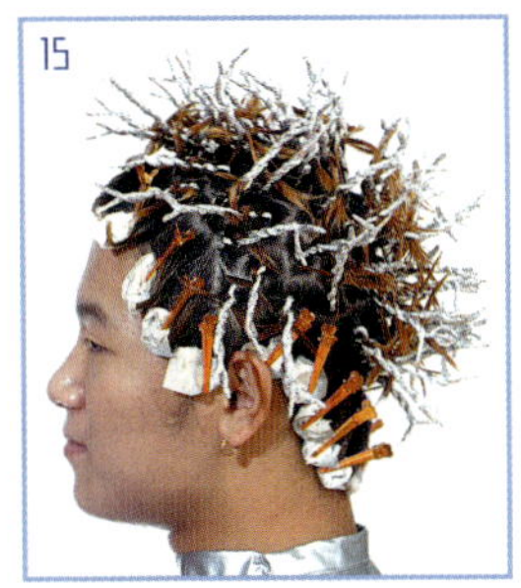

15. 두상이 함몰되어 있는 부분은 핀컬 펌

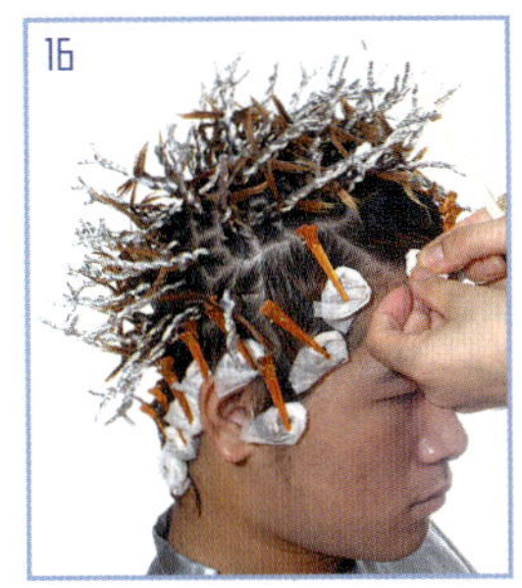

16. 앞머리는 약간의 볼륨과 흐름을 주기 위해 45° 리프트 컬

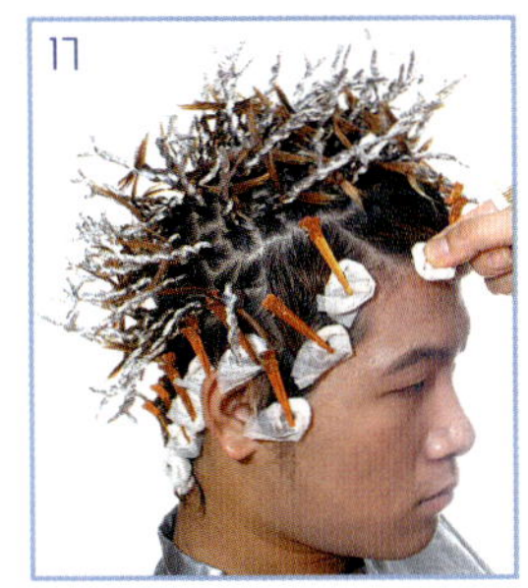

17. 앞쪽으로 흐름을 잡아 놓은 상태

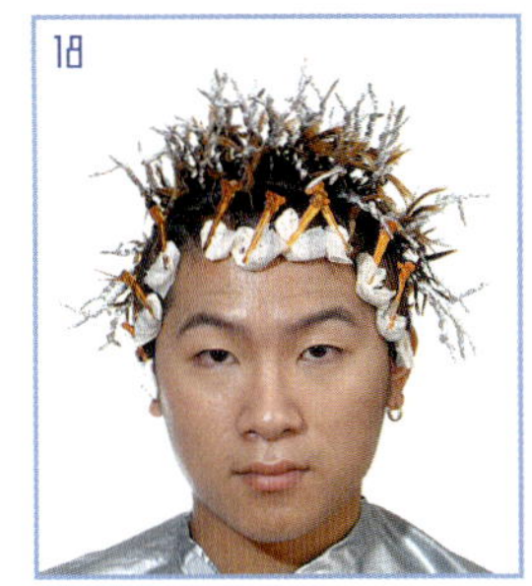

18. 라운드브록킹 아래는 핀컬 펌, 윗부분은 루트 펌으로 와인딩 종료

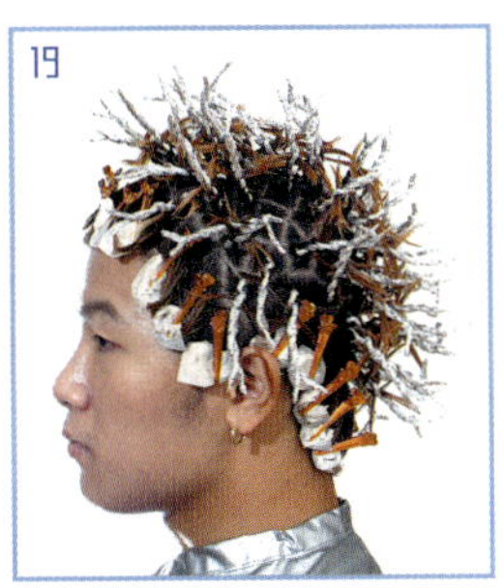

19. 와인딩 종료

20. 와인딩 종료

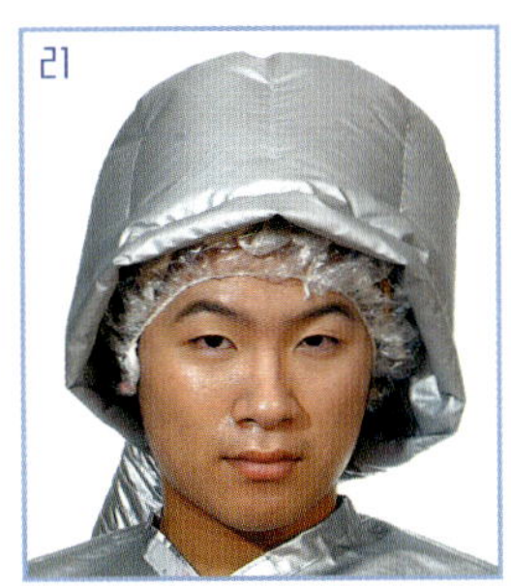

21. 열처리 10분, 자연방치 10분

22. 중화제 도포

23. 롯드 아웃

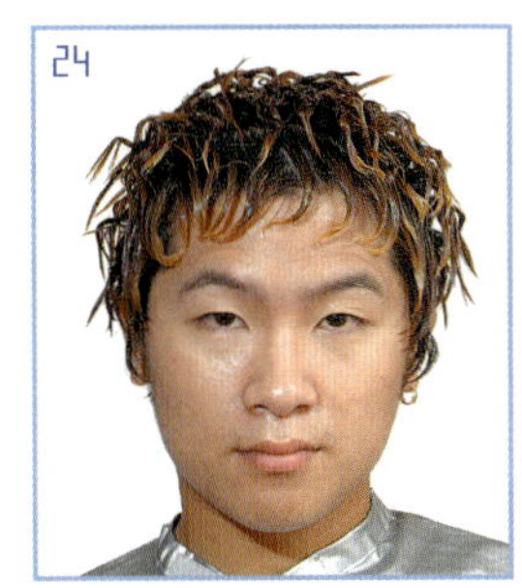

24. 롯드 아웃

8. 믹스 펌 1

부드럽고 가는 모발에 개성이 돋보이는 스타일을 연출하고 싶을 때 머리를 꼬아서 모발이 부풀리게 만들어 매력적이고 멋지게 마무리를 할 수 있는 헤어 스타일.

펌 시술시 체크사항

약액 및 롯드 선정
약액 : 치오시스
롯드 : 핀컬핀, 호일

after

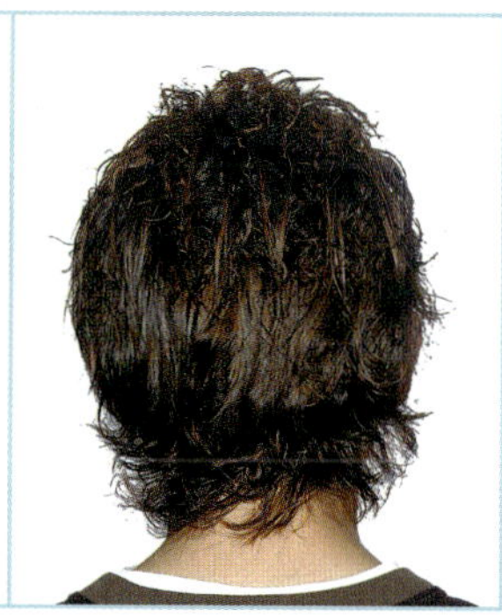

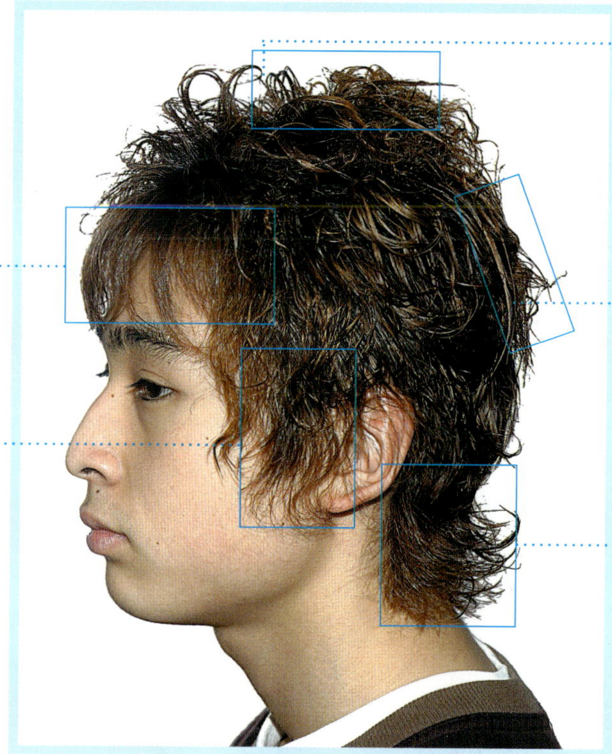

|Top|
부피 팽창을 위해 모발을 꼬아서 두피에 핀컬을 꽂는 스파이펌과 자연모를 믹스하여 풍성함과 자연스러움을 준다.

|Front|
약간의 볼륨과 흐름을 주기 위해 리프트컬 핀컬 펌

|Back|
스파이크 펌과 자연모를 믹스하여 자연스러운 부피 팽창을 한다.

|Side|
자연스러움을 주기 위해 핀컬 펌

|Nape|
아웃컬을 만들기 위해 핀컬 펌

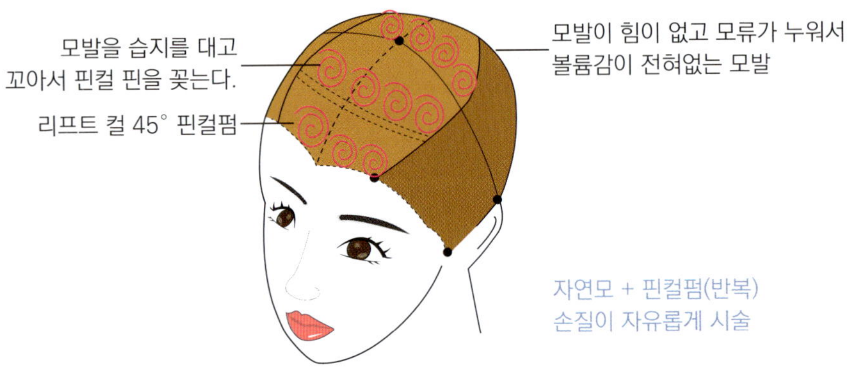

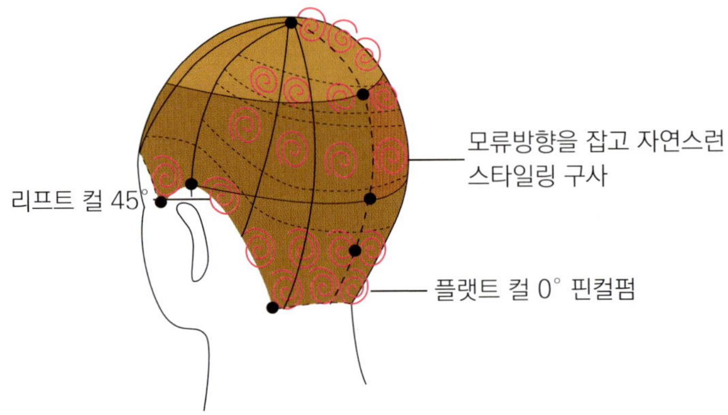

1. 퍼머약 도포

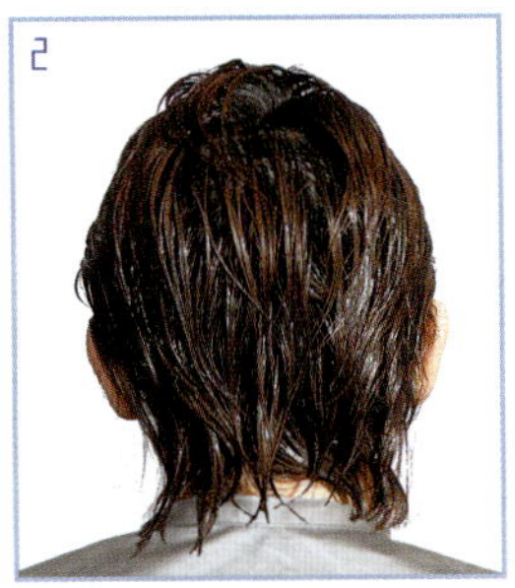
2. 건강모, 손상모 구별하여 퍼머약 도포

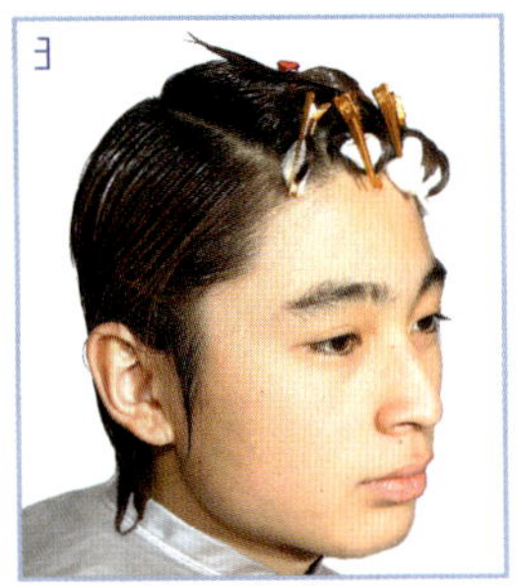
3. 앞머리에 먼저 핀컬 펌 시술

4. 스파이키펌과 모발을 그대로 둔 상태를 믹스하여 펌

5. 앞머리 부분은 핀컬 펌

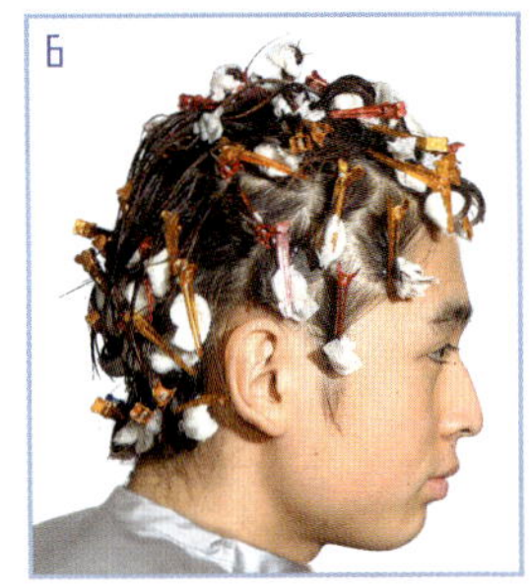
6. 와인딩 종료

7. 와인딩 종료

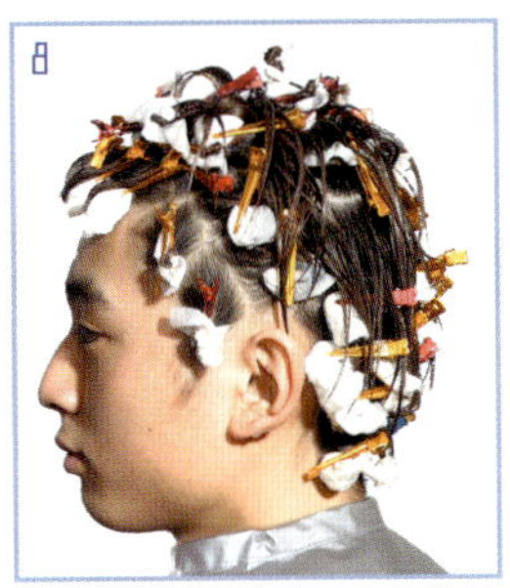
8. 와인딩 종료

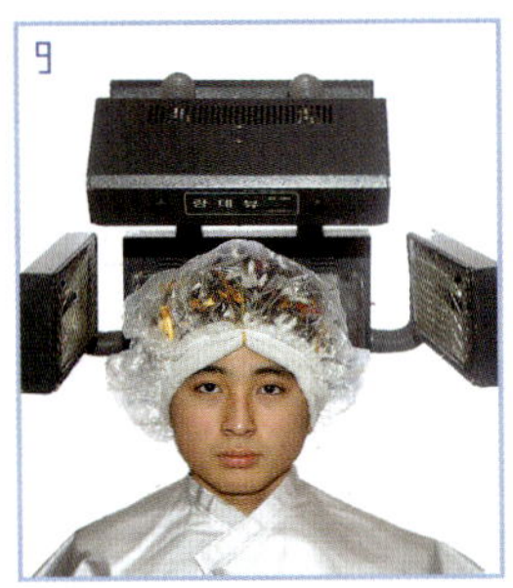
9. 열처리 10분, 자연방치 10분 후 컬 테스트

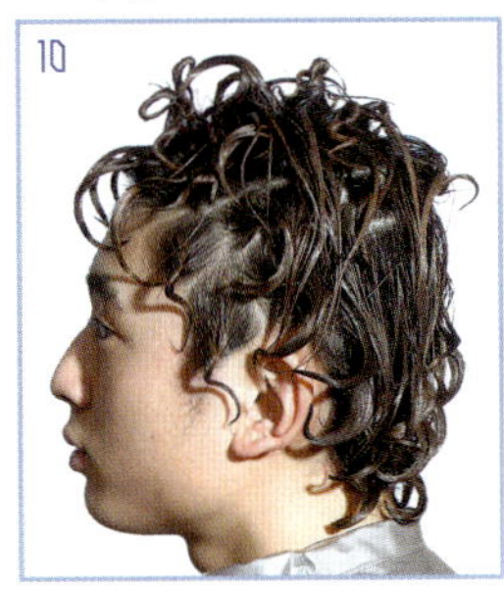
10. 롯드 아웃

11. 롯드 아웃

12. 롯드 아웃

9. 믹스 펌 2

머리끝의 들쑥날쑥함이 도시적인 감각을 살려주며, 귀여움과 섹시함을 겨냥한 헤어 스타일.

펌 시술서 체크사항

약액 및 롯드 선정
약액 : 치오시스
롯드 : 세라믹 4호, 5호, 6호, 핀컬핀

Before

after

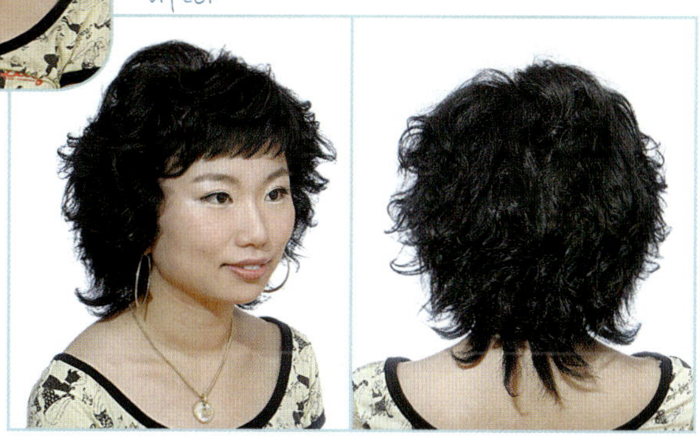

|Top|
볼륨을 주기 위해 가르마 윗부분에서 가르마를 중심으로 2㎝씩 떠서 135°피기백 와인딩

|Front|
방향감 있는 흐름을 위해 핀컬 펌

|Back|
움직임을 위해 모근부터 90° 스파이럴 와인딩+자연모(곱슬모)

|Side|
움직임을 주기 위해 90° 모근부에서 스파이럴 와인딩

|Nape|
움직임을 주기 위해 모근부에서부터 스파이럴 와인딩

1. 퍼머약 도포

2. 브록킹타기

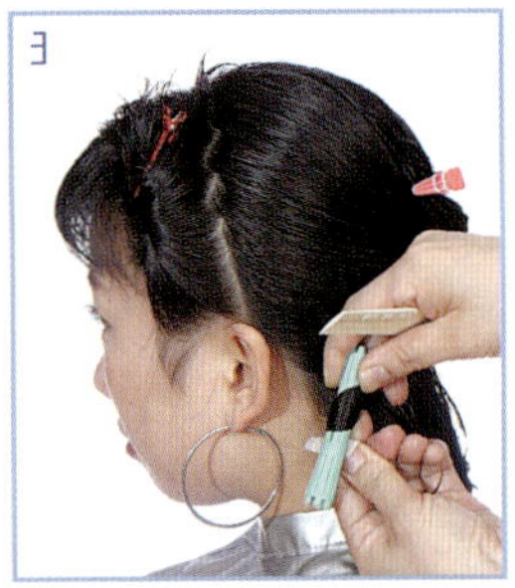

3. 모근부부분부터 얼굴쪽 으로 스파이럴 와인딩

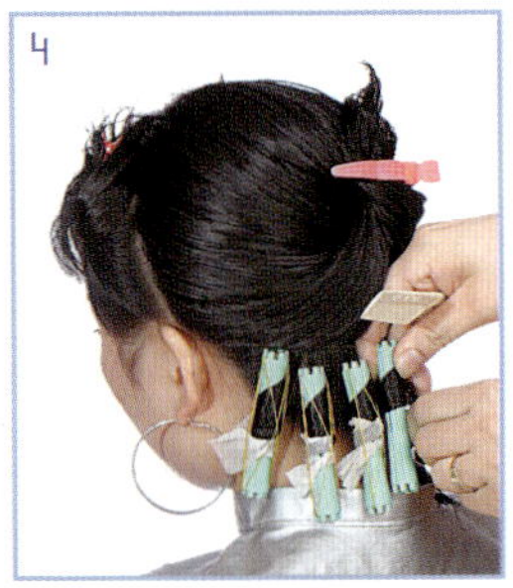

4. 롯드를 고정하기 위해 고무줄 끼우기

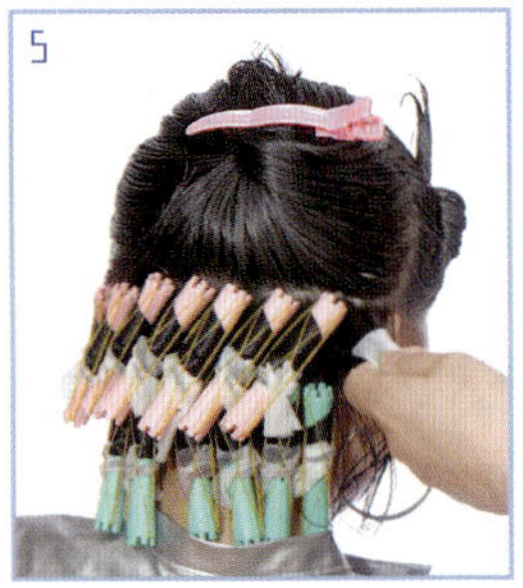

5. 모근부에 모발을 롯드폭 만큼 빗질 한 상태

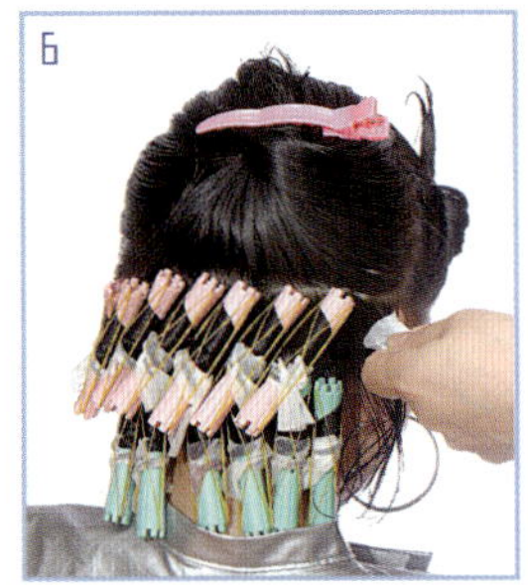

6. 컬을 강하게 하기 위해 90°각도로 모발을 잡는다.

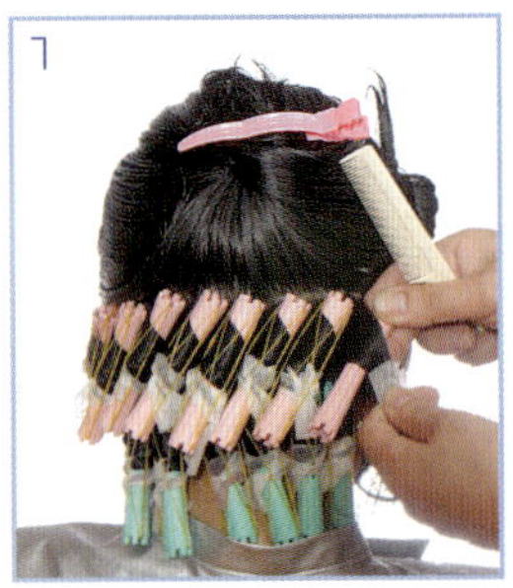

7. 검지에 롯드를 고정하고 다른손으로 모발다발을 잡고 롯드에 감싸면서 모발을 돌인다.

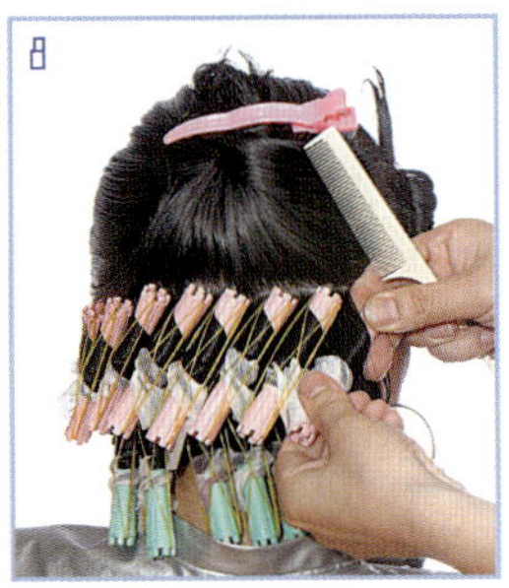

8. 롯드와 슬라이스폭이 나란이 있는 상태

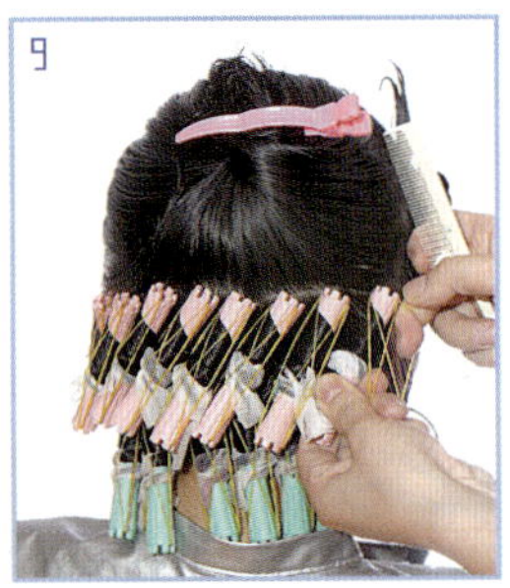

9. 롯드를 고정되게 하기 위해 고무줄 끼우기

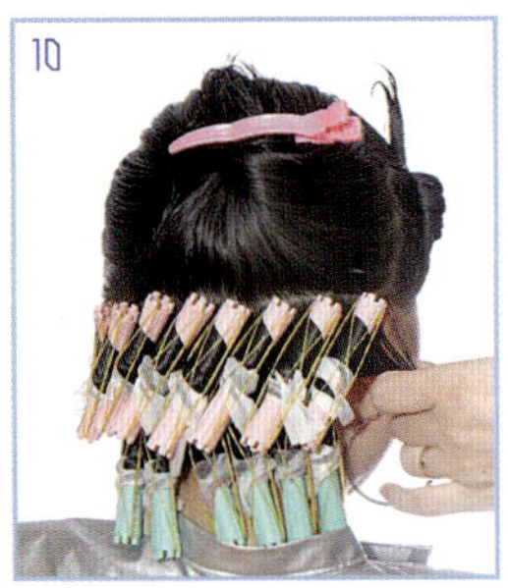

10. 파팅선을 롯드가 넘지 않게 와인딩

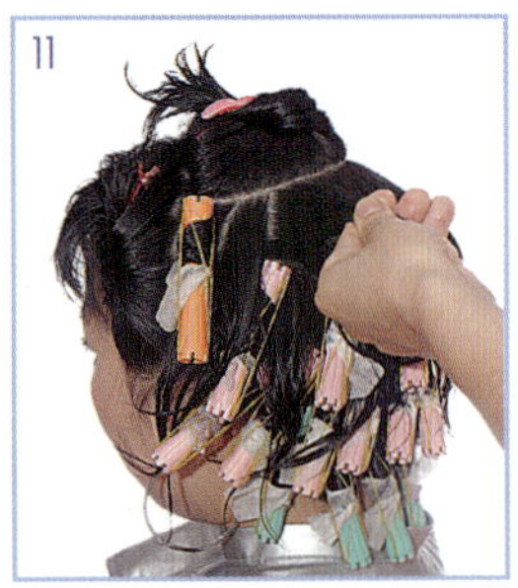

11. 파팅선을 롯드가 넘지 않게 와인딩

12. 롯드를 고정하기 위해 고무줄 끼우기

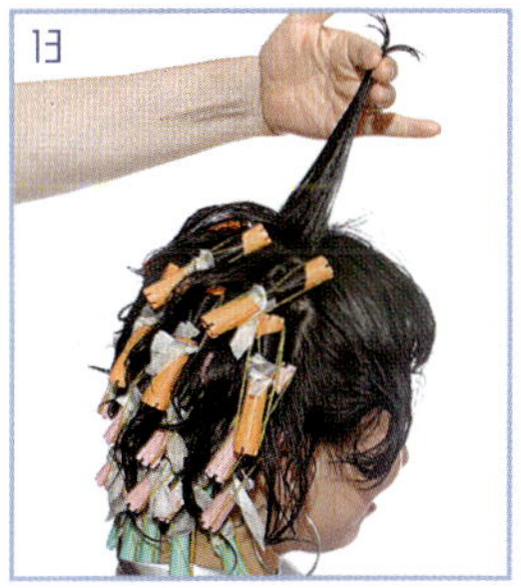

13. 가르마 부분은 볼륨을 최대로 주기 위해 135° 피기백 와인딩

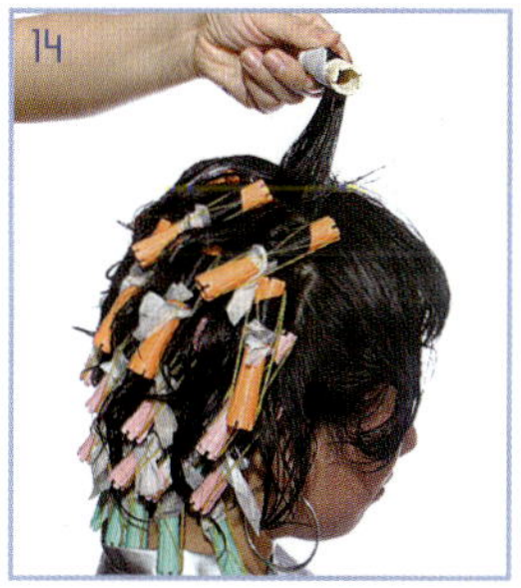

14. 슬라이스 폭에 롯드가 평행하게

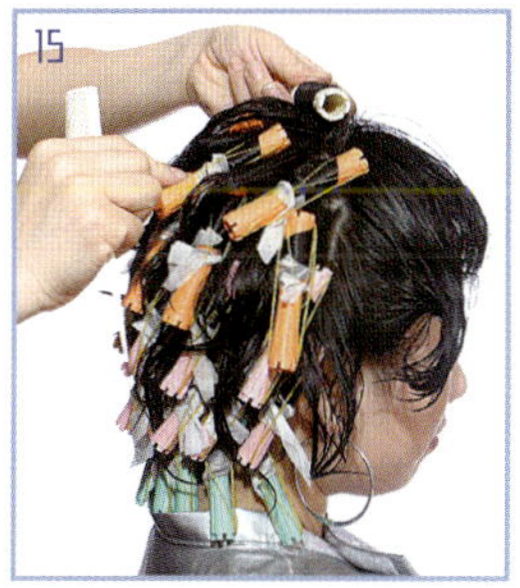

15. 슬라이스 폭에 롯드가 엇히게 와인딩

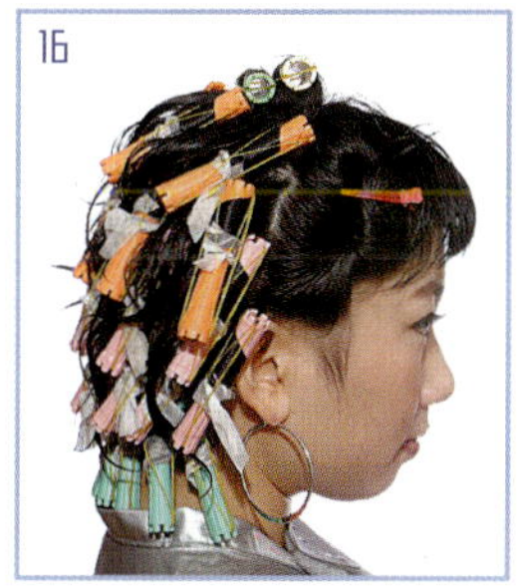

16. B.P 윗부분부터 1:1로 와인딩 종료

17. 앞머리는 자연스런 흐름을 위해 핀컬 펌

18. 플랫트컬로 두피에 밀착하여 핀컬 펌

19. 와인딩 종료

20. 와인딩 종료

21. 와인딩 종료

22. 열처리 10분, 자연방치 10분에 테스트 컬하고 중화제 도포 후, 롯드 아웃한 상태

23. 롯드 아웃

24. 롯드 아웃

10. 믹스 펌 3

풀리듯 한 퍼머로 커트의 율동감을 만들고 깜찍함과 발랄함을 겨냥한 헤어 스타일.

펌 시술시 체크사항

약액 및 롯드 선정
약액 : 시스테인
롯드 : 세라믹 롯드 4호, 5호, 6호
핀컬핀

Before

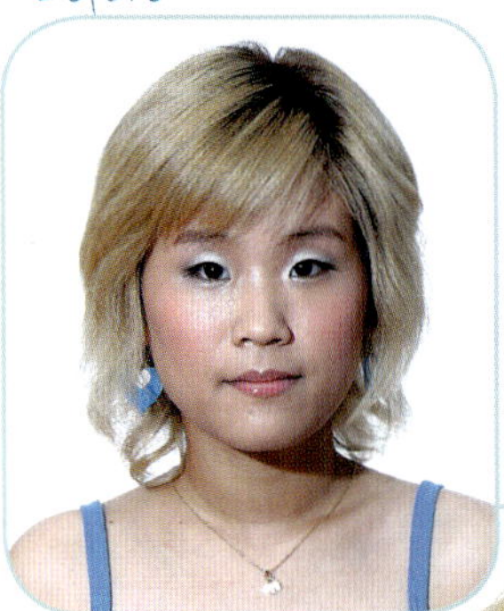

after

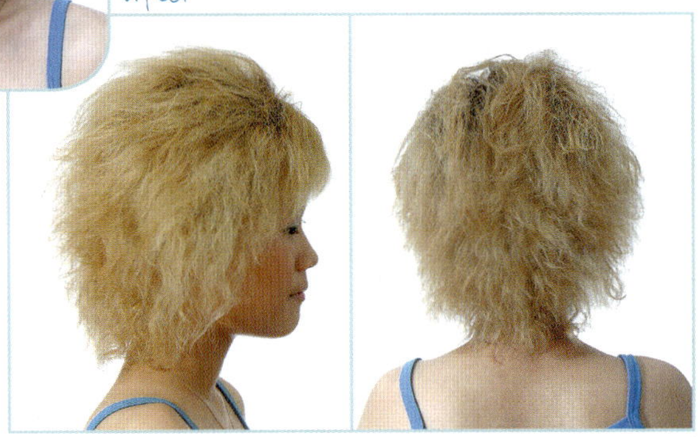

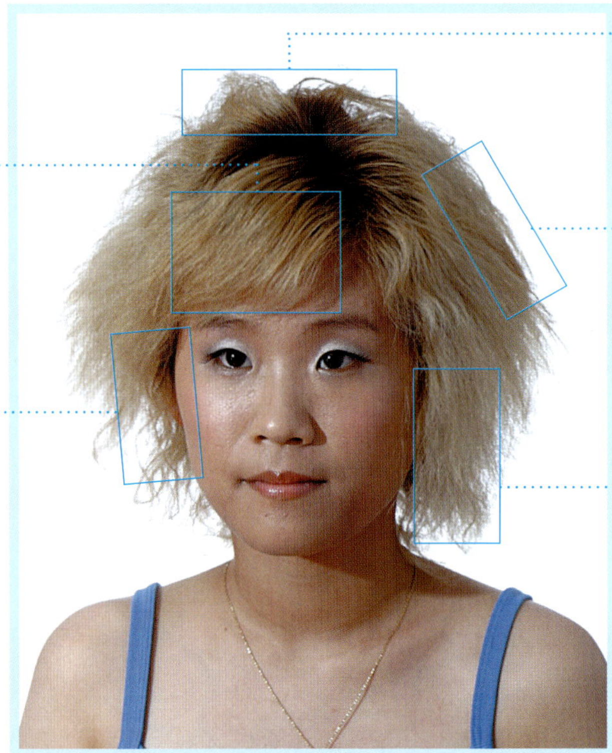

|Front|
방향감있는 흐름을 주기 위하여 핀컬펌

|Side|
컬의 움직임을 주기 위하여 모근부부터 크로키놀 와인딩

|Top|
U라인을 볼륨을 주기 위해 135° 크로키놀 와인딩

|Back|
컬의 움직임을 위하여 모근부부터 스파이럴 와인딩과 핀컬펌을 믹서하여 시술한다.

|Nape|
자연스런 흐름을 주기 위해 크로키놀 와인딩

1. 퍼머약 도포하고 브록킹 한 후 네이프부터 와인딩

2. 둘째단은 1:1로 믹스하여 사선 와인딩, 핀컬로 와인딩

3. 셋째단도 사선 와인딩과 핀컬로 와인딩

4. 갈라짐을 방지하기 위해 삼각 슬라이스

5. 컬을 강하게 하기 위해 모근부부터 와인딩

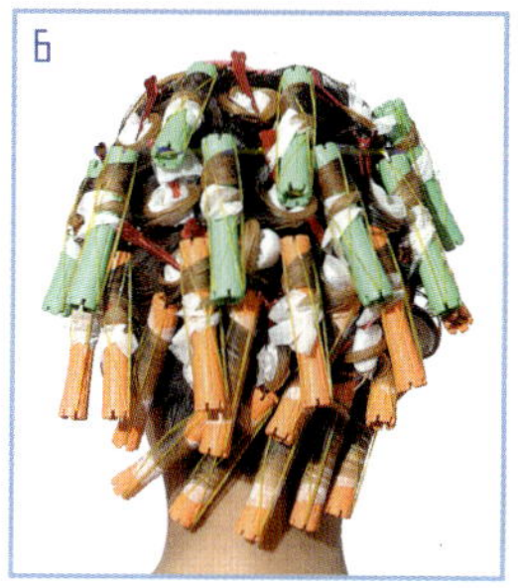

6. 1:1 믹서하여 와인딩 종료

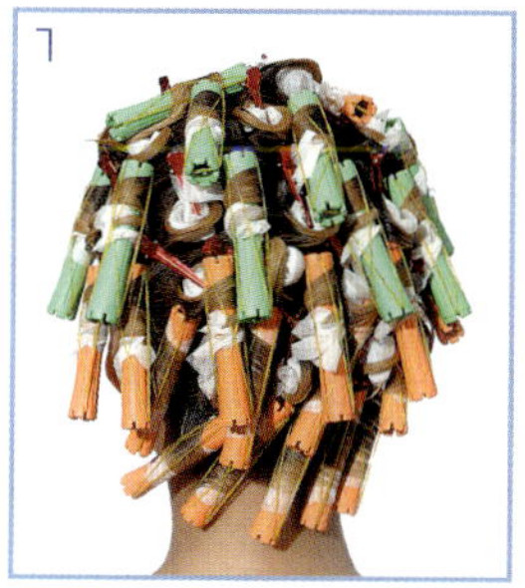

7. U라인은 볼륨을 주기위해 135°와인딩하여 와인딩 종료

8. 와인딩 종료

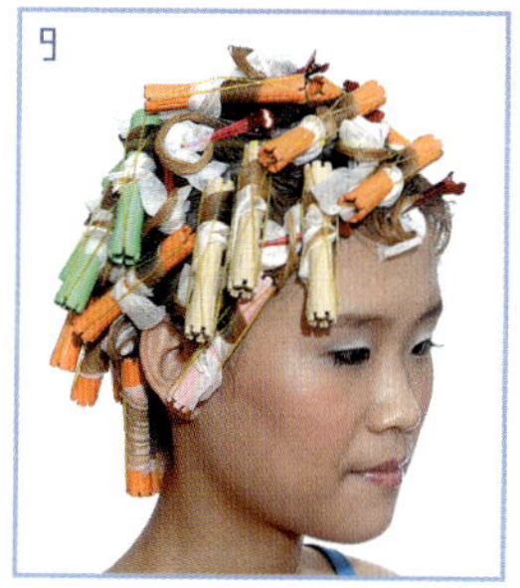

9. 와인딩 종료

10. 와인딩 종료

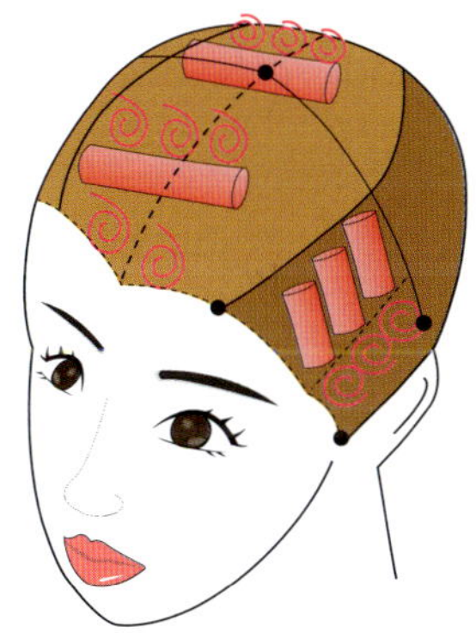

B.P 밑단 후하부는 U선을 표현해야 되기 때문에 롯드를 교차하여 와인딩한다.

핀컬펌과 일반펌의 질감을 연출한다.

11. 퍼머약 도포하여 열처리 10분, 자연방치 10분 후 컬 테스트

12. 컬 테스트 후 중화제 도포하여 롯드 아웃

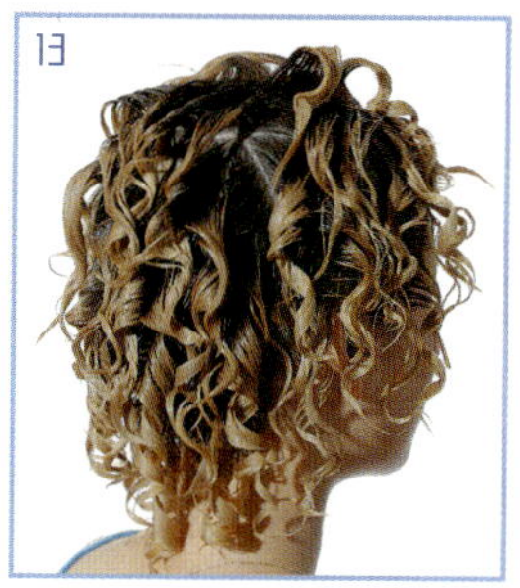

13. 롯드 아웃

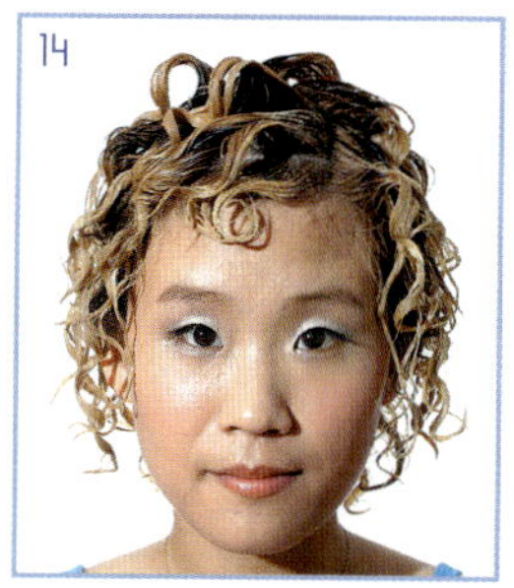

14. 롯드 아웃 후 컬의 상태

15. 롯드 아웃 후 컬의 상태

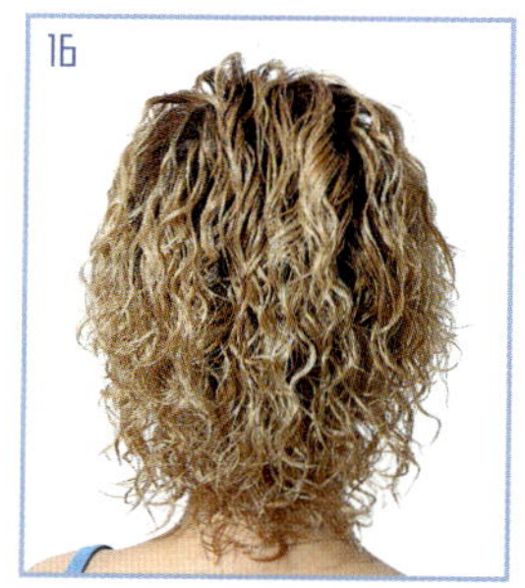

16. 샴푸 후에 컬의 상태

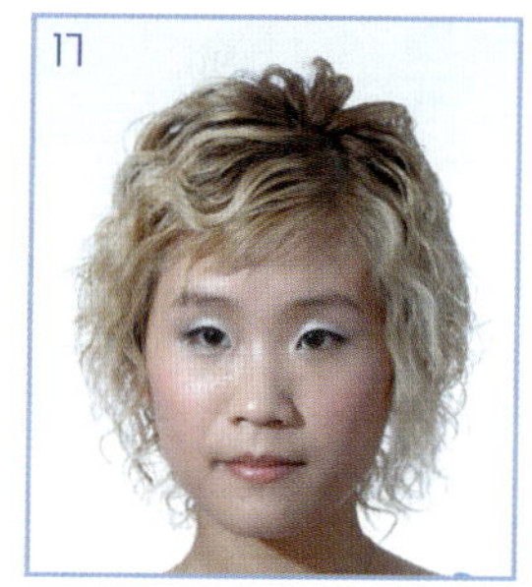

17. 샴푸 후에 컬의 상태

11. 핸드링 펌 1

드라이를 한 것처럼 스타일링이 손쉬운 웨이브. 볼륨이 있는 앞머리와 머리끝의 율동감이 살아있는 뒷머리는 스타일의 연출에 따라 분위기가 바뀌는 손쉬운 헤어 스타일

펌 시술시 체크사항

약액 및 롯드 선정
약액 : 치오시스
롯드 : 나무 롯드 2호, 3호, 4호, 5호

|Front|
자연스런 흐름과 약간의 볼륨을 위해 얼굴쪽으로 45°크로키놀 와인딩

|Side|
모근부의 갈라짐과 자연스런 흐름을 위해 사선 슬라이스 45°크로키놀 와인딩

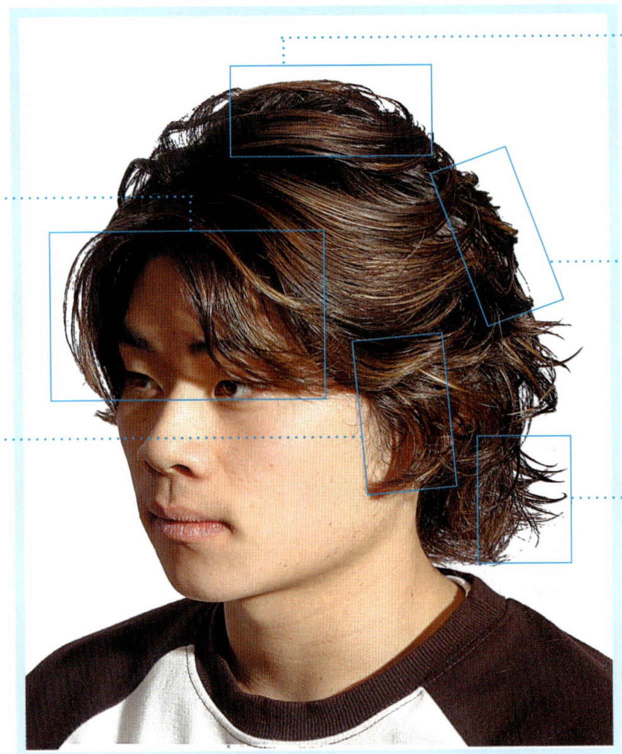

|Top|
가르마선 윗판넬에 2㎝씩 떠서 135°피기백 와인딩, 나머지는 볼륨을 위해 135°크로키놀

|Back|
자연스런 컬을 만들기 위해 90°로 롯드폭만큼 떠서 크로키놀 와인딩

|Nape|
B.P부분부터 작은 롯드로 아웃컬 와인딩

after

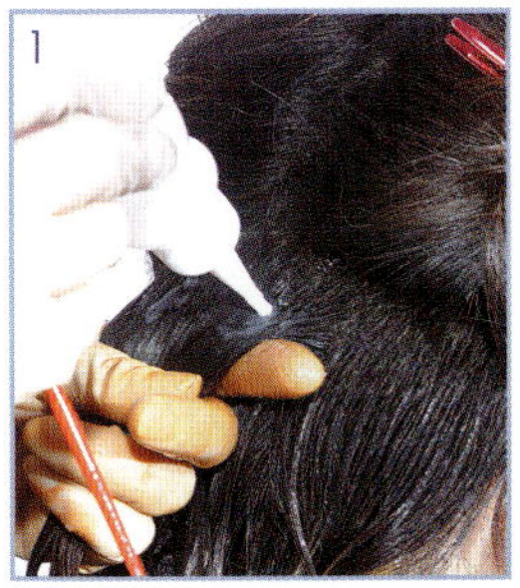
1. 건강모 부분만 퍼머약 도포

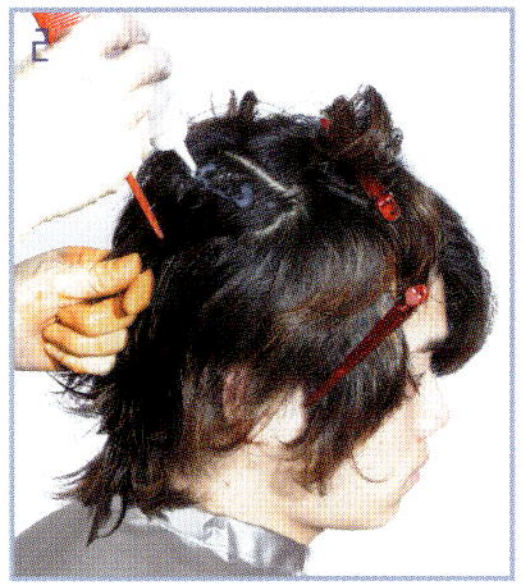
2. 건강모 부분과 손상모 부분은 구분하여 퍼머약 도포

3. 웨이브 상태를 없애기 위해 퍼머약 도포하여 곱게 빗질한다.

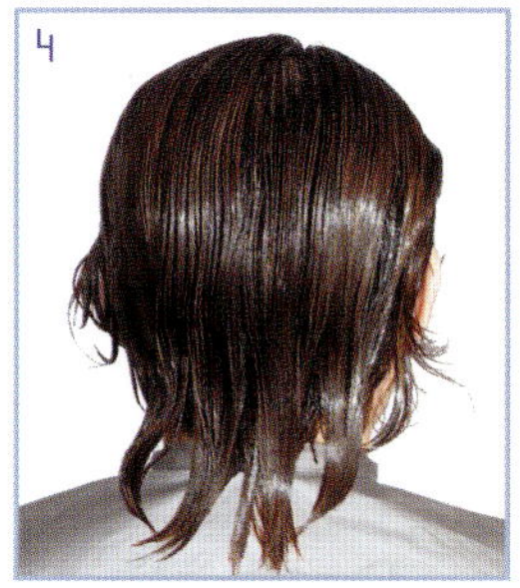
4. 손상모 부분은 트리트먼트 추가하여 퍼머약 도포

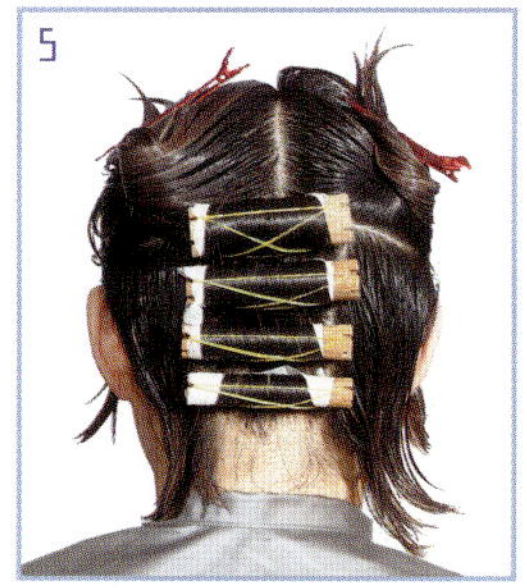
5. 브록킹하여 B.P아래에 아웃컬 와인딩

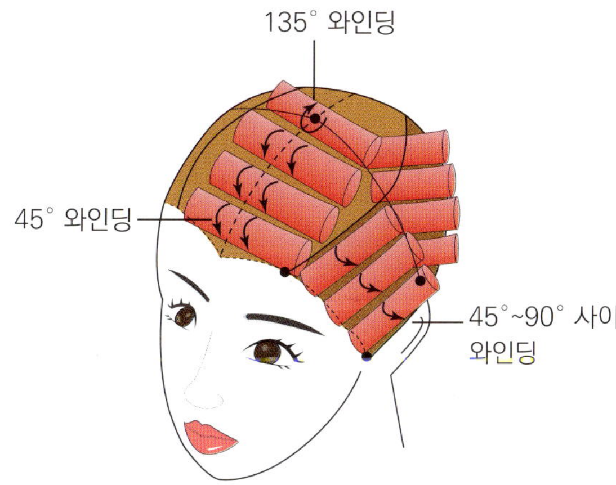

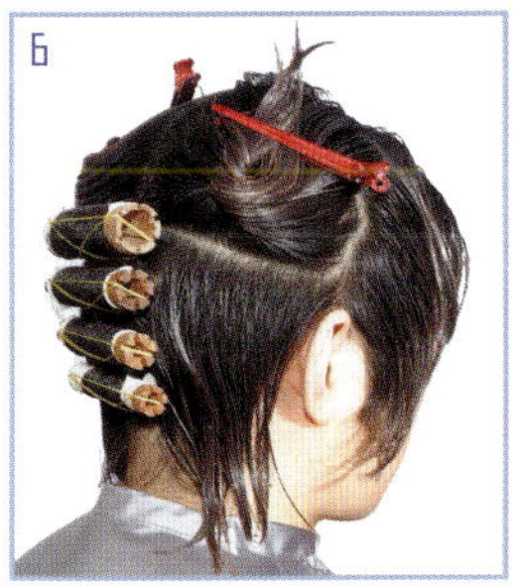
6. 롯드는 큰롯드부터 점점 작은 롯드로 와인딩

7. 가르마부분은 최대한 볼륨을 주기 위해 피기백 와인딩

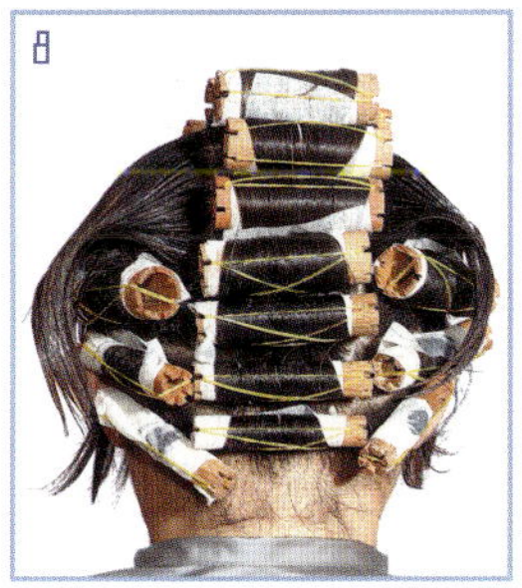
8. 센터부분에 와인딩 해 놓은 상태

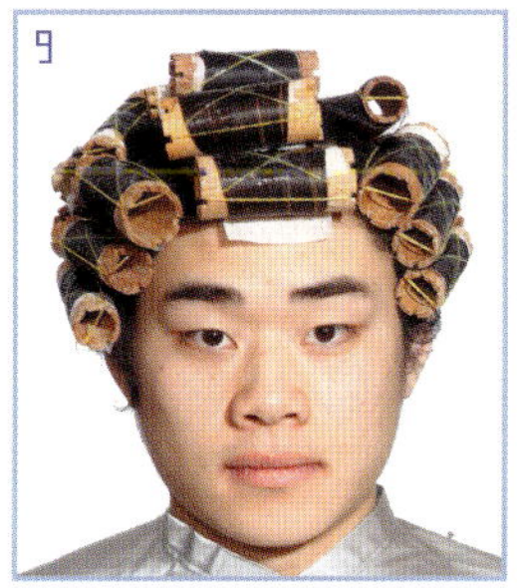
9. 앞머리는 자연스런 흐름과 볼륨을 위해 45° 와인딩

10. 와인딩 종료

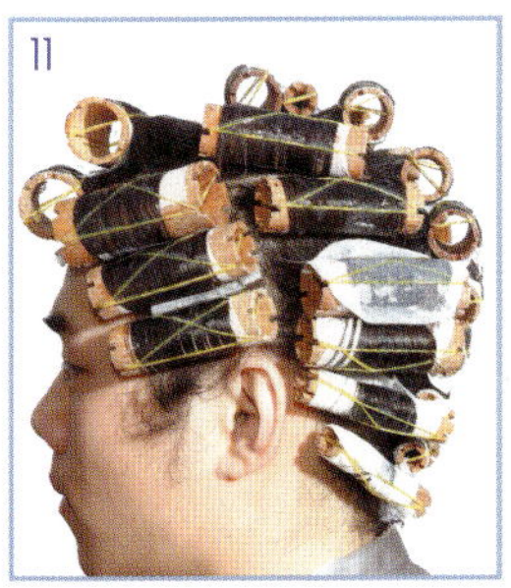
11. 와인딩 종료

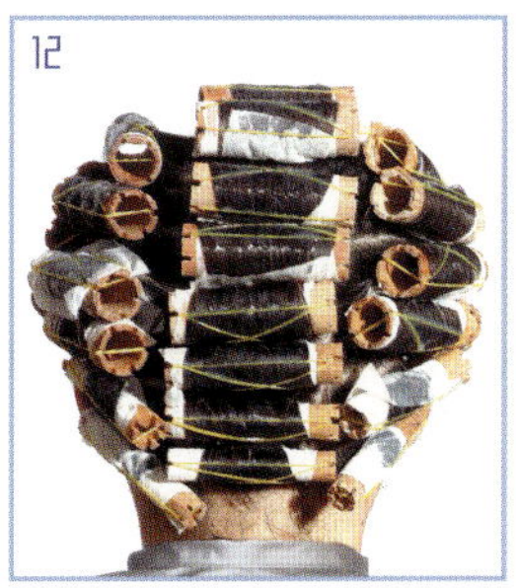
12. 와인딩 종료

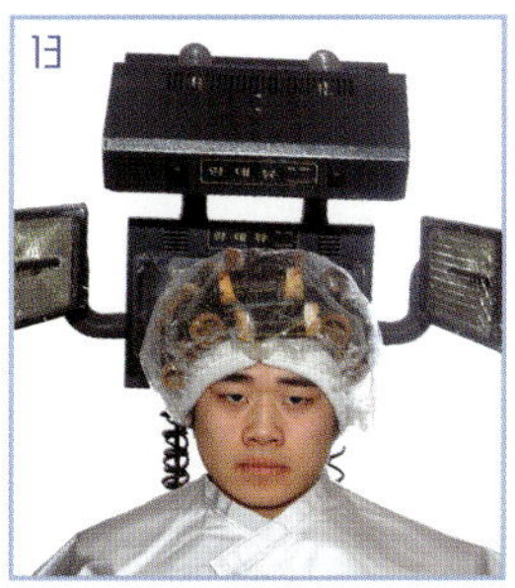
13. 열처리 10분, 자연방치 10분

14. 컬 테스트 후 중화제 도포

15. 롯드 아웃

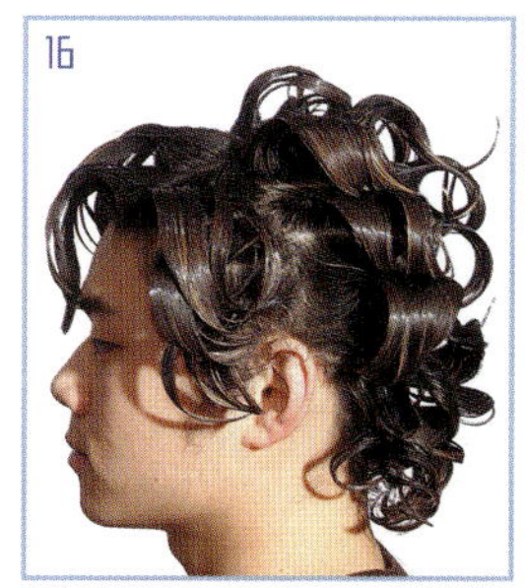
16. 롯드 아웃

17. 롯드 아웃

12. 핸드링 펌 2

청순한 이미지에 부드러운 표정이 매력인 헤어 스타일.

펌 시술시 체크사항

약액 및 롯드 선정
약액 : 치오클리콜산
롯드 : 스트레이트판넬,
핀컬핀, 셋팅롤

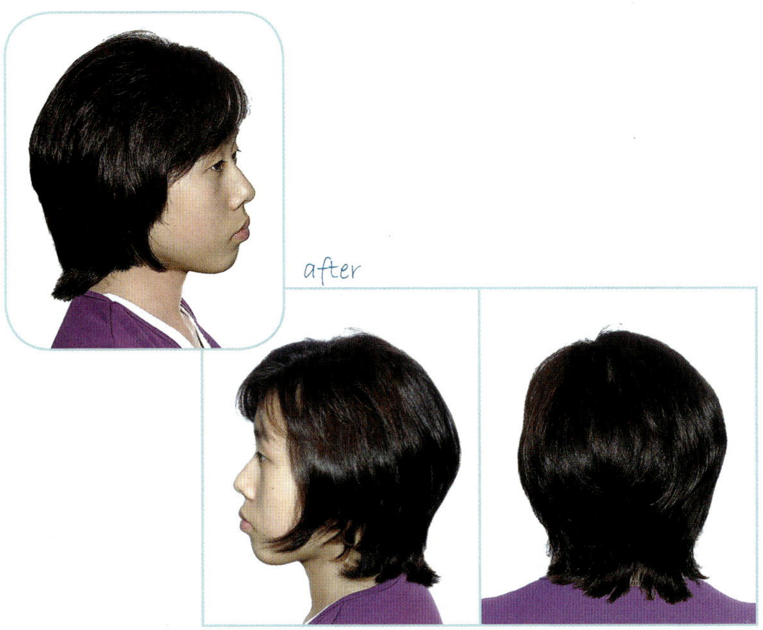

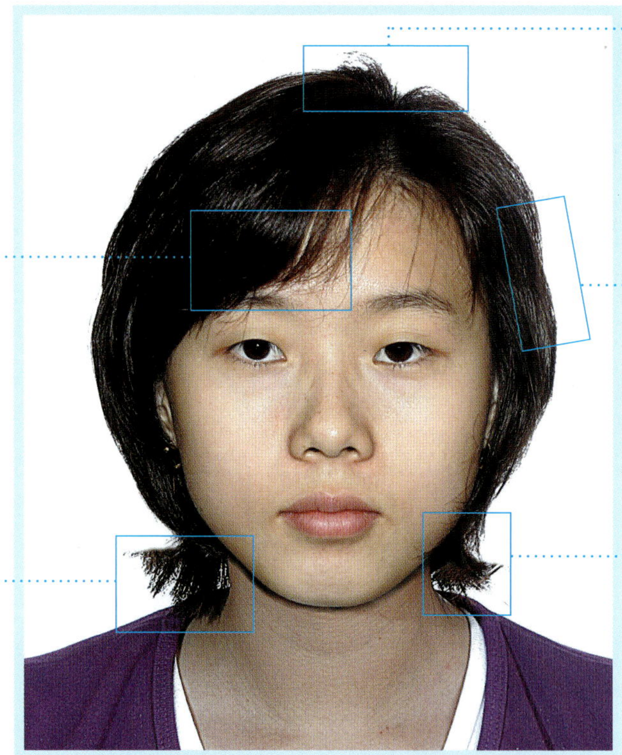

|Top|
뿌리에 135° 스트레 이판을 밀착하여 볼륨을 주고 끝부분은 컬로 말아준다.

|Front|
앞 으로 끌어당겨 45° 크로키놀 와인딩

|Back|
C컬을 강하게 하기 위해 90° 크로키놀 와인딩

|Side|
모근부 갈라짐을 방지 하기위해 약간 사선 슬라이스를 떠서 크로키놀 와인딩

|Nape|
흐름을 잡아 주기위해 모류가 가는 방향대로 2개로 나누어서 45° 크로키놀 와인딩

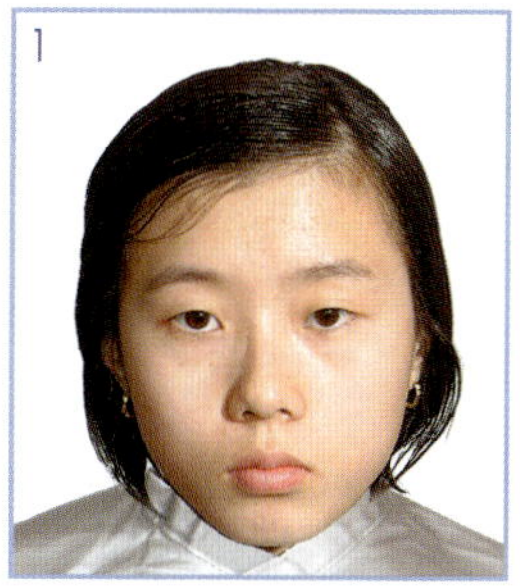

1. 퍼머약 도포

2. 건강모, 손상모를 구분하여 퍼머약 도포

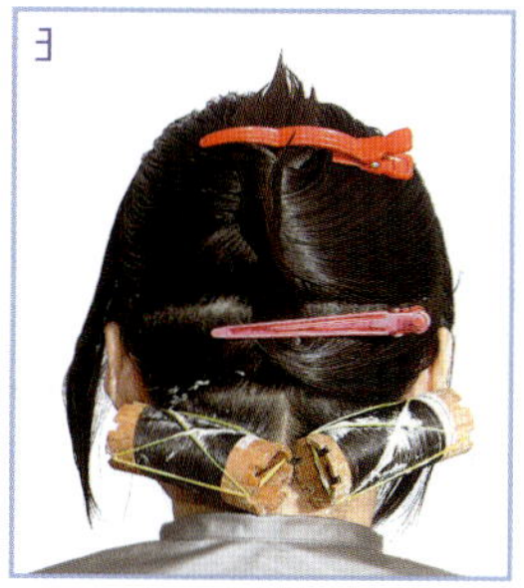

3. 건강모, 손상모를 구분하여 퍼머약 도포

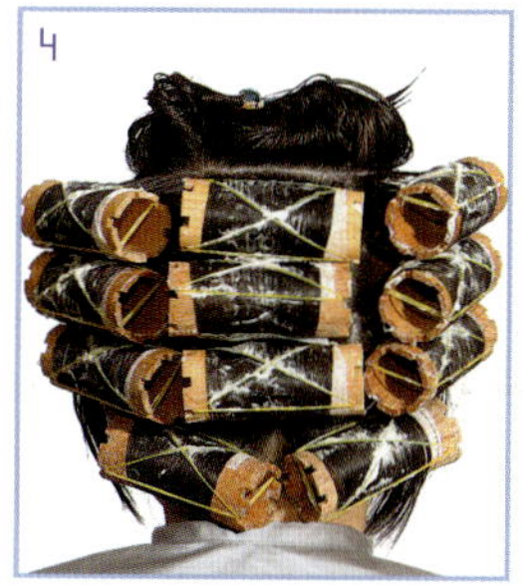

4. 파팅하고 나란히 롯드가 와인딩 된 상태

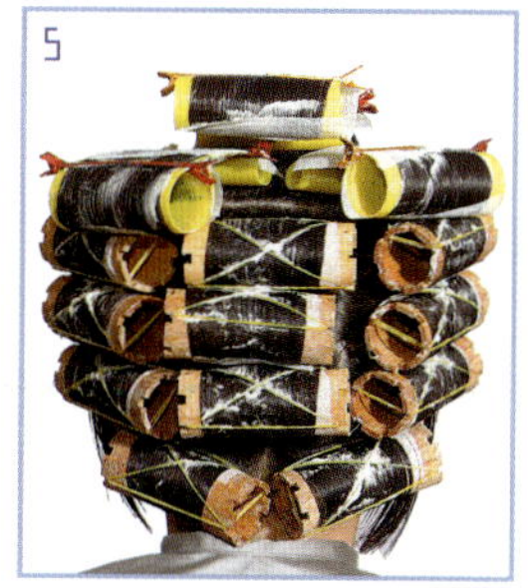

5. U라인 지역은 스트레이트 판넬로 시술한다.

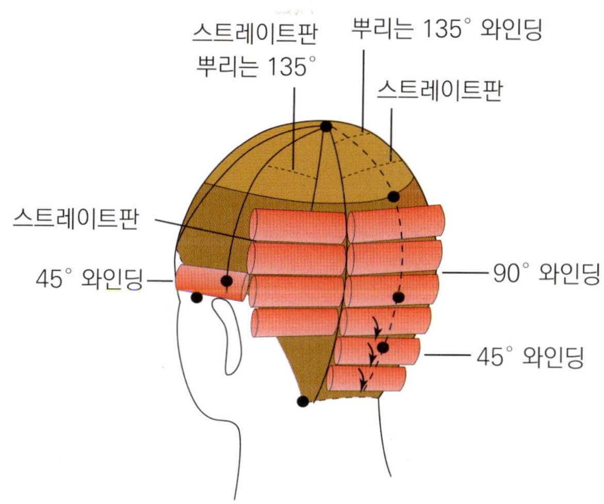

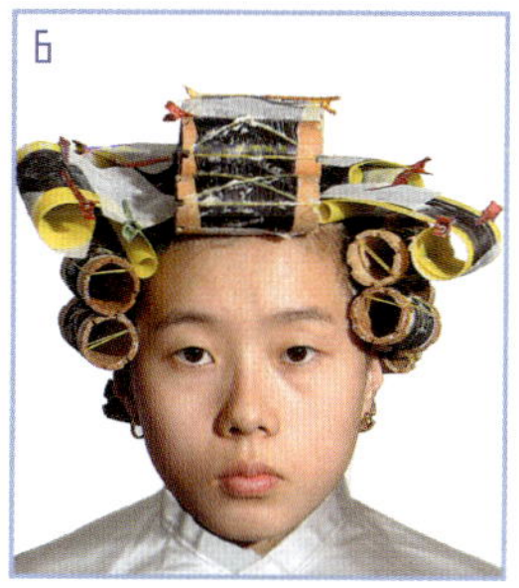

6. 앞머리는 45°와인딩 하여 놓은 상태

7. U라인지역은 스트레이트 판넬로 시술하여 와인딩 종료

8. 와인딩 종료

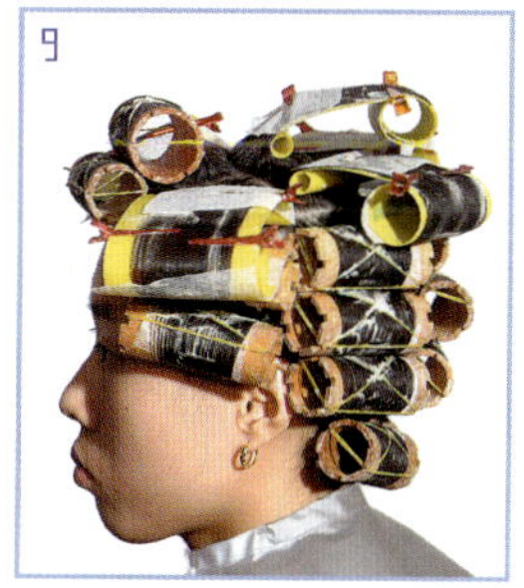

9. 와인딩 종료

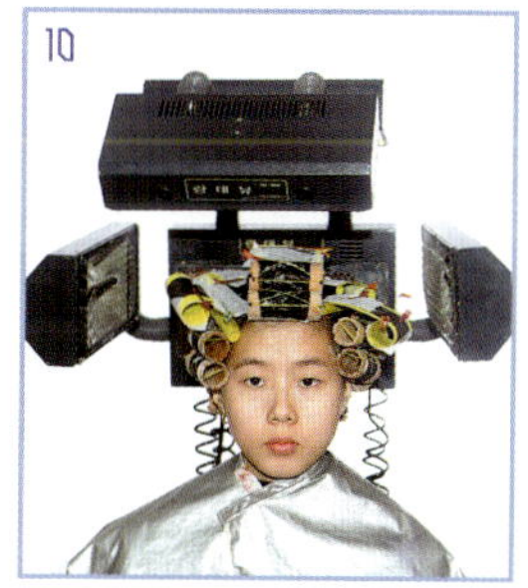

10. 열처리 10분, 자연방치 10분

11. 중화제 도포

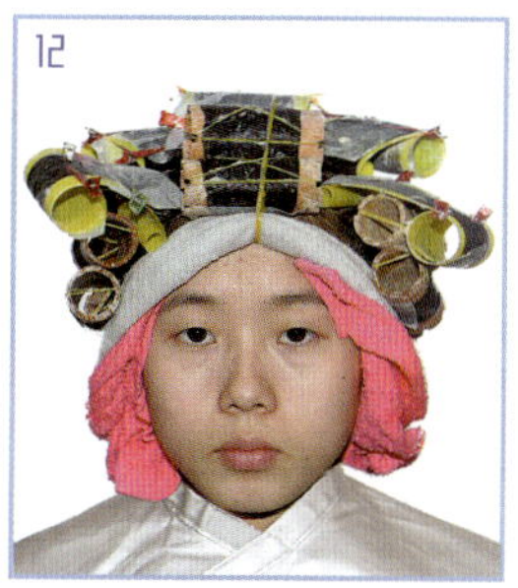

12. 중화제 도포

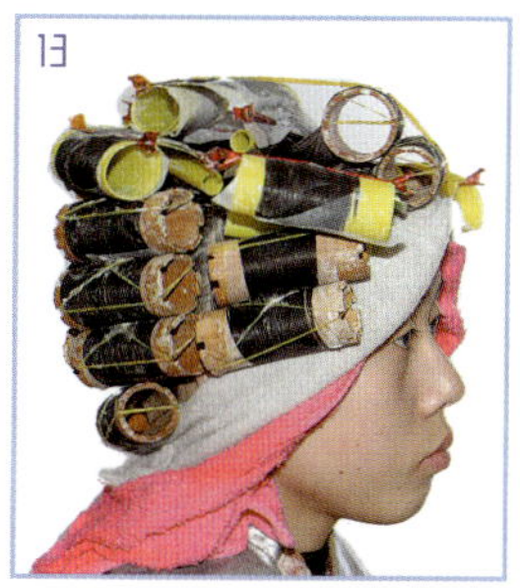

13. 중화제 도포, 마무리 된 상태

14. 중화제 도포, 마무리 된 상태

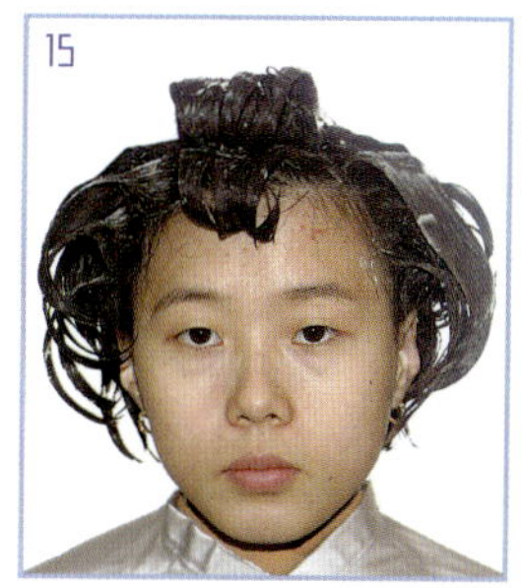

15. 롯드 아웃

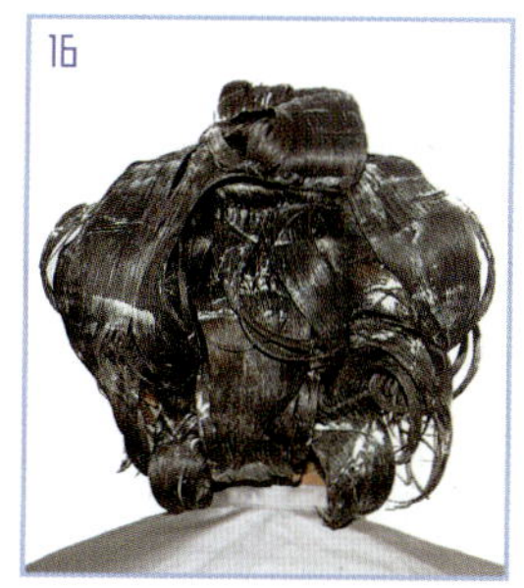

16. 롯드 아웃

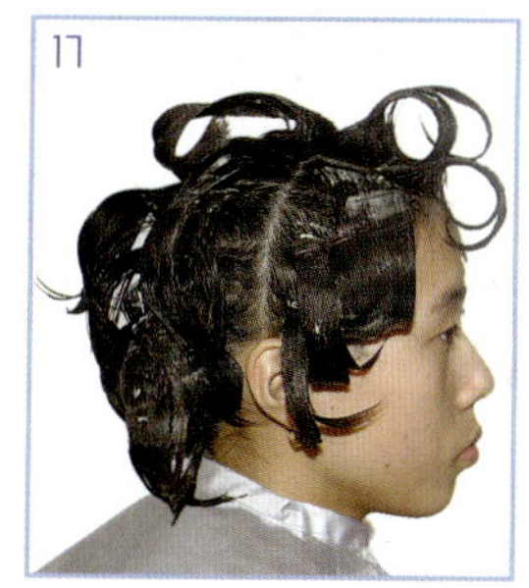

17. 롯드 아웃

13. 믹스 펌 1

손질하기 편한 부드러운 웨이브가 직장여성에게 적합하고, 멋진 여성을 더욱 예뻐보이게 하는 여성스러운 스타일.

펌 시술시 체크사항

약액 및 롯드 선정
약액 : 시스테인
롯드 : 4호, 5호, 6호

Before

after

|Top|
최대한 볼륨을 주기 위해 135° 크로키놀 와인딩

|Front|
자연스런 흐름을 위해 가르마에서 시작 양쪽에서 2cm씩 떠서 45° 크로키놀 와인딩

|Back|
컬의 자연스러움을 위해 크로키놀 와인딩

|Side|
두피에 와인딩의 갈라짐과 웨이브의 흐름을 위해 사선 슬라이스 와인딩

|Nape|
떨어지는 선을 만들기 위해 교차하여 크로키롤 와인딩

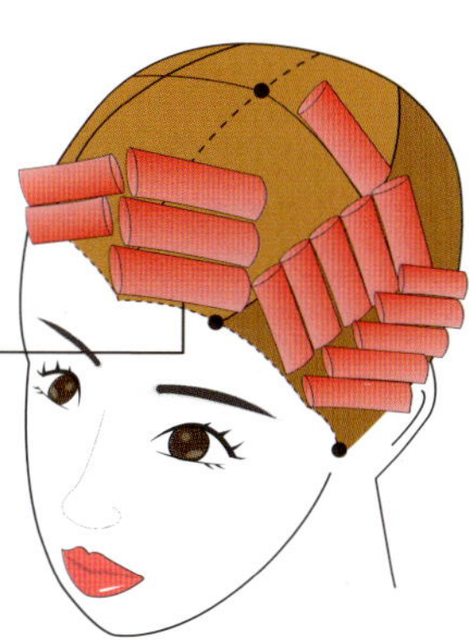

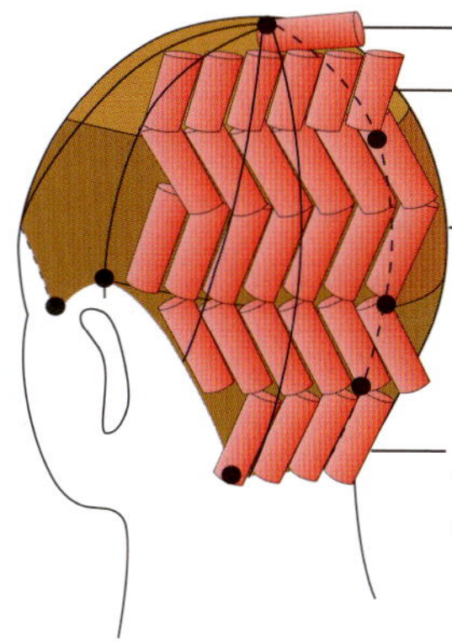

1. 퍼머약 도포

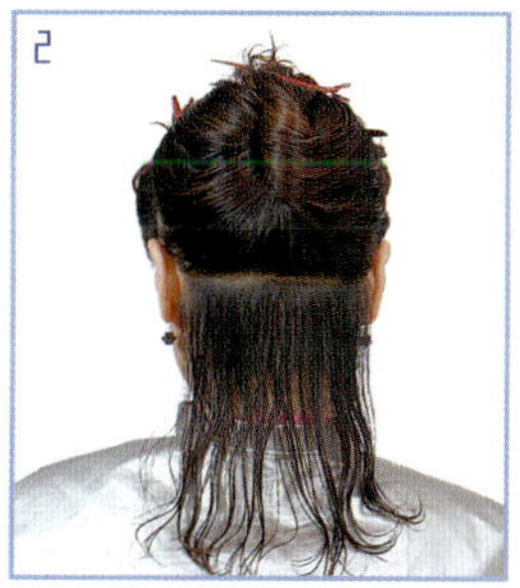
2. 디자인에 맞추어 브록킹 타기

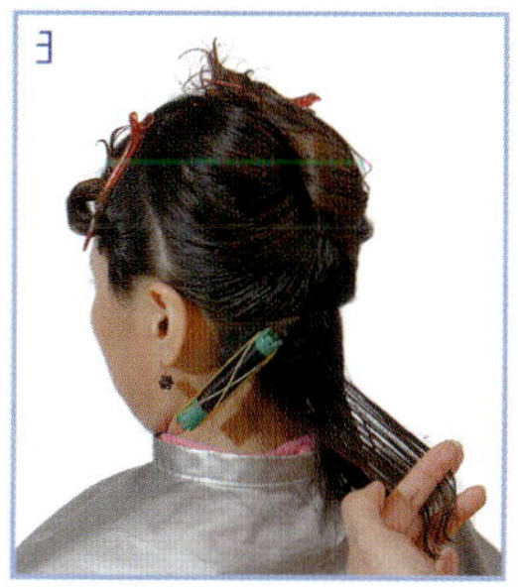
3. 사선 슬라이스에 사선 와인딩

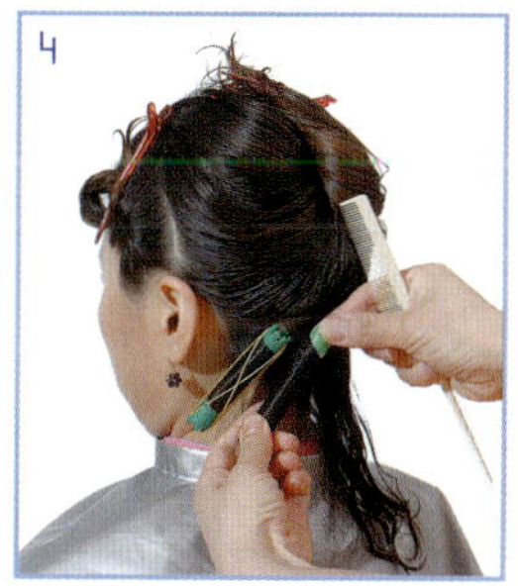
4. 슬라이스와 롯드를 나란히하고 롯드의 끝부분이 파팅을 넘지 않아야한다.

5. 롯드를 고정시키기위해 고무줄을 끼운다.

6. 흐름이 자연스럽게 떨어지기 위해 교차하여 와인딩

7. 롯드는 45°를 유지하고 모발의 방향이 45°로 롯드를 감싸야한다.

8. 손목을 굴리지 말고 손가락으로 롯드에 텐션을 주면서 와인딩 할 것

9. 슬라이스와 롯드를 평행하게 하여 45°를 유지할 것

10. 롯드를 고정시키기위해 고무줄을 끼운다.

11. 다음단도 교차하여 와인딩

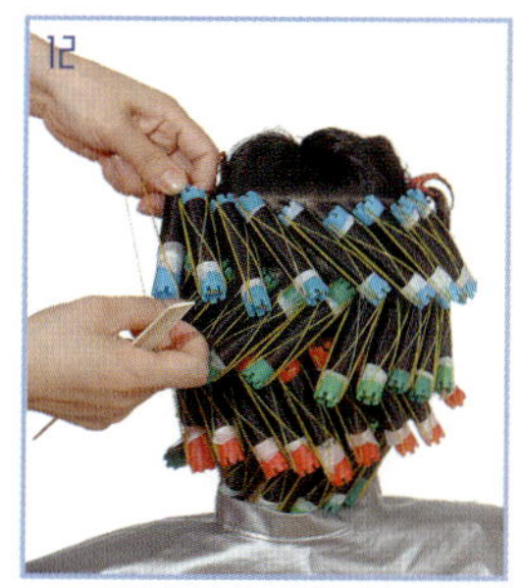
12. 롯드를 점점 크게하여 다음단도 교차하여 와인딩

13. 볼륨을 최대로 주기위해 135°와인딩

13. 볼륨을 최대로 주기위해 135°와인딩

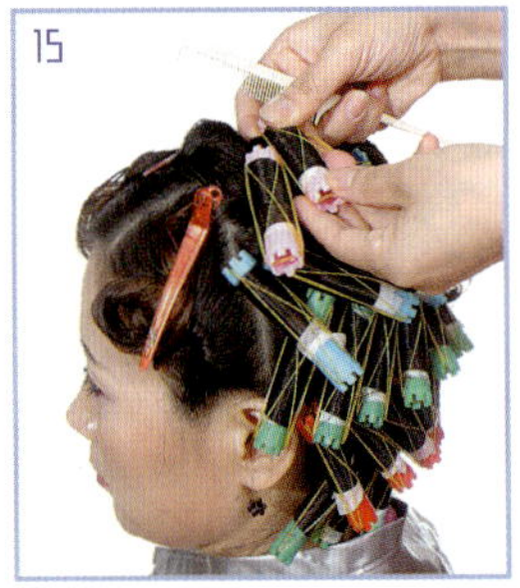

15. 롯드를 고정하기 위해서 고무줄을 끼운다.

16. 가르마 있는 부분에 양쪽에서 2cm씩 떠서 볼륨을 최대로 유지하기 위해 135°와인딩

17. 롯드가 슬라이스폭 안에 안착을 하도록 135°를 유지한다.

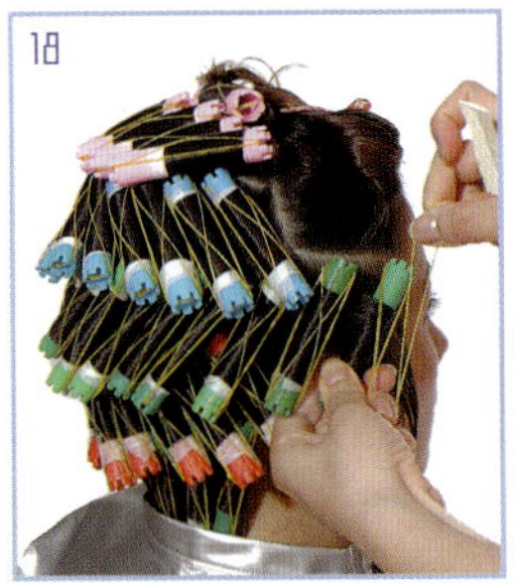

18. 사이드도 똑같은 방법으로 사선 와인딩

19. 가르마부분 2cm폭씩 양쪽을 떠서 곡면대로 와인딩

20. 와인딩 종료

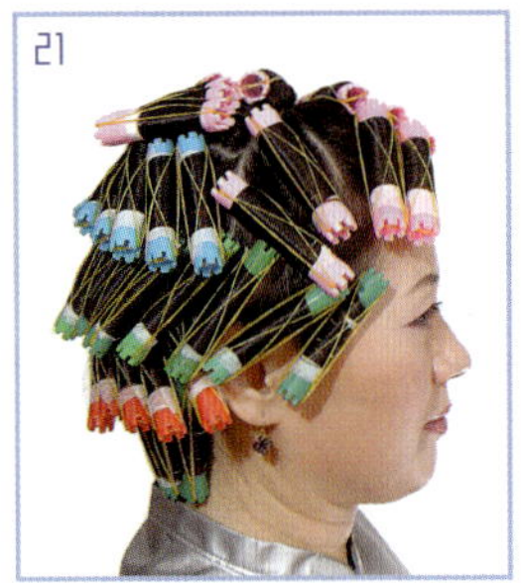

21. 와인딩 종료

22. 와인딩 종료

23. 와인딩 종료

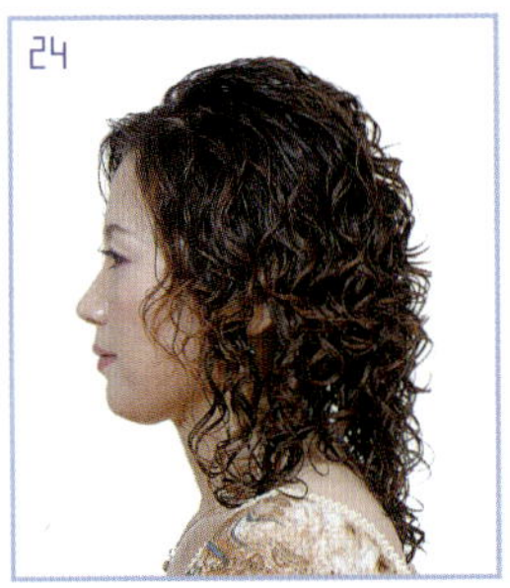

24. 롯드를 풀어서 샴푸한 상태

25. 샴푸 후 웨이브 상태

26. 샴푸 후 웨이브 상태

27. 샴푸 후 웨이브 상태

14. 믹스 펌 2

느슨한 웨이브에 적당한 볼륨을 주어 청순하고 캐주얼한 스타일로 자연스러움을 연출한 헤어 스타일.

펌 시술시 체크사항

약액 및 롯드 선정
약액 : 치오시스
롯드 : 세라믹 3호, 4호, 5호

Before

after

|Top|
최대한의 볼륨을 주기 위해 피기백 135° 와인딩

|Front|
자연스런 흐름을 위하여 가르마 부분부터 양쪽에서 2cm씩 슬라이스를 떠서 크로키놀 45° 와인딩

|Back|
컬의 처짐과 웨이브의 융합을 위하여 트위스트 와인딩

|Side|
갈라짐과 흐름을 위하여 사선슬라이스 판넬을 떠서 사선 와인딩

|Nape|
떨어지는 선의 자연스러움을 위하여 45° 크로키놀 와인딩을 교대하여 시술

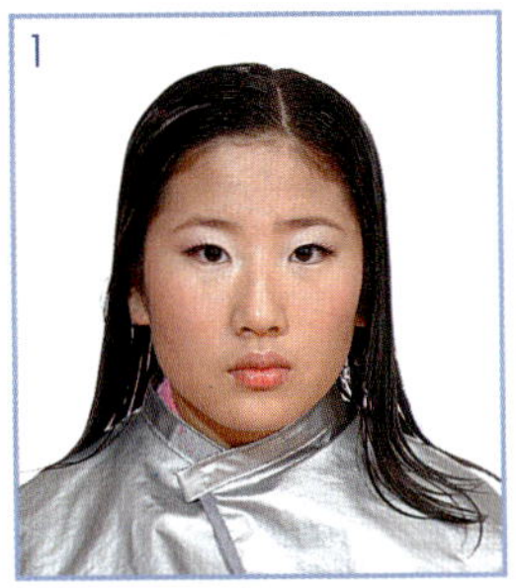

1. 퍼머약 도포

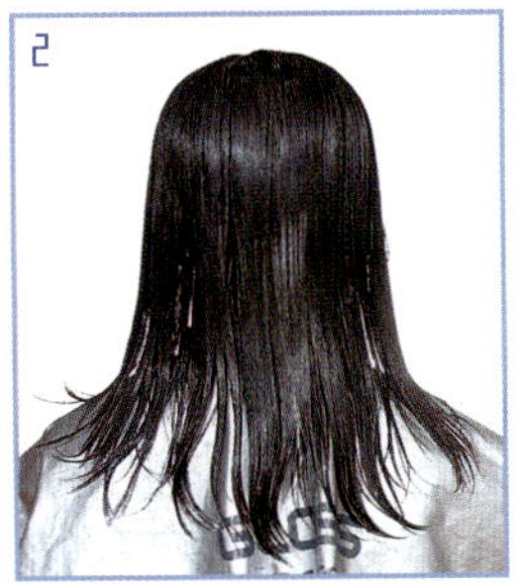

2. 오버섹션(건강모), 언더섹션(손상모)도포후, 퍼머약 도포

3. N.B.M.P로 첫 번째 블록킹타기

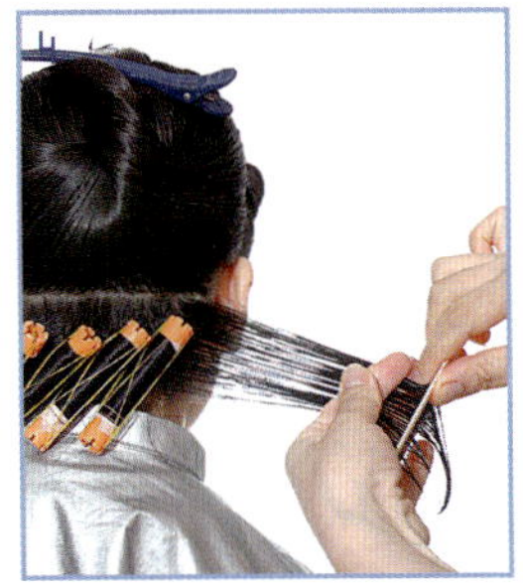

4. 사선슬라이스에 사선 와인딩

5. 슬라이스와 롯드를 모드 45° 와인딩

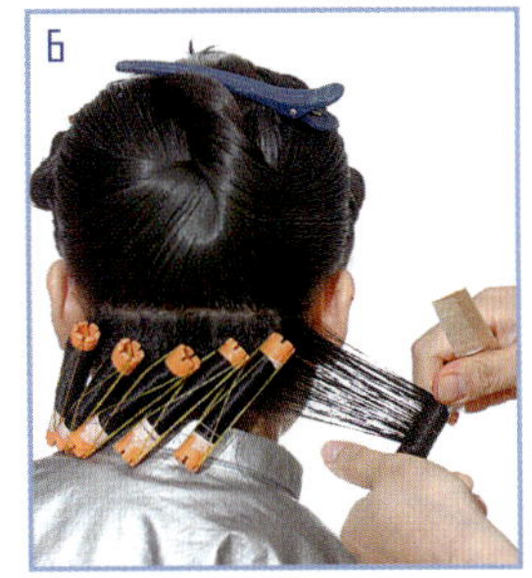

6. 손가락으로 롯드에 텐션을 주면서 와인딩

7. 롯드를 고정하기 위하여 고무줄 끼우기

8. 두 번째단은 교차하여 와인딩

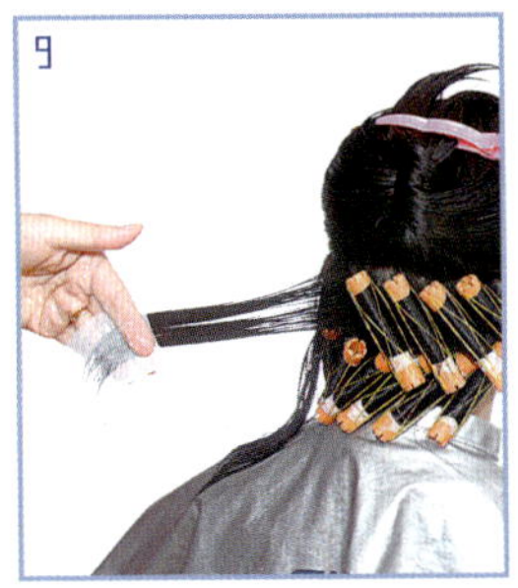

9. 머리를 빗질하여 습지를 얹고 약지에 모발의 판넬을 받치는 상태

10. 45°로 롯드를 감싸면서 슬라이스 판넬에 파팅하고 나란히 와인딩

11. 텐션을 45°로 감싸면서 모발을 와인딩한다.

12. 파팅과 롯드를 나란히

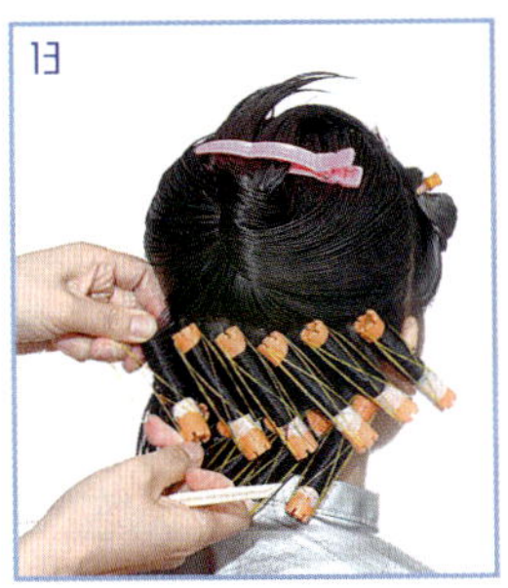

13. 롯드를 고정시키기 위해 고무줄을 끼운다.

14. 강한컬을 만들기 위해 모선부분부터 트위스트 와인딩

15. 머리 꼬임이 많으면 볼륨이 많아지므로 꼬임을 주면서 트위스트 와인딩

16. 엄지에 텐션을 주면서 트위스트 와인딩

17. 텐션을 주기위해 검지에 걸치고 트위스트 와인딩

18. 뿌리에 모발의 꺽임을 방지위해 모발을 푼다.

19. 롯드와 슬라이스를 나란히 와인딩

20. 롯드를 고정시키기 위해 고무줄을 끼운다.

21. 정확히 와인딩이 되었는지 확인

22. 1:1로 믹스하여 와인딩(트위스트 + 사선 크로키놀)

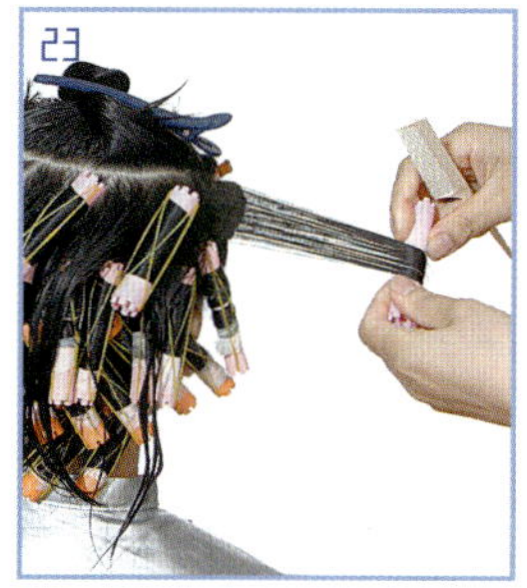

23. 반씩 나누어 사선 와인딩(1:1)

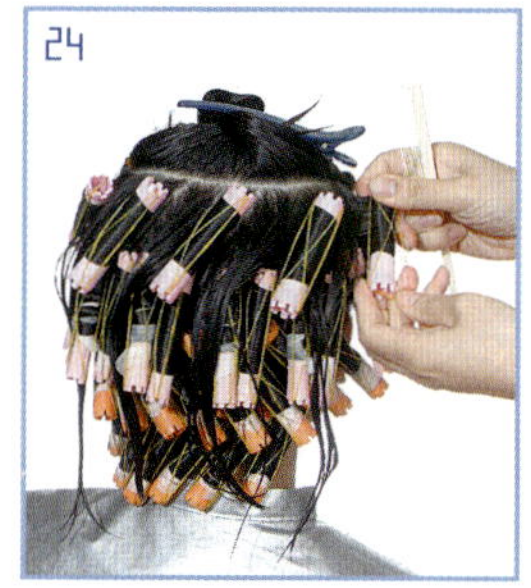

24. 롯드를 고정하기 위해 고무줄 끼우기

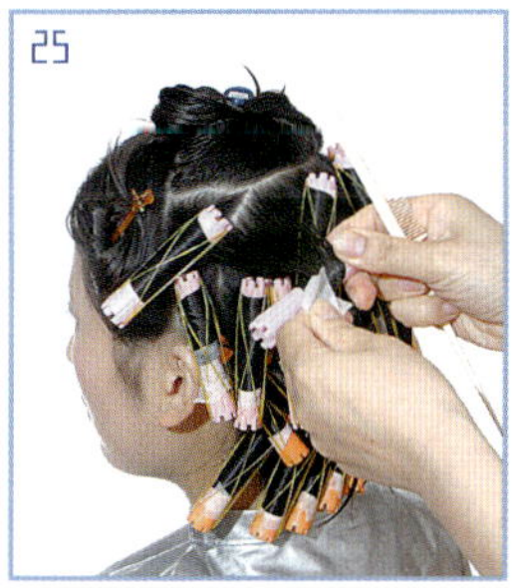

25. 나머지 부분 와인딩

26. 모근부에서 조금 떨어져서 와인딩

27. 피기백을 위해 두 파팅으로 나눈다.

28. 피기백 앞쪽은 큰롯드 와인딩

29. 뒤쪽은 작은롯드로 와인딩

30. 와인딩 종료(뒷쪽)

31. 와인딩 종료(앞모습)

32. 옆부분은 사선 와인딩

33. 열처리 10분, 자연방치 10분 후, 컬테스트

34. 중화제 도포(7분 후)

35. 롯드 아웃

36. 롯드 아웃

15. 믹스 펌 3

산뜻하고 부드러운 웨이브가 밝고 명랑함을 느낄 수 있어 직장여성에 적합한 헤어 스타일

펌 시술시 체크사항

약액 및 롯드 선정
약액 : 시스테인
롯드 : 3호, 4호, 5호

Before

after

|Front|
자연스런 흐름을 위해 가르마에서 2cm씩 양쪽에서 슬라이스 떠서 45° 크로키놀 와인딩

|Side|
선의 자연스러움을 위해 사선 크로키놀 와인딩

|Top|
볼륨을 위해 135° 크로키놀 와인딩

|Back|
자연스런 컬을 위해 원추형 롯드로 사선 크로키놀 와인딩

|Nape|
교차하여 사선 크로키놀 와인딩

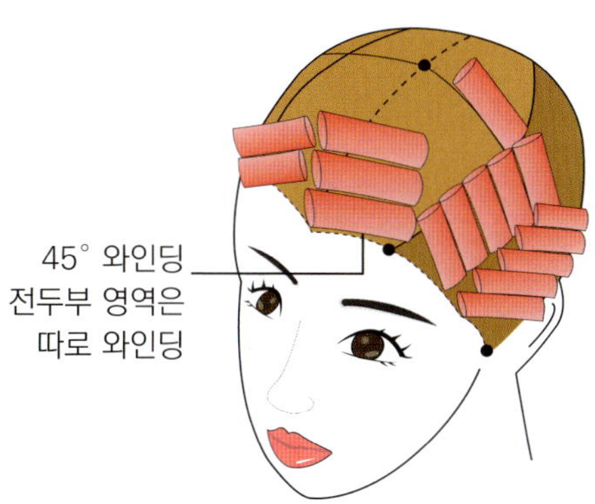

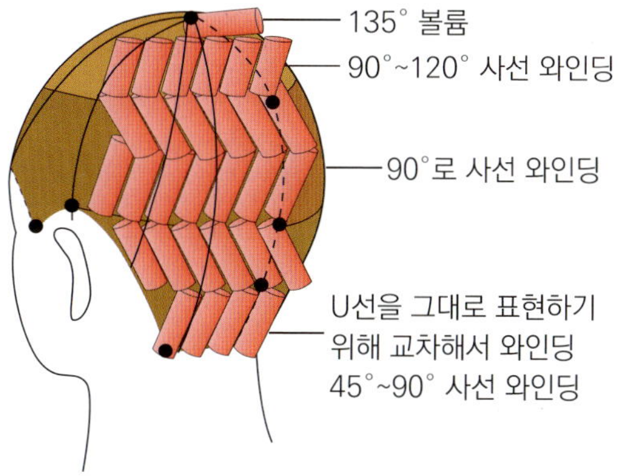

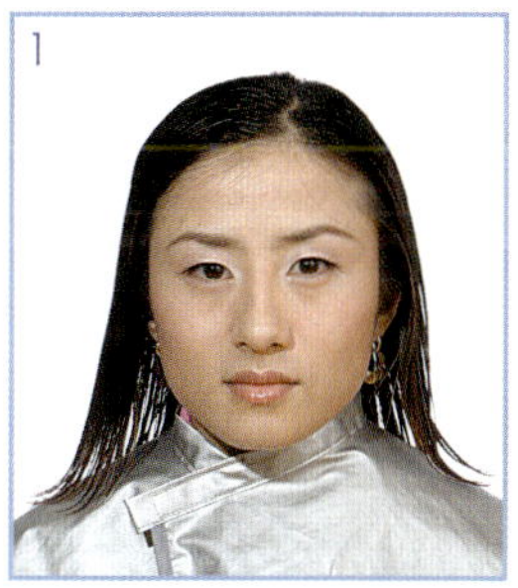
1. 퍼머약 도포

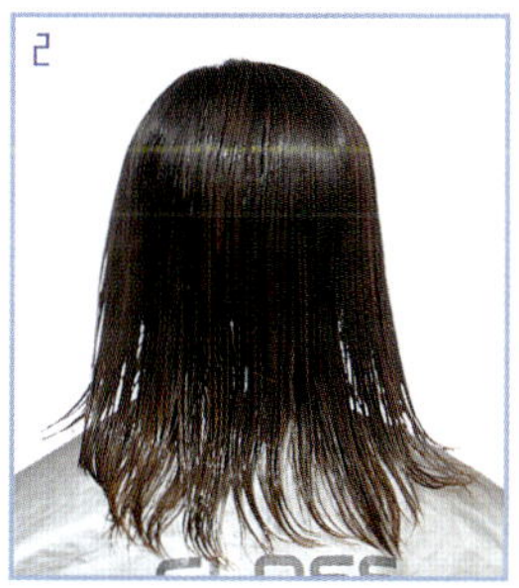
2. 퍼머약 도포

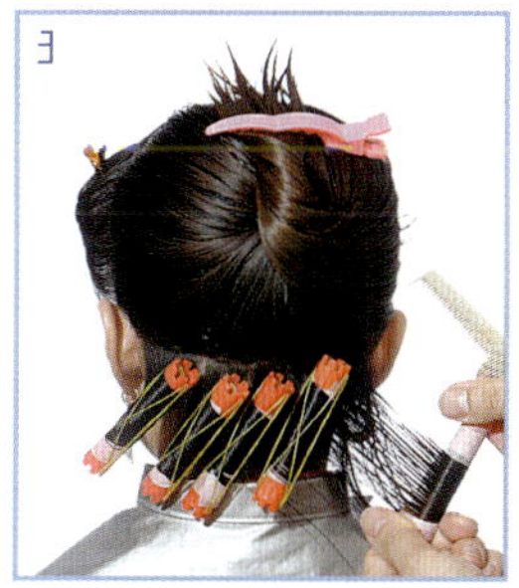
3. 브록킹하여 사선 와인딩

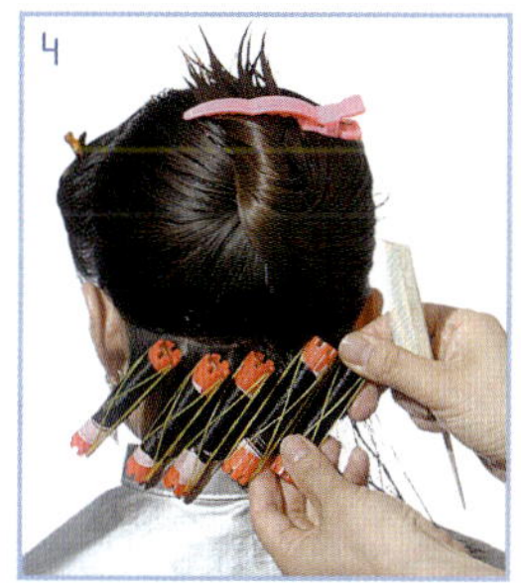
4. 롯드를 고정시키기 위해 고무줄 끼우기

5. 슬라이스폭과 손가락을 평행하게 45°유지

6. 약지에서 롯드를 한바퀴 돌리기 시작

7. 모발을 45°유지하면서 롯드에 감싸면서 와인딩

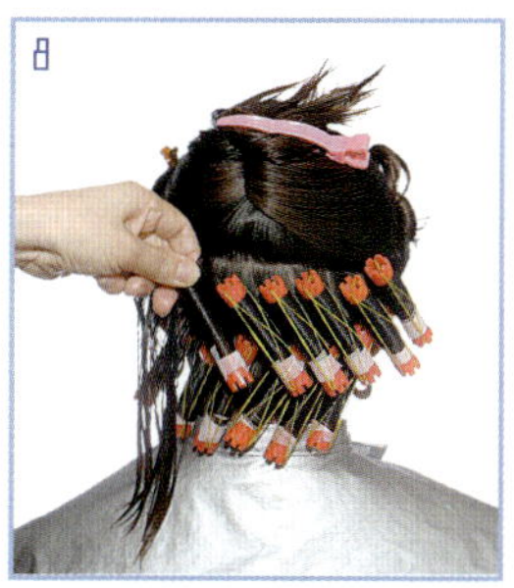
8. 슬라이스폭과 롯드를 평행하게 와인딩

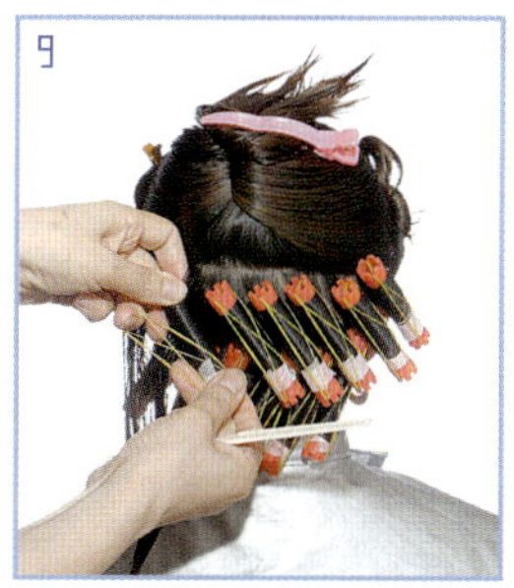
9. 롯드를 고정시키기 위해 고무줄 끼우기

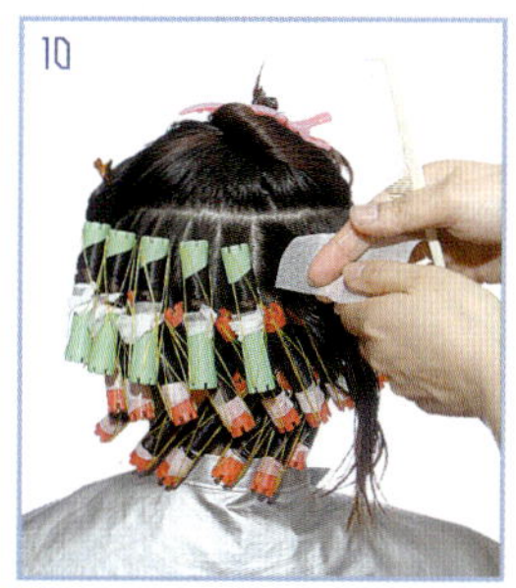
10. 뿌리부분의 컬을 원하므로 모근부부터 와인딩

11. 모발을 90°상태에서 와인딩 준비

12. 롯드를 고정시키기 위해 고무줄끼우기

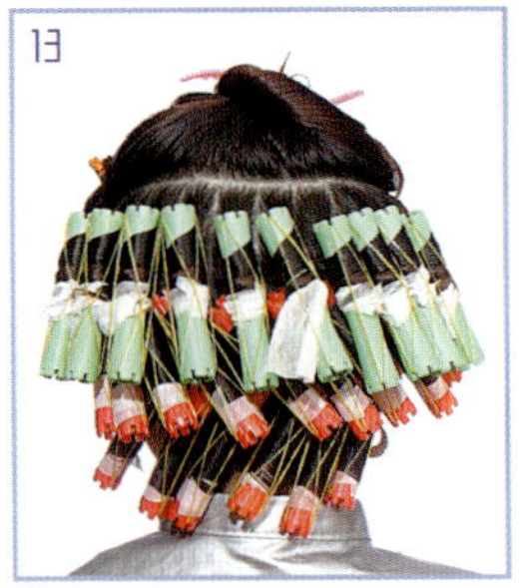

13. 모근부부터 와인딩을 해 놓은 상태

14. 자연스런 웨이브를 내기 위해 방추형 롯드로 와인딩

15. 방추형 롯드로 와인딩 해 놓은 상태

16. 볼륨을 주기 위해 135° 와인딩 해 놓은 상태

17. 볼륨을 주기위해 가르마 부분 양 에서 2cm 씩 떠서 135° 와인딩

18. 슬라이폭에 롯드가 얹혀져 있는 상태(135°)

19. 앞머리의 자연스런 흐름을 위해 브록킹을 타 놓은 상태

20. 브록킹대로 와인딩 종료

21. 사선으로 와인딩 된 옆모습

22. 와인딩 종료

23. 열처리 10분, 자연방치 10분

24. 컬 테스트

25. 중화제 도포

26. 롯드 아웃

27. 롯드 아웃

16. 믹스 펌 4

느슨한 웨이브로 여성스러운 부드러움을 주며 양쪽에는 풍성한 볼륨을 주어 얼굴형태의 결점도 매력으로 끌어내는 헤어 스타일

펌 시술시 체크사항

약액 및 롯드 선정
약액 : 치오시스
롯드 : 호일, 2호, 3호, 4호

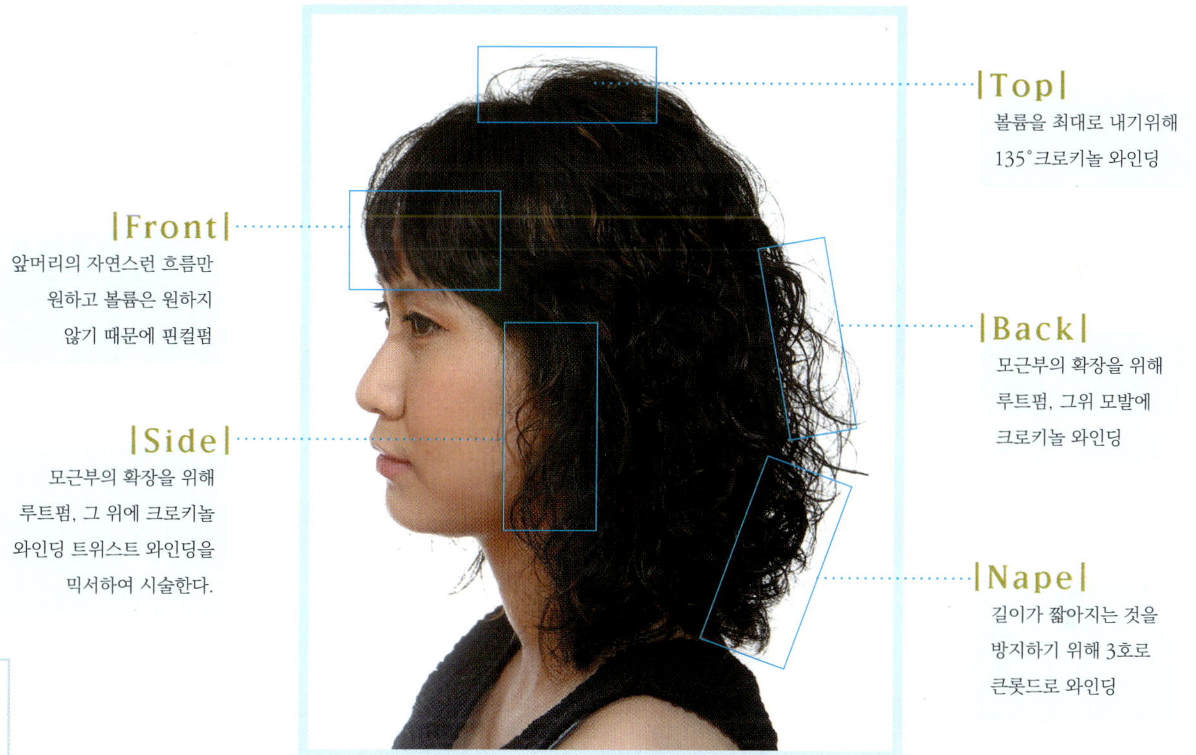

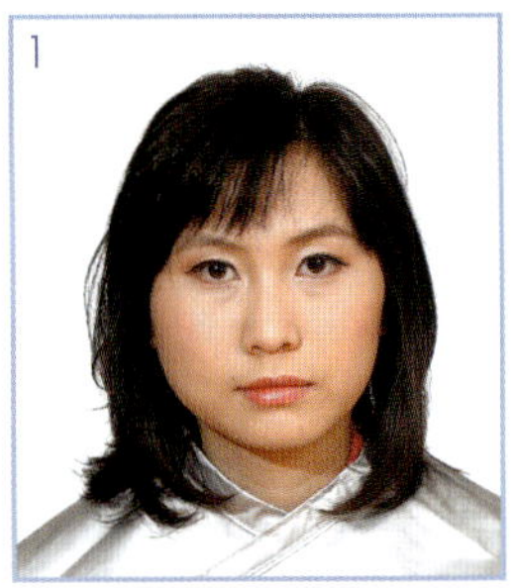

1. 시술전

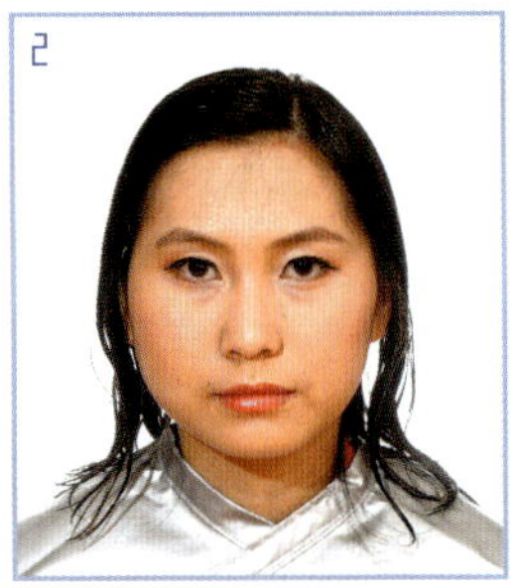

2. 퍼머약 도포

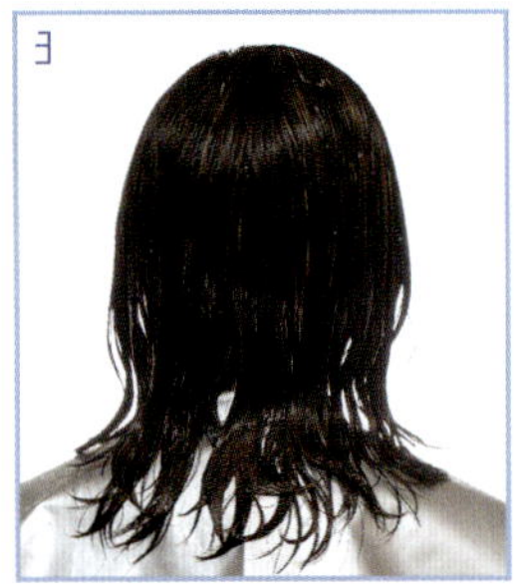

3. 퍼머약 도포(건강모, 손상모 구별하여)

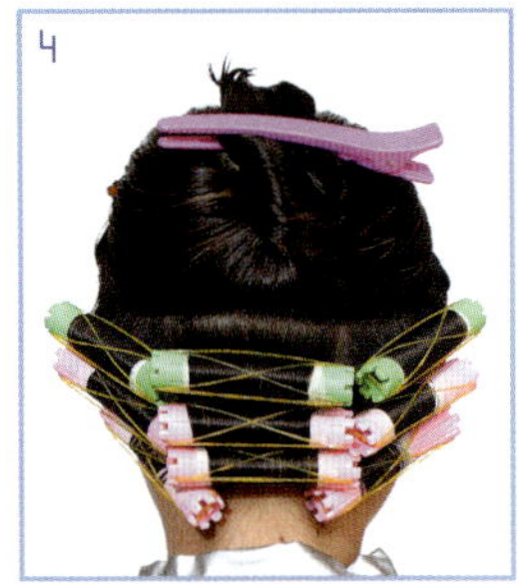

4. 브록킹하여 B.P아래까지 와인딩

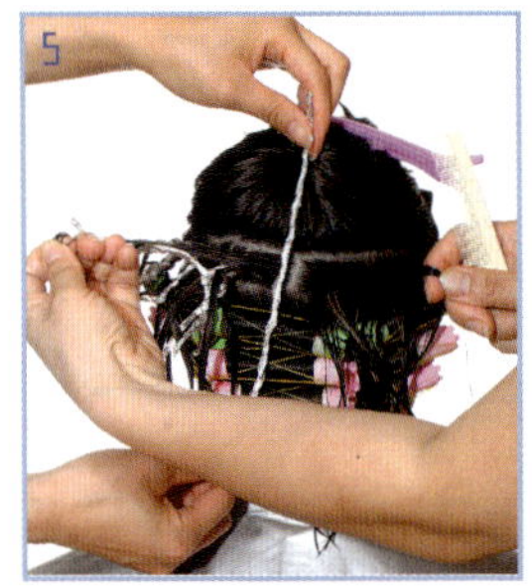

5. 루트펌 와인딩

6. 뿌리에 볼륨을 최대로 주기위해 교차하여 와인딩

7. 호일과 모발을 교차하여 와인딩

8. 십자로 교차하여 와인딩

9. 4번정도 교차하고 모발을 남긴다.

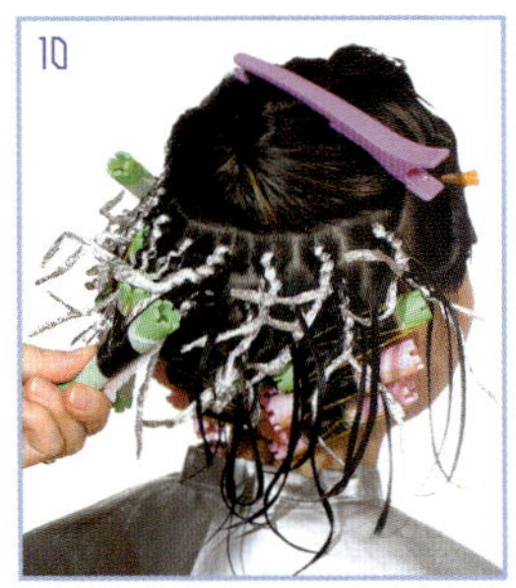

10. 루트펌에 남긴 모발은 사선 와인딩

11. 루트펌과 사선 와인딩을 해놓은 상태

12. 벽돌쌓기로 슬라이스 폭을 떠서 루트펌을 해놓은 상태

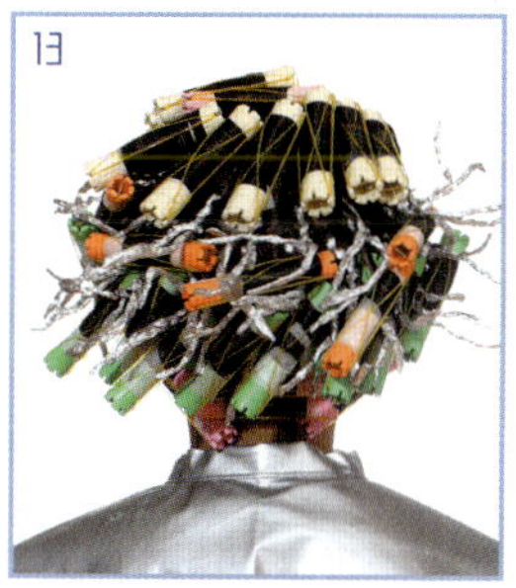
13. 와인딩 종료

14. U라인 아래까지 루트 펌 와인딩 종료

15. 앞머리에 흐름을 주기 위해 핀컬펌, 와인딩 종료

16. 와인딩 종료

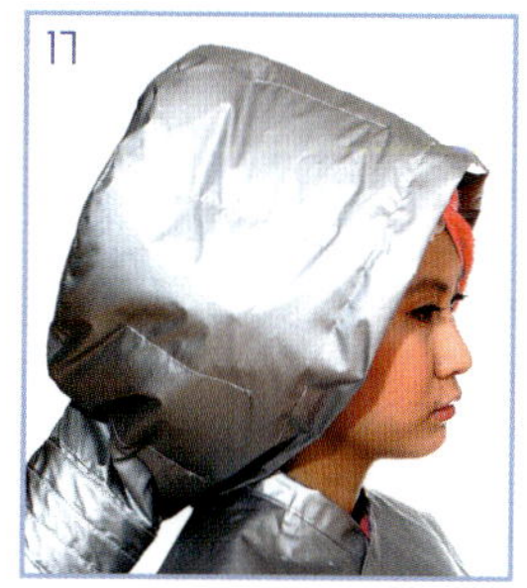
17. 열처리 10분, 자연방치 10분

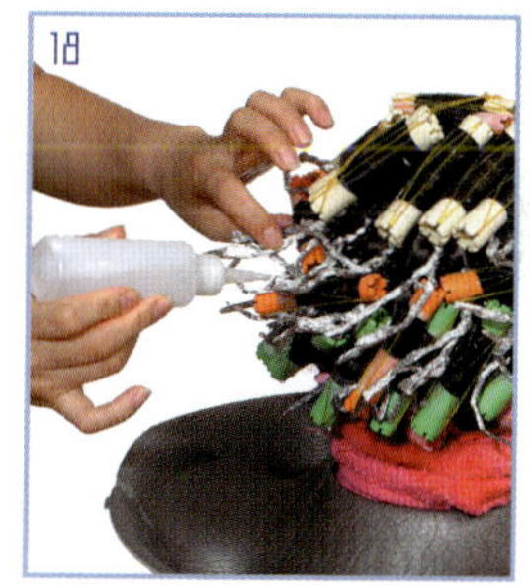
18. 중화제 도포

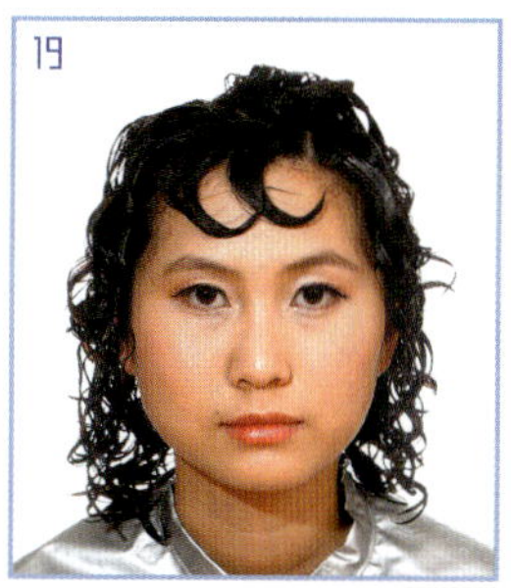
19. 롯드 아웃

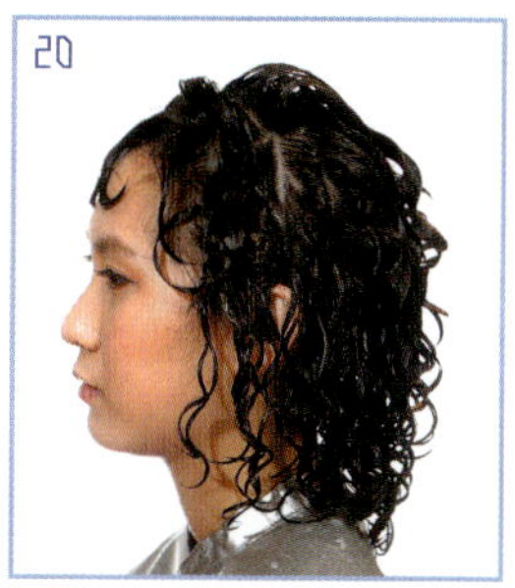
20. 롯드 아웃

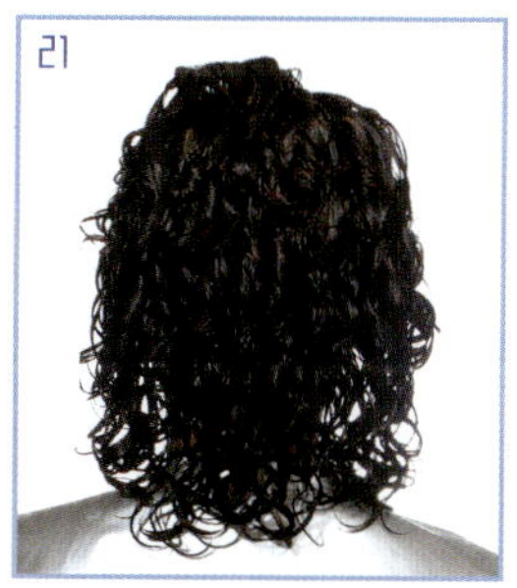
21. 롯드 아웃

22. 롯드 아웃

23. 샴푸 후 컬의 상태

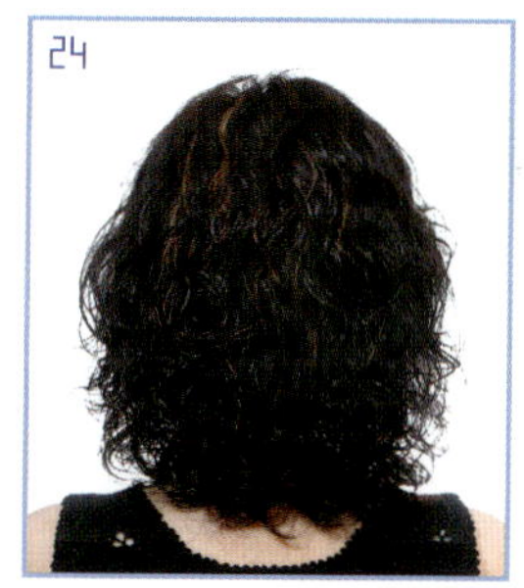
24. 완성된 상태

17. 믹스 펌 5

모발이 강모인 경우 앞부분에는 자연스러움을, 뒷부분에는 완만한 웨이브로 밝고 부드러움을 가미한 헤어 스타일

펌 시술시 체크사항

약액 및 롯드 선정
약액 : 치오시스
롯드 : 나무롯드 1호, 2호, 3호, 4호

Before

after

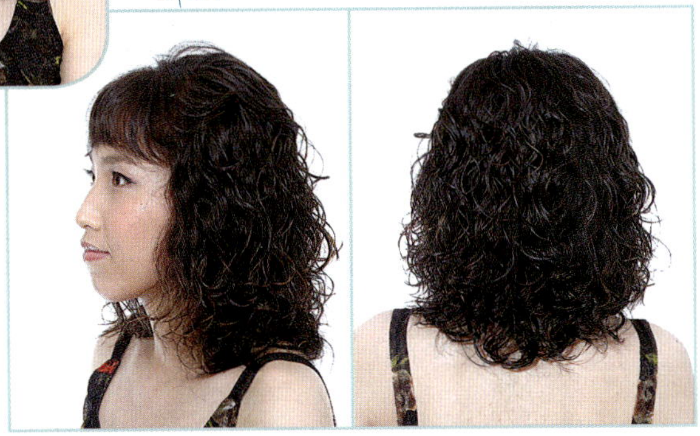

|Top|
볼륨을 주기위해 135° 크로키놀 와인딩

|Front|
앞머리 전체를 한 슬라이스 판넬에 모아서 45° 크로키놀 와인딩

|Back|
컬의 처짐을 방지하기 위해 크로키놀 와인딩과 트위스트 와인딩을 믹서하여 시술한다.

|Side|
자연스런 웨이브를 위해 사선 슬라이스 판넬을 떠서 트위스트 와인딩과 크로키놀 와인딩을 시술한다.

|Nape|
길이가 짧아 지는 것을 원치 않았기 때문에 2호 큰 롯드로 시술한다.

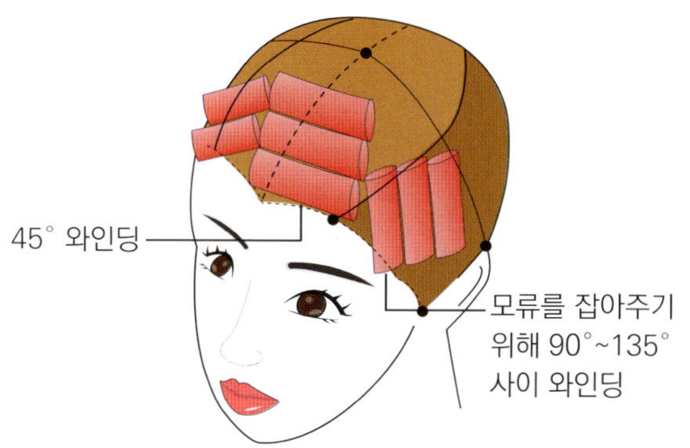

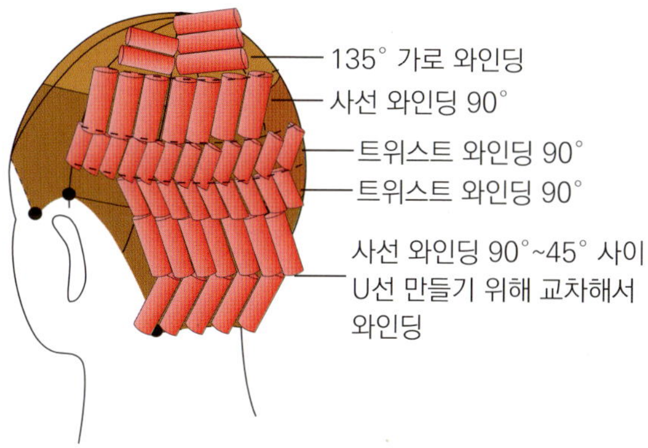

1. 퍼머약 도포

2. 퍼머약 도포

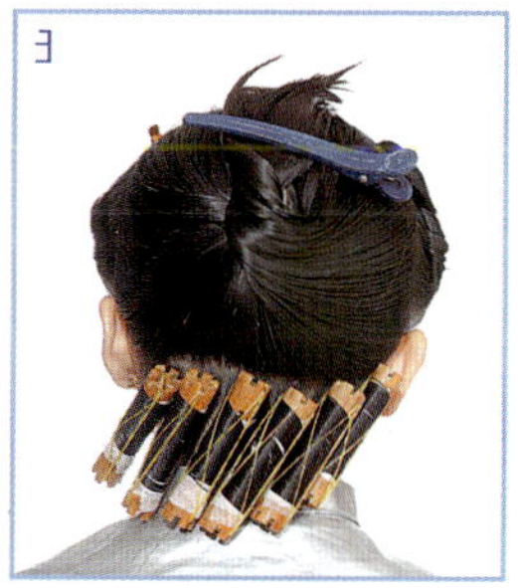
3. 브록킹타서 사선 와인딩

4. 교차하여 사선 와인딩

5. 약지에 롯드를 얹는다.

6. 롯드와 슬라이스가 평행하게 와인딩

7. 손가락에 텐션을 주면서 롯드를 돌린다.

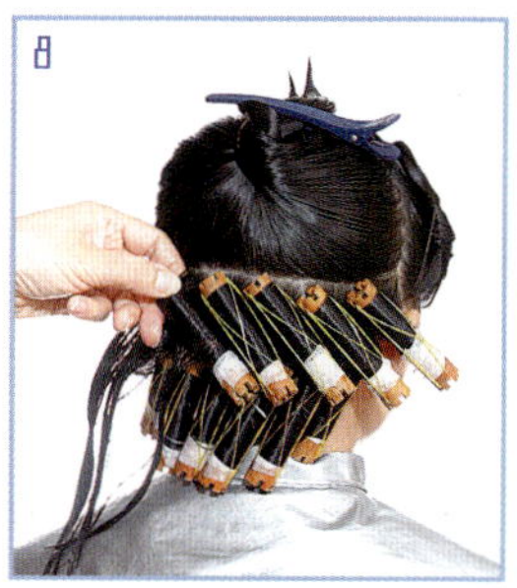
8. 슬라이폭과 롯드를 나란히

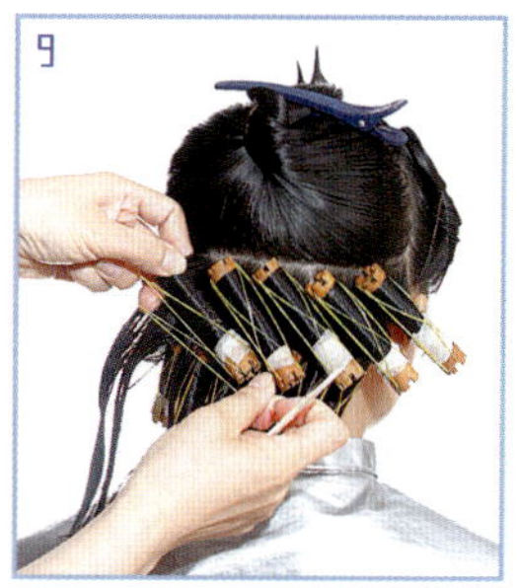
9. 롯드를 고정하게 하기 위해 고무줄 끼우기

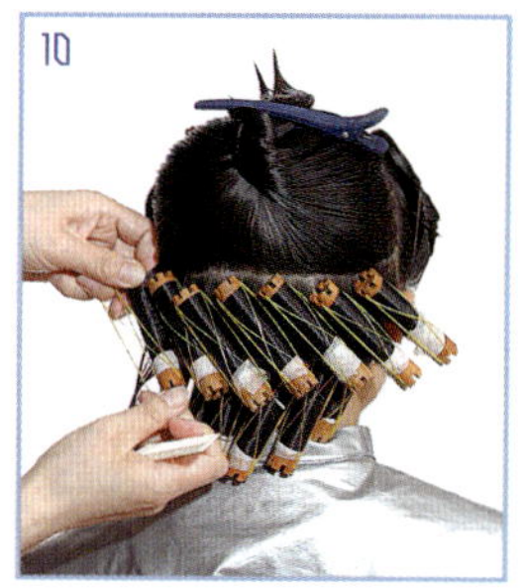
10. 롯드 고정을 위해 고무줄 끼우기

11. 강한 컬을 주기위해 트위스트 와인딩

12. 검지로 롯드를 지탱하면서 고무줄 끼우기

13. 강한 컬을위해 트위스트와인딩을 해놓은상태

14. 자연스런 흐름을 위해 사선 와인딩

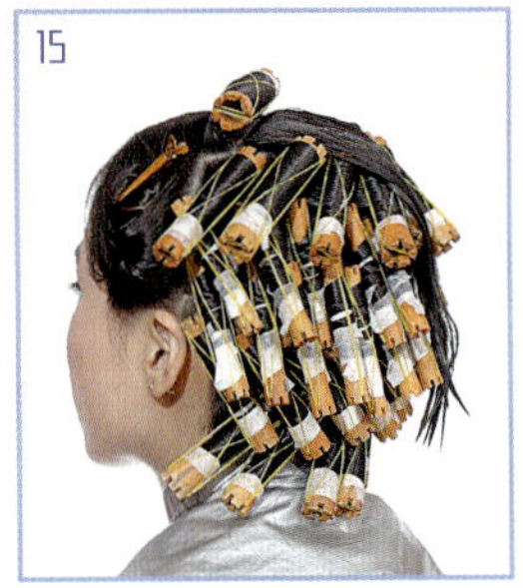

15. 볼륨을 최대로 주기위해 135° 와인딩

16. 와인딩 종료

17. 와인딩 종료

18. 앞머리는 자연스런 흐름을 위해 45° 와인딩

19. 컬 테스트

20. 중화제 도포

21. 롯드 아웃

22. 롯드 아웃

23. 롯드 아웃

24. 롯드 아웃

25. 롯드 아웃

26. 샴푸 후 웨이브 상태

27. 샴푸 후 웨이브 상태

18. 믹스 펌 6

자연스런 움직임을 주는 웨이브로 세련미가 넘치며 귀엽고 발랄한 헤어 스타일.

펌 시술시 체크사항

약액 및 롯드 선정
약액 : 시스테인
롯드 : 나무롯드 2호, 3호, 4호

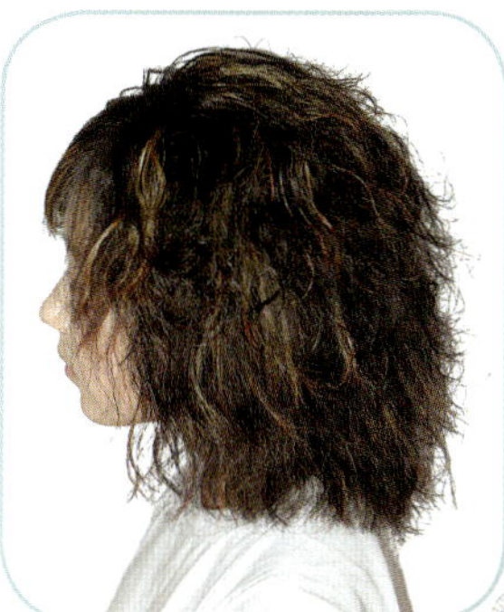

after

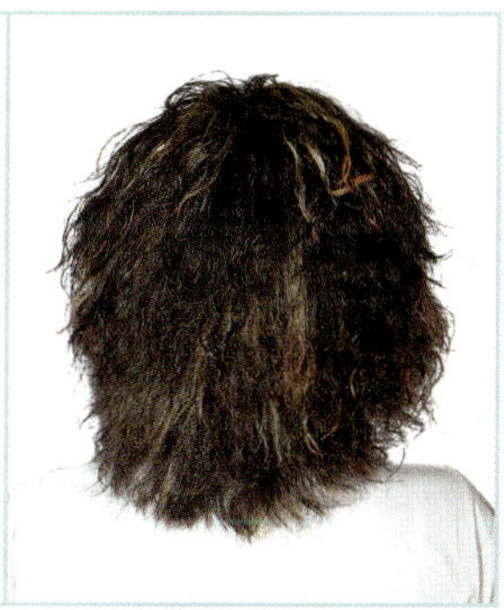

|Top|
볼륨을 주기위해
135°스파이럴 와인딩

|Front|
자연모발 그대로 둔 상태
커트시 질감처리만으로
자연스러움 연출

|Side|
사선슬라이스에 트위
스트 와인딩과 사선
크로키놀 와인딩을
믹서하여 시술한다.

|Back|
컬의 처짐을 방지하기
위해 스파이럴 와인딩과
트위스트 와인딩

|Nape|
길이가 짧아짐을 방지
하기 위해 큰 롯드 2호
롯드로 사선 슬라이스
하여 스파이럴 와인딩

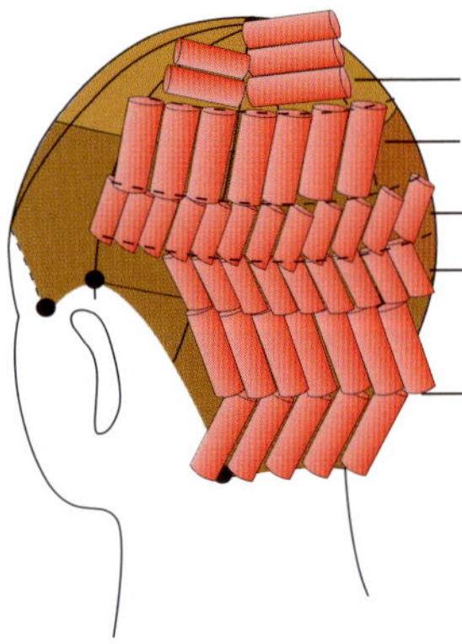

1. 퍼머약 도포

2. 손상모(트리트먼트)+건강모 구별하여 퍼머약 도포

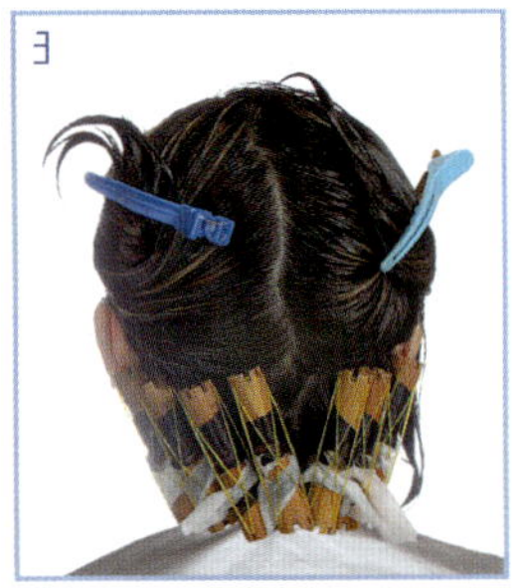
3. 브록킹 타서 네이프부분부터 와인딩 시작

4. 둘째단도 와인딩이 끝난 상태

5. 모근부부터 와인딩

6. U라인에는 135°로 와인딩 해 놓은 상태

7. 사이이도 브록킹을 탄 후 와인딩

8. 와인딩 종료

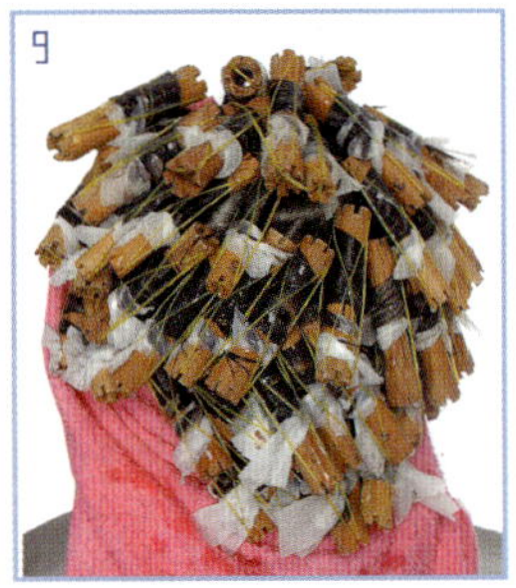
9. 퍼머약 도포하여 열처리 10분, 자연방치 10분

10. 롯드 아웃

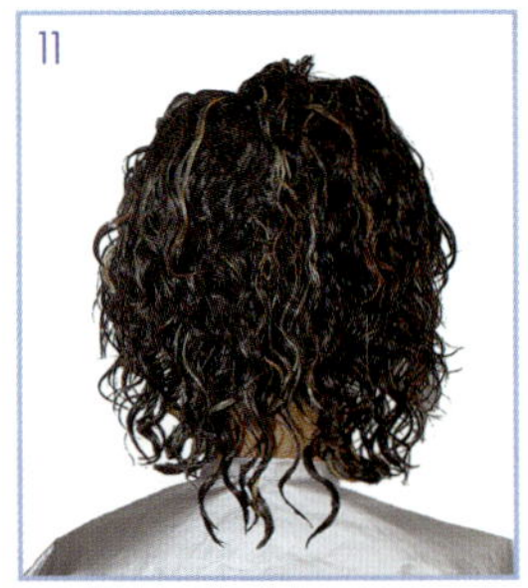
11. 샴푸 후 컬의 상태

12. 샴푸 후 컬의 상태

19. 믹스 펌 7

뒷손질이 편한 스타일을 만들기 위해 컷의 형태에 살짝 웨이브만 넣은 스타일.

펌 시술시 체크사항

약액 및 롯드 선정
약액 : 치오클리콜산
롯드 : U자 롯드, 타원형 롯드

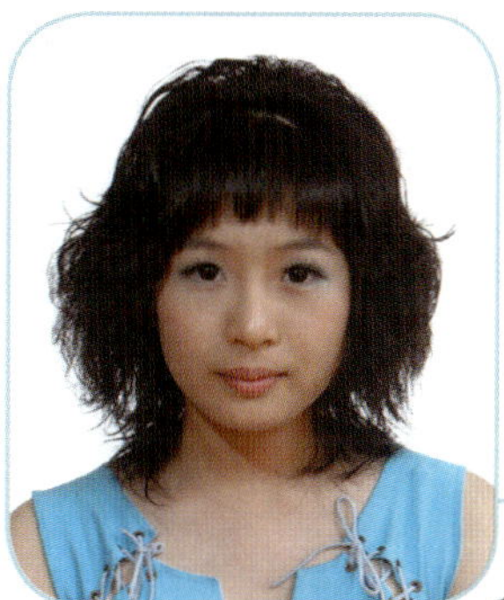

after

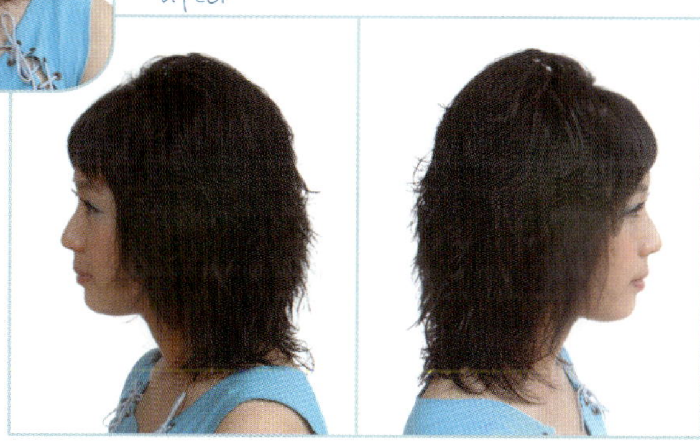

|Top|
볼륨을 주기 위해 타원형 롯드로 135° 와인딩

|Front|
앞부분은 플랫트컬 핀컬 펌

|Back|
손질편한 자연스런 웨이브를 위해 U자 롯드로 지그재그하며 와인딩

|Side|
자연스런 흐름을 위해 타원형 롯드 와인딩

|Nape|
길이가 짧아지는 것을 원치 않기에 큰 타원형 롯드로 와인딩

1. 시술전

2. 퍼머약 도포

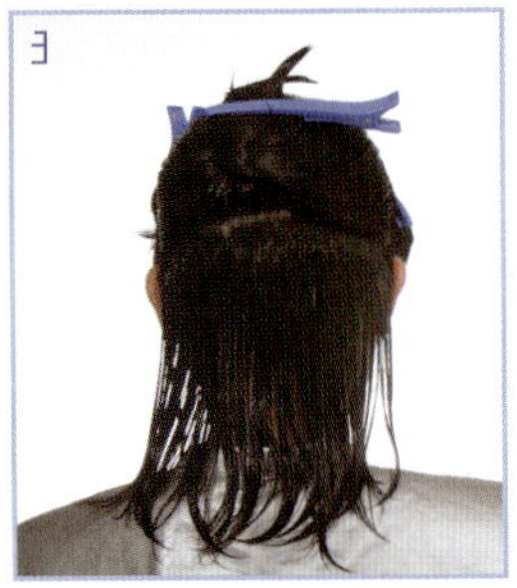
3. 전체 스타일을 결정하고 브로킹타기

4. 네이브 부분 먼저 타원형 롯드로 크로키놀 와인딩

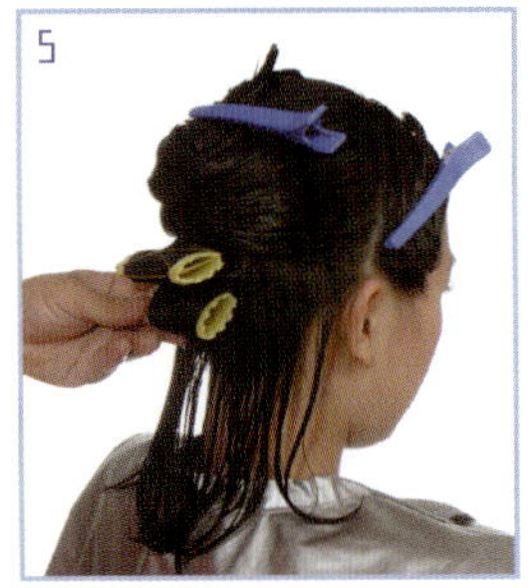
5. 롯드를 고정시키기 위해 고무줄 끼우기

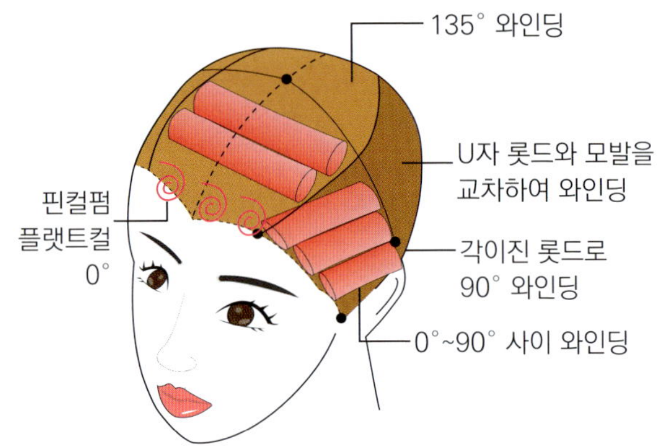

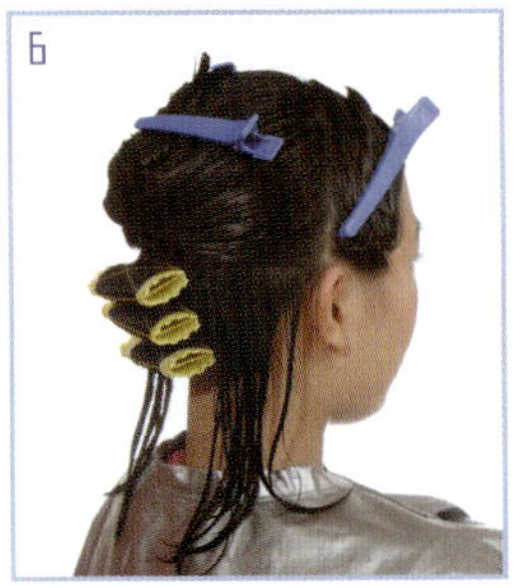
6. 네이프에 와인딩이 된 상태

7. 자연스러움을 줘기위해 U자 롯드로 지그재그하면서 와인딩

8. U자 롯드로 머리다발을 교차하여 와인딩한다.

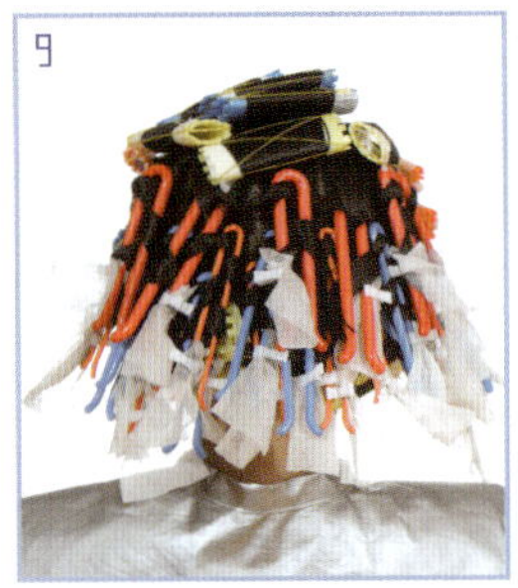
9. 두상이 튀어나온 부분만 U자 롯드로 와인딩. U라인 영역은 타원형 롯드로 와인딩된 상태

10. 롯드를 믹서하여 와인딩이 된 상태

11. 옆선은 타원형 롯드와 앞머리는 핀컬하여 와인딩이 된 상태

12. 핀컬 펌(플랫트 컬)이 된 상태

13. 방향감을 주기 위해 앞머리는 핀컬 펌

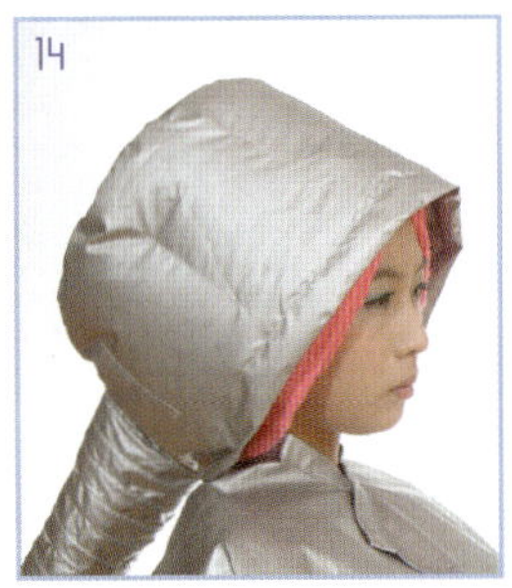
14. 퍼머약 도포하여 열처리 10분, 자연방치 10분

15. 컬 테스트 후 중화제 도포

16. 롯드 아웃

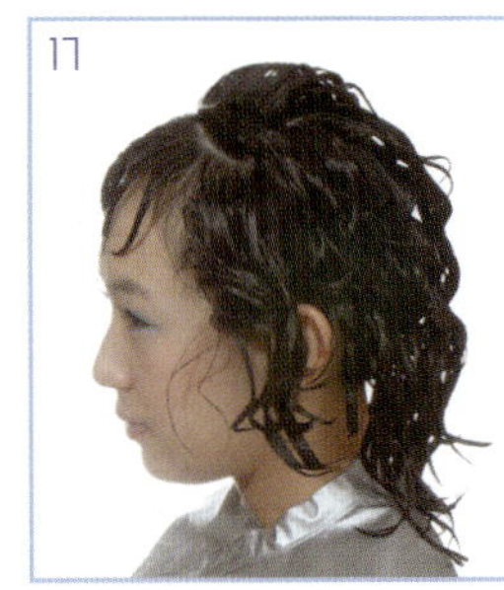
17. 롯드 아웃

20. 스트레이트 펌

차분한 여성스러움과 부드러운 표정이 매력인 헤어 스타일.

펌 시술시 체크사항

약액 및 롯드 선정
약액 : 치오클리콜산
롯드 : 스트레이트 판넬

Before

after

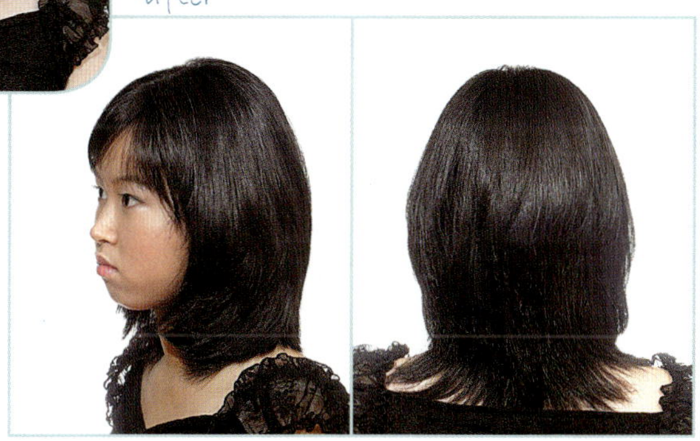

|Front|
뿌리 볼륨과 스트레이트롤을 원하기 때문에 모발을 앞쪽으로 45°스트레이트 와인딩

|Side|
모근부의 갈라짐을 피하기 위해 사선 슬라이스로 패널을 부착한다.

|Top|
스트레이트 패널을 모근부를 135°로 들어서 스트레이트 패널을 부착한다.

|Back|
모근부의 볼륨을 위해 모근부 모발을 135°로 들어서 패널을 부착한다.

|Nape|
스트레이트 컬을 위해 곱게 빗질하여 패널을 부착한다.

1. 퍼머약 도포

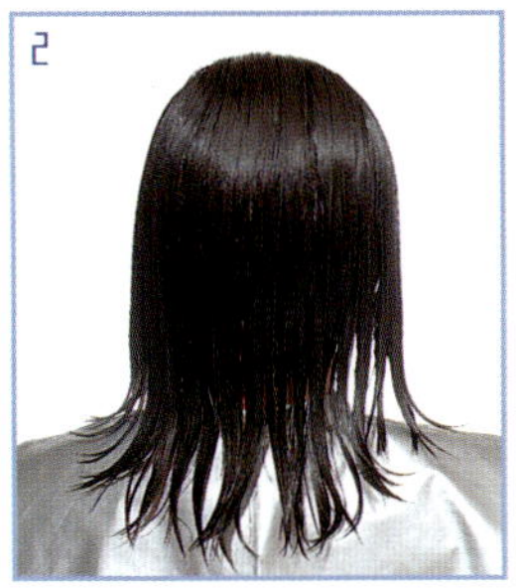

2. 컬을 풀리기 위해 촘촘히 빗질하며 퍼머약 도포

3. 슬라이스를 떠가면서 스트레이 펌 판넬 부착

4. 한 판넬을 끌어내어 퍼머약을 바른다.

5. 빗질하면서 판넬에 부착할 준비를 한다.

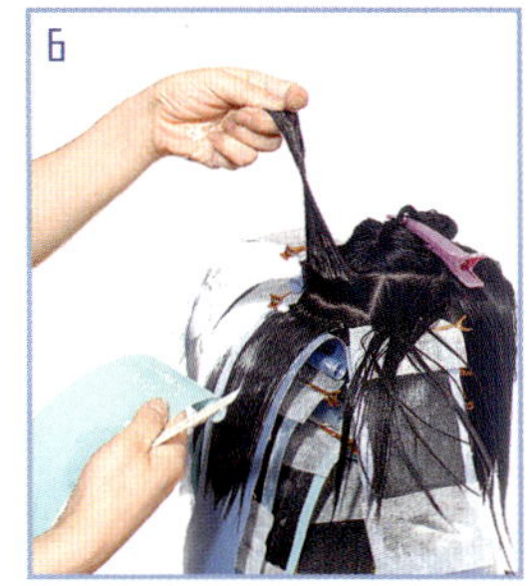

6. 뿌리에 밀착하여 부착한다.

7. 모발을 들어올린 상태에서 판넬을 두피에 밀착한다.

8. 판넬에 밀착하여 빗질한다.

9. 모발과 판넬을 최대한 밀착할 수 있도록 빗질한다.

10. 모근부분에서 습지부착

11. 나머지 부분은 다시 한번 빗질한다.

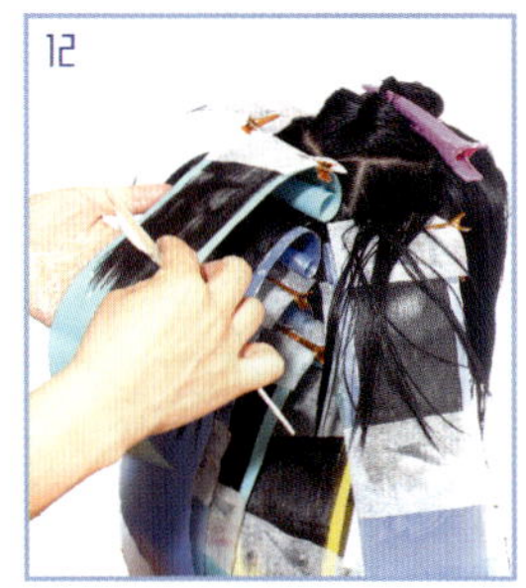

12. 모발끝까지 정성을 다한다.

13. 모발끝부분에도 습지를 부착 한다.

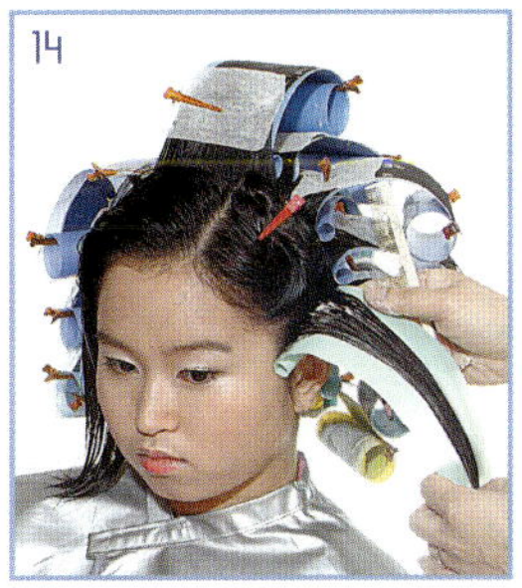

14. 사이드부분도 스트레이트 판넬을 두피에 밀착한다.

15. 끝부분에 롤을 만들기 위해 습지를 부착한다.

16. 끝부분에 롤을 만들어 준다.

17. 롤을 고정하기위해 핀컬핀을 꽂는다.

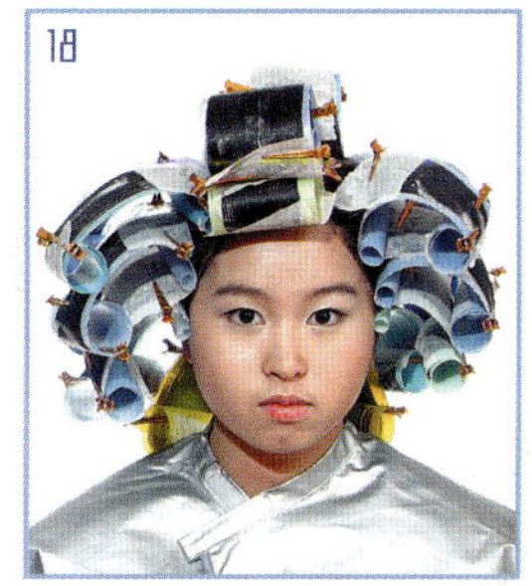

18. 와인딩 종료

19. 와인딩 종료

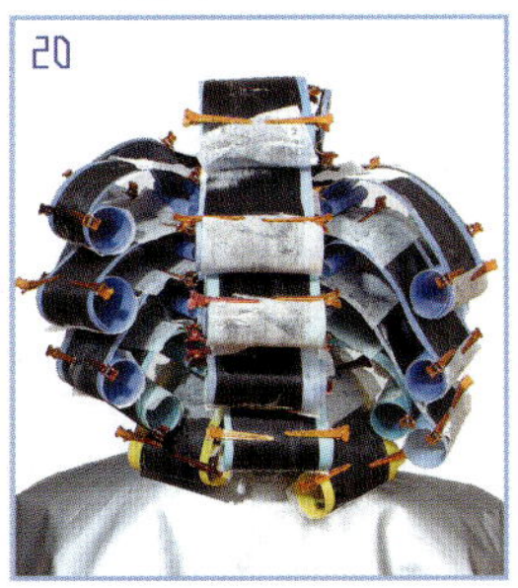

20. 와인딩 종료

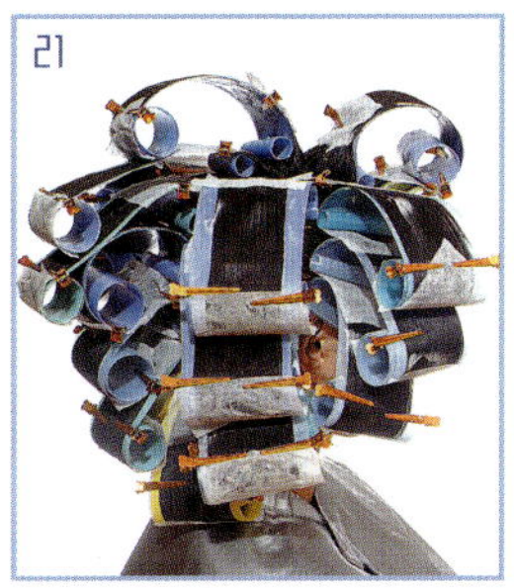

21. 와인딩 종료

22. 롯드 아웃

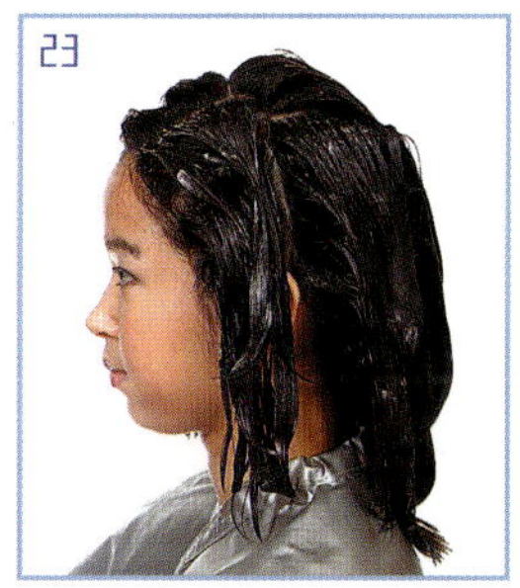

23. 롯드 아웃

24. 롯드 아웃

21. 일반 셋팅 펌

어깨위에서 자연스러운 웨이브를 주어 부드러운 분위기를 만들어내는 헤어 스타일.

펌 시술시 체크사항

약액 및 롯드 선정
약액 : 시스테인
롯드 : 세라믹 1호, 2호, 3호

Before

after

|Top|
볼륨을 주기위해 135° 사선슬라이스에 스파이럴 와인딩

|Front|
자연모발 그대로 둔 상태 커트시 질감처리로만 자연스러움 연출

|Back|
얼굴쪽으로 모발을 당기면서 사선 슬라이스에 3바퀴 크로키놀 와인딩

|Side|
얼굴쪽으로 모발을 끌어 당기면서 사선 슬라이스에 크로키놀 와인딩(3바퀴)

|Nape|
어깨선의 컬의 자연스러움을 위해 3바퀴, 크로키놀 와인딩

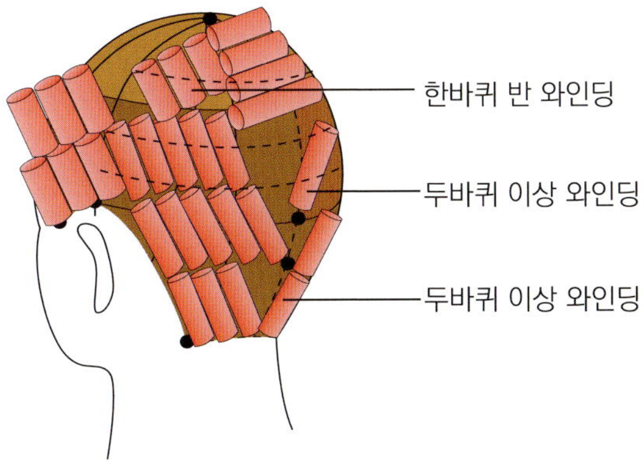

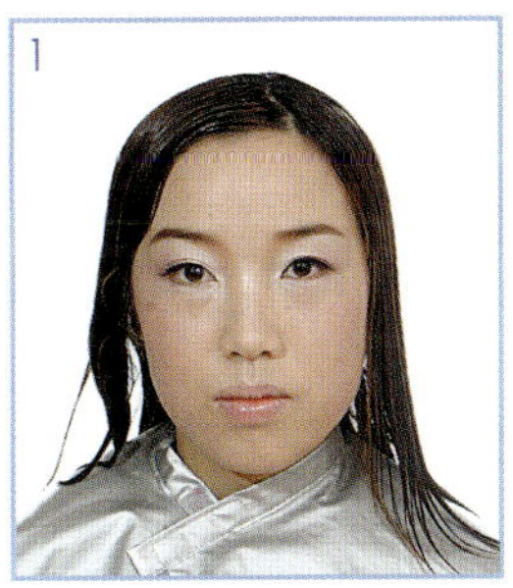

1. 퍼머약 도포

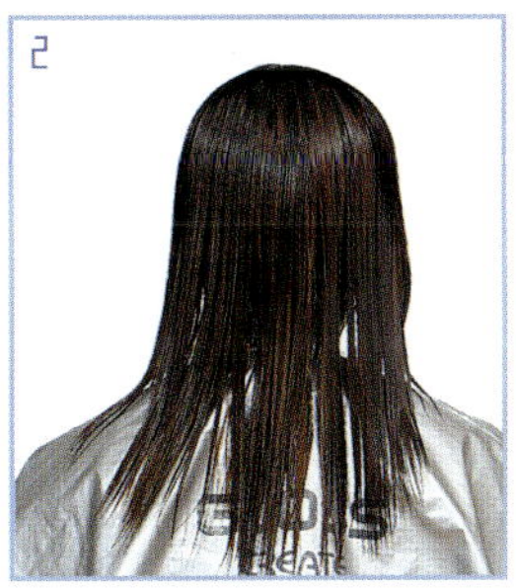

2. 건강모, 손상모 구별하여 도포한다.

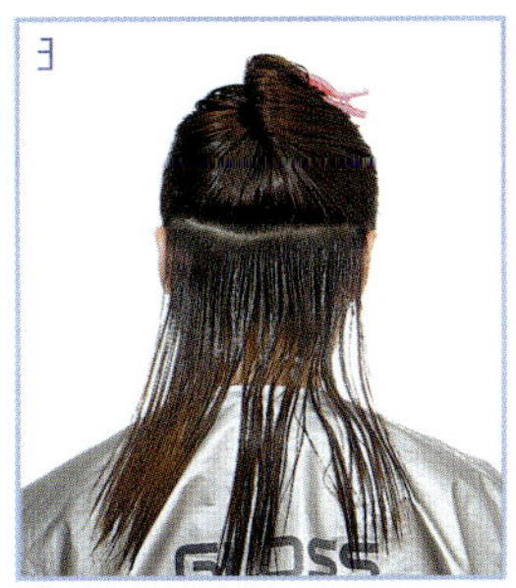

3. 퍼머 시작하기 전에 브록킹 타기

4. 얼굴쪽으로 모발을 당기면서 빗질한다.

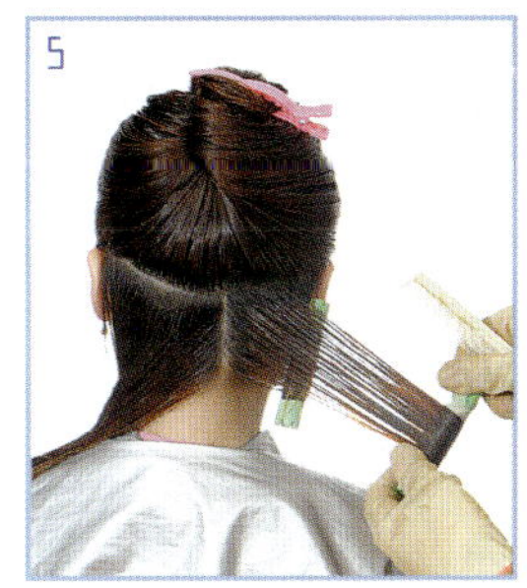

5. 사선으로 바퀴수를 세어가면서 와인딩

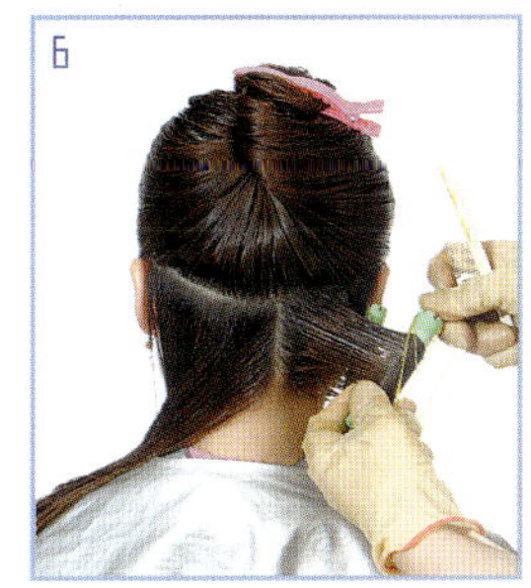

6. 롯드를 고정하기 위해 고무줄을 끼운다.

7. 두상 모양대로 브록킹 타기

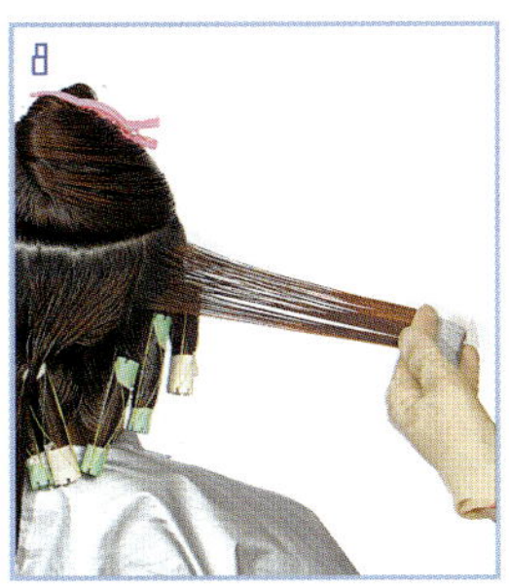

8. 얼굴쪽으로 모발을 당기면서 와인딩

9. 세바퀴만 돌려서 와인딩

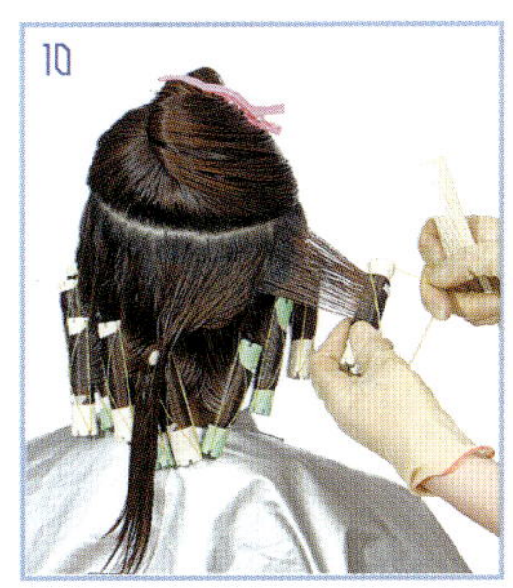

10. 롯드를 고정하기 위해 고무줄 끼우기

11. U라운드를 만들어가며 롯드를 얹는다.

12. 브록킹과 롯드가 놓여있는상태.

13. 다음단을 좀 더 큰 롯드로 와인딩

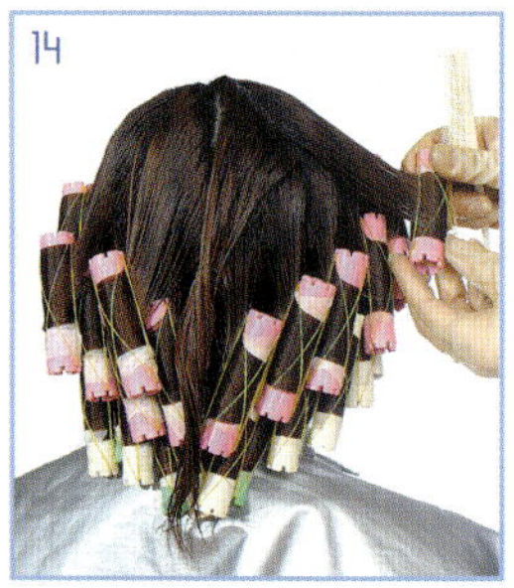

14. 롯드를 고정하기 위해 고무줄을 끼운다.

15. U라인대로 롯드가 놓인상태

16. 와인딩 종료

17. 와인딩 종료

18. 와인딩 종료

19. 열처리 10분, 자연방치 10분. 컬 테스트 후 중화제 도포

20. 롯드 아웃

21. 롯드 아웃

22. 롯드 아웃

23. 롯드 아웃

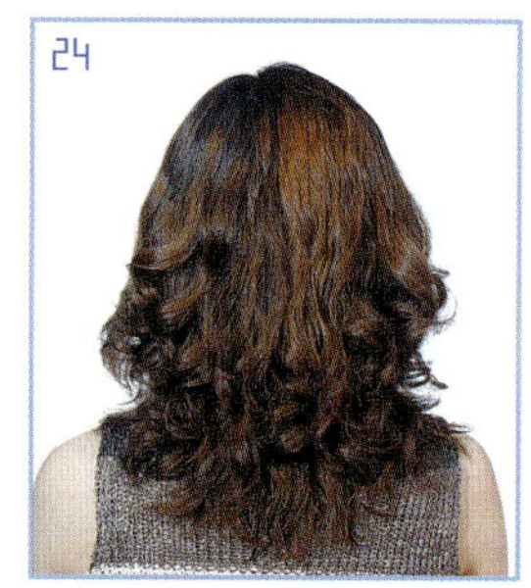

24. 마무리 상태

22. 우드 펌

꾸밈없는 스타일링으로 화려함과 섹시함이 돋보이는 느슨한 웨이브의 헤어 스타일.

펌 서술시 체크사항

약액 및 롯드 선정
약액 : 치오클리콜산
롯드 : 나무 롯드 2호, 3호, 4호

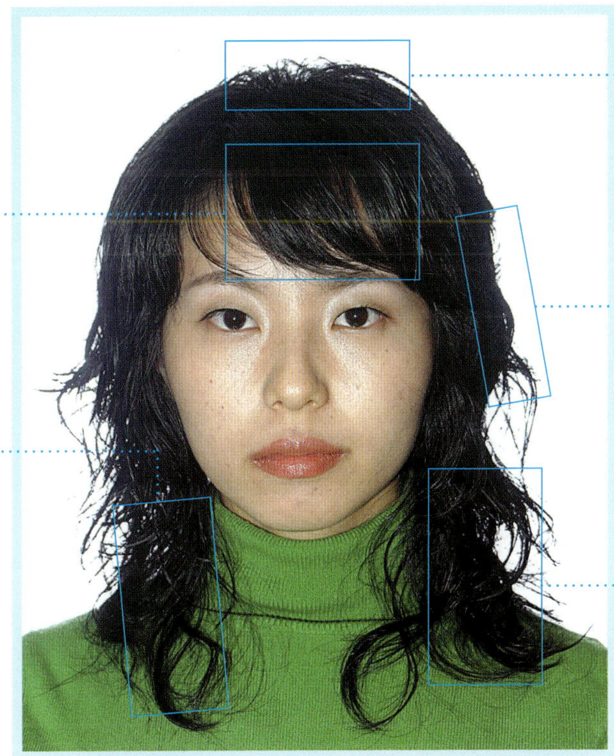

|Top|
최대한의 볼륨을 위해
135° 피기백 와인딩

|Front|
앞 으로 흐름을 위해
45° 크로키놀 와인딩

|Back|
자연스런 웨이브를
위해 사선 슬라이스
에 크로키놀 와인딩

|Side|
모근부의 갈라짐을 방지
하기 위해 사선 슬라이스에
크로키놀 와인딩

|Nape|
길이의 축소방지와 자연스
런 흐름을 위해 교대하여
크로키놀 와인딩

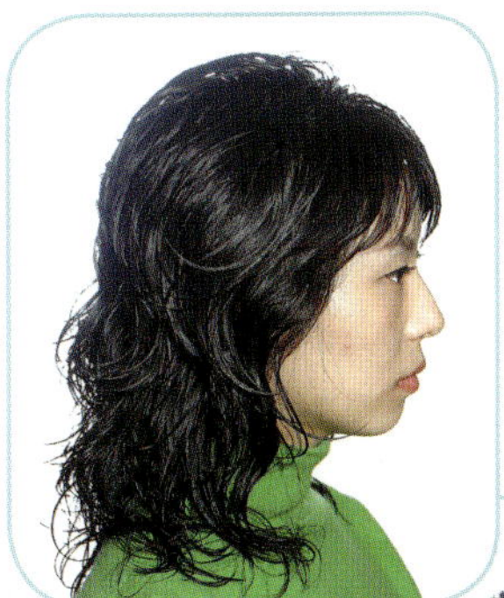

after

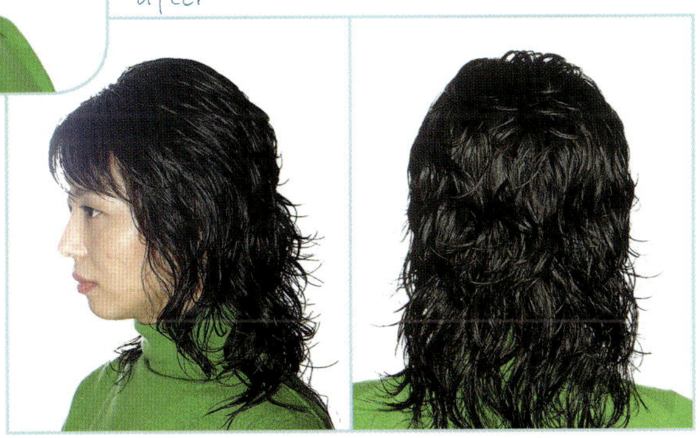

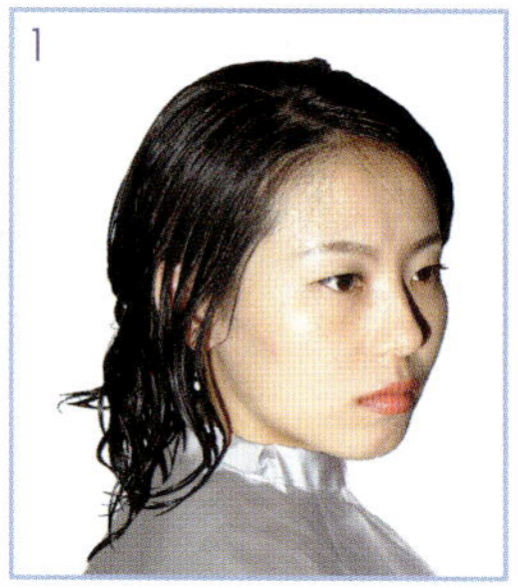

1. 퍼머약 도포

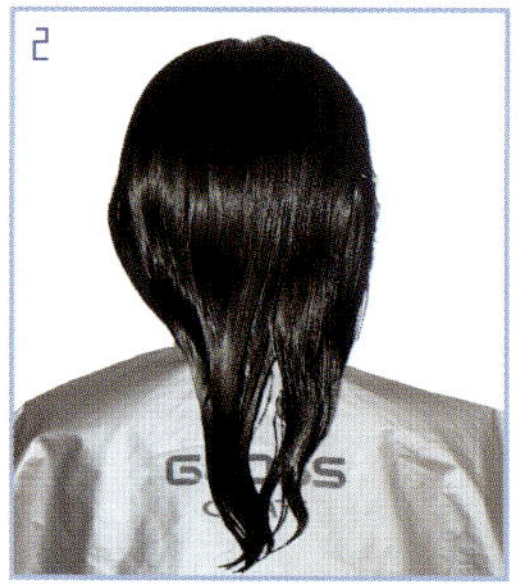

2. 건강모, 손상모를 구별하여 퍼머약 도포

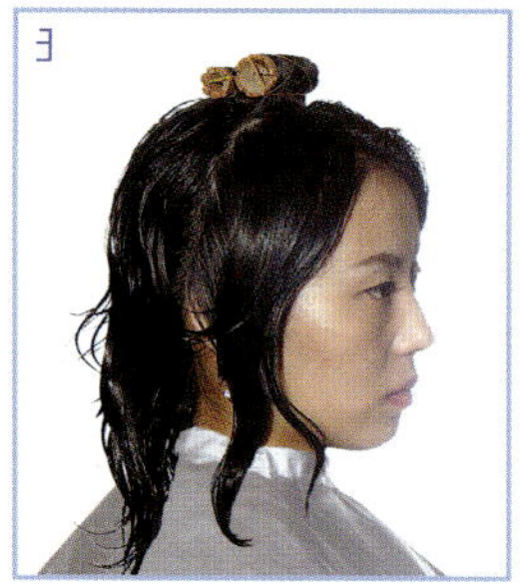

3. 가르마 부분에 볼륨을 주기위해 피기백 와인딩

4. 실루엣에 맞추어서 브록킹타기

5. 포워드방향으로 사선 와인딩

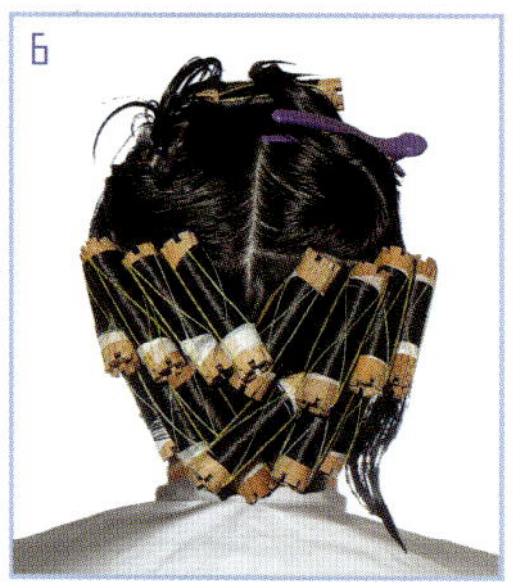

6. 다음단도 포워드 방향으로 사선 와인딩

7. 볼륨을 최대로 주기위해 135° 와인딩

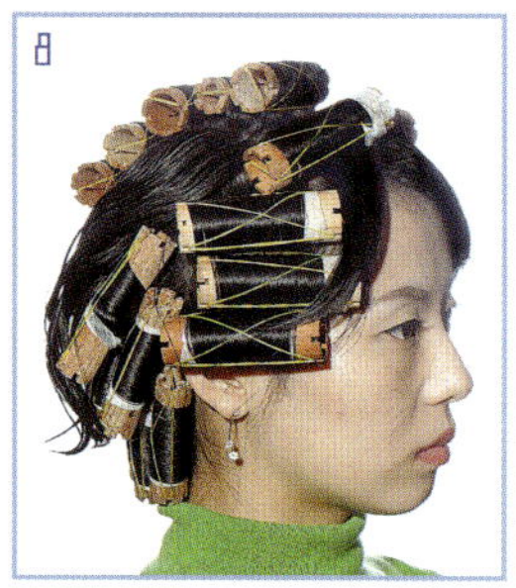

8. 옆선은 흐름을 주기위해 45° 와인딩

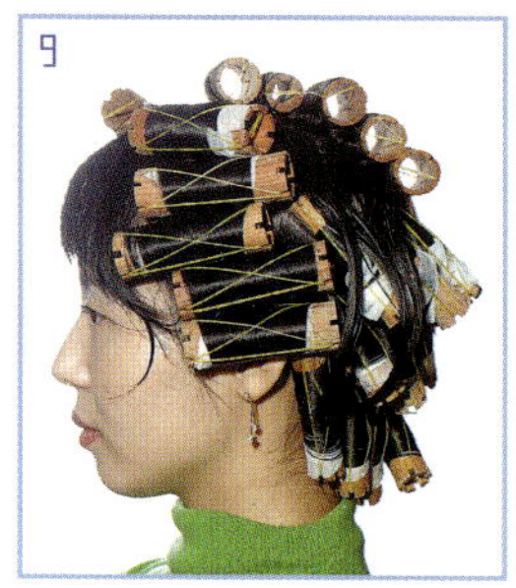

9. 다른쪽 방향도 45° 와인딩

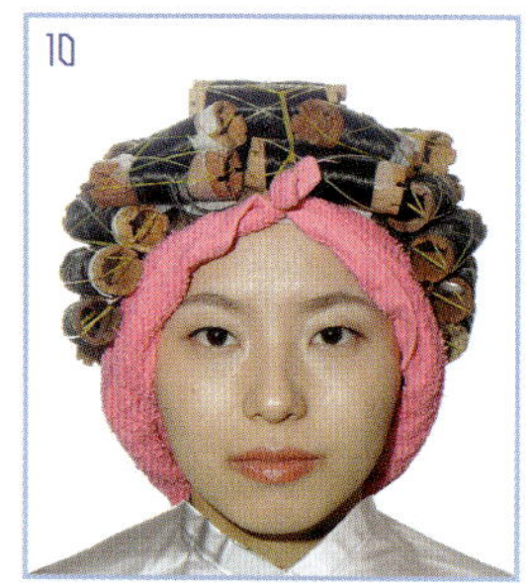

10. 와인딩 종료

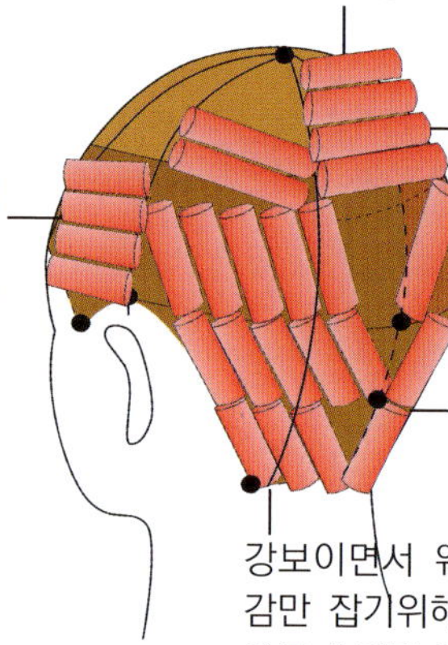

11. 와인딩 종료

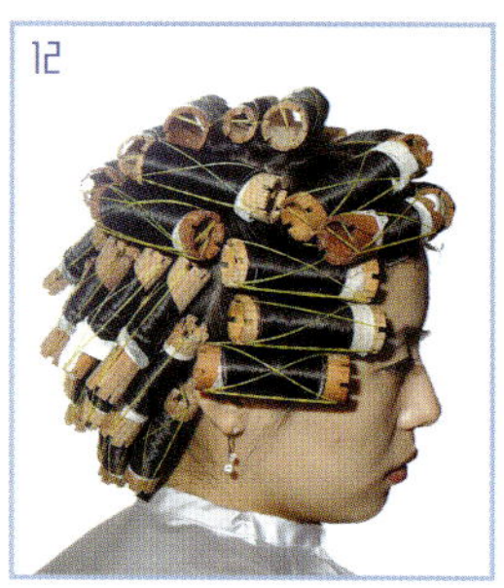

12. 와인딩 종료

13. 와인딩 종료

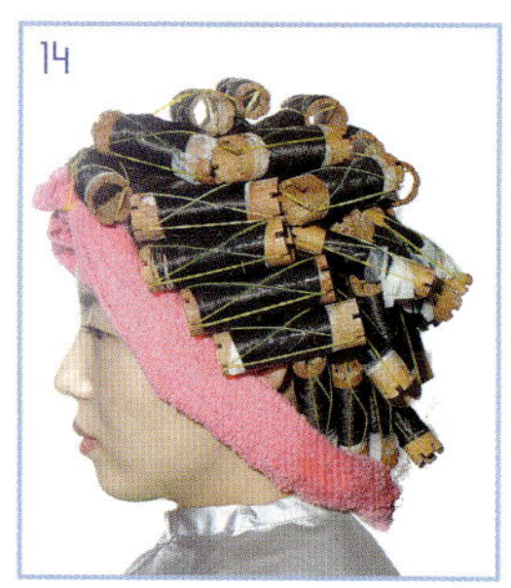

14. 퍼머약 도포하여 열처리 10분, 자연방치 10분 후 중화제 도포

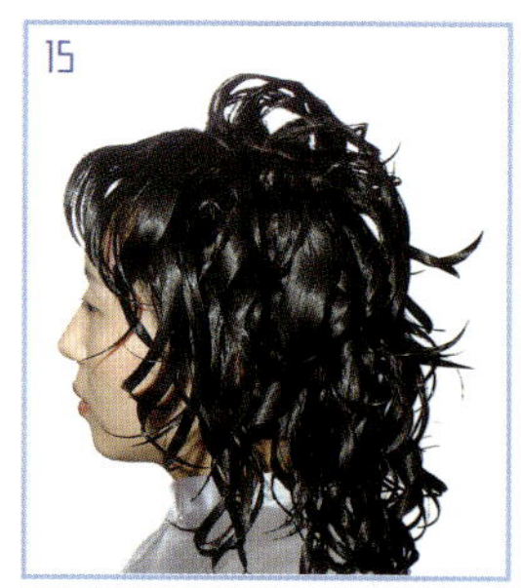

15. 롯드 아웃

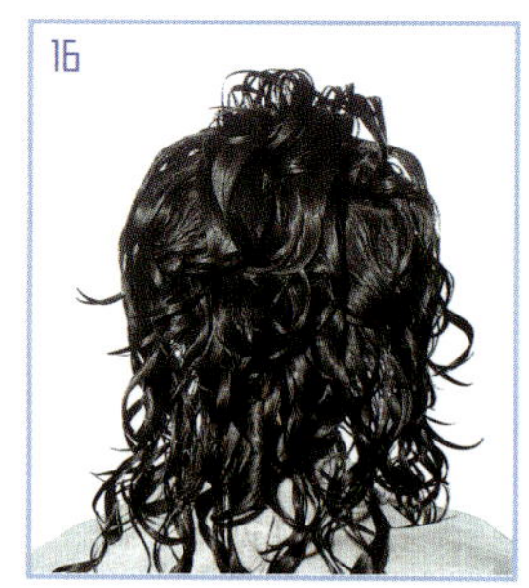

16. 롯드 아웃

17. 롯드 아웃

23. 믹스 펌 1

스파이럴 퍼머로 긴 실루엣에 입체감과 자연스러움을 우아하게 연출한 롱 헤어 스타일.

펌 시술시 체크사항

약액 및 롯드 선정
약액 : 치오시스
롯드 : 3호, 4호, 5호

Before

after

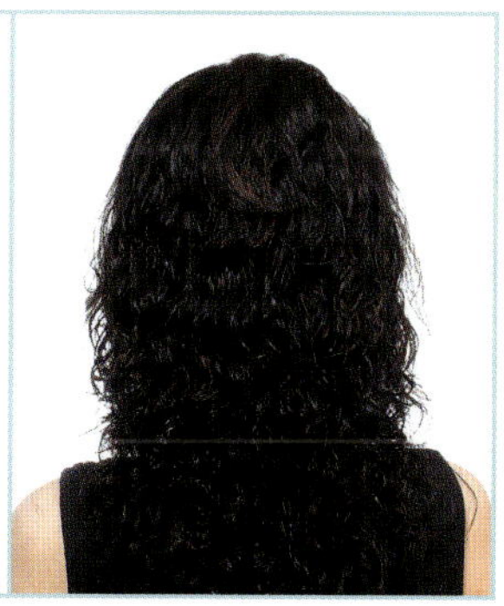

|Front|
자연스런 흐름을 위해 가르마 부분에서 2cm씩 떠서 크로키놀 45° 와인딩

|Side|
두피부분의 갈라짐과 자연스런 흐름을 위하여 사선 슬라이스 하여 크로키놀 와인딩

|Top|
가르마선 바로 윗선에 최대한의 볼륨을 위해 피기백 135° 와인딩 (롯드 차이는 3호정도)

|Back|
컬의 처짐을 방지하기 위해 스파이럴 와인딩에 트위스트 와인딩을 믹스하여 90° 와인딩

|Nape|
선의 자연스러움을 위하여 좌·우 교차하여 크로키놀 와인딩

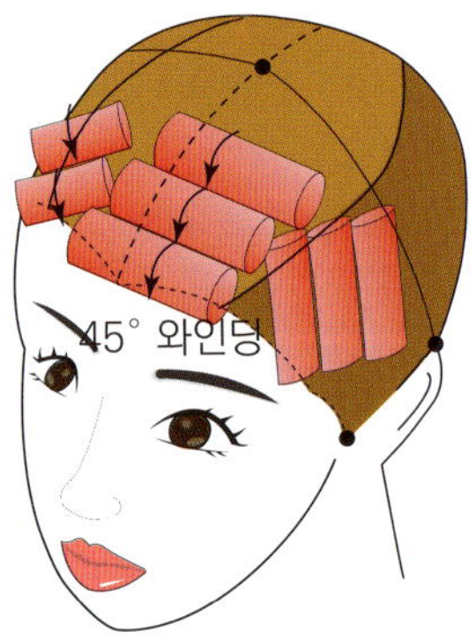

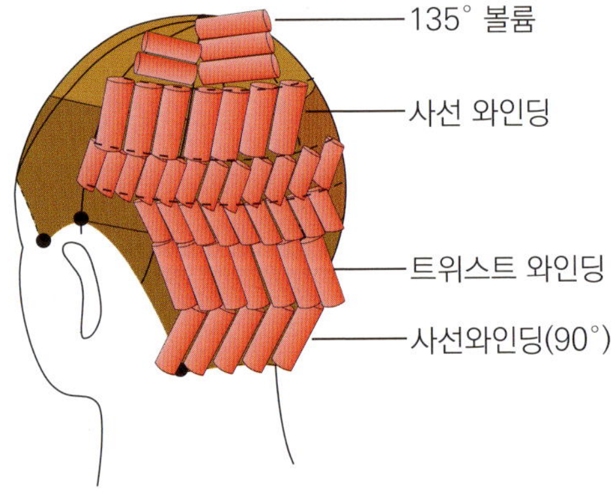

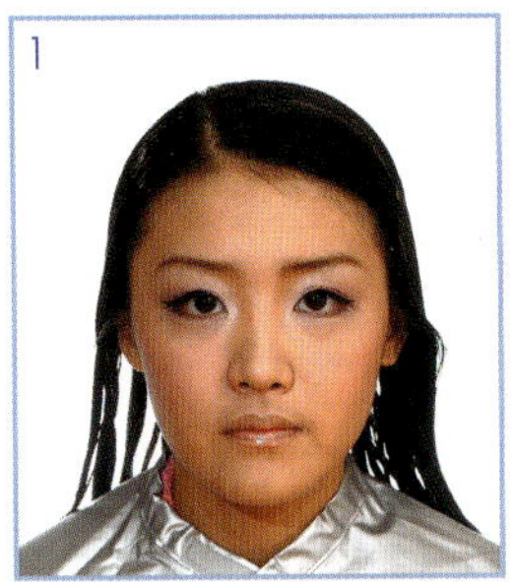
1. 퍼머약 도포

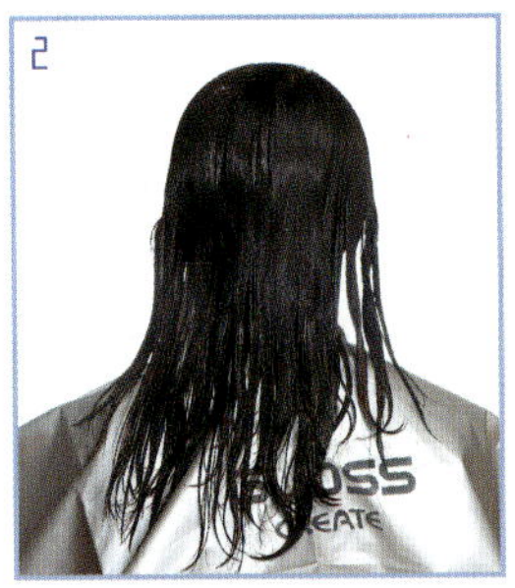
2. 건강한모발, 손상모를 구별하여 퍼머약 도포

3. 건강한모발 네이프부분 부터 브록킹을 한다.

4. 롯드폭만큼 사선 슬라이스하여 사선 와인딩

5. 호리존탈파팅은 롯드길이의 반만큼 파팅을 떠서 와인딩

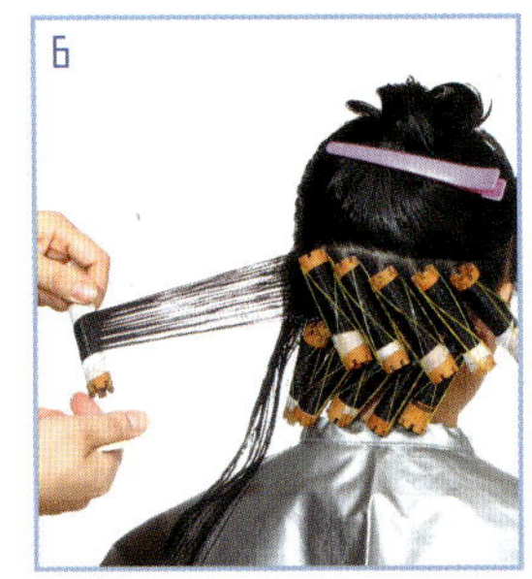
6. 교차하여 와인딩 하여야 선의 흐름이 자연스럽기 때문에 한 단은 왼쪽, 또 그 윗단은 오른쪽 교차하여 와인딩

7. 사선으로 롯드를 감싸며 45°로 와인딩

8. 사선 슬라이스폭과 롯드와는 나란히 와인딩

9. 사선으로 롯드가 나란히 있도록 고무줄을 감싼다.

10. 크레스트 아래지역은 웨이브가 처지는 것을 방지하기 위해 트위스트 와인딩

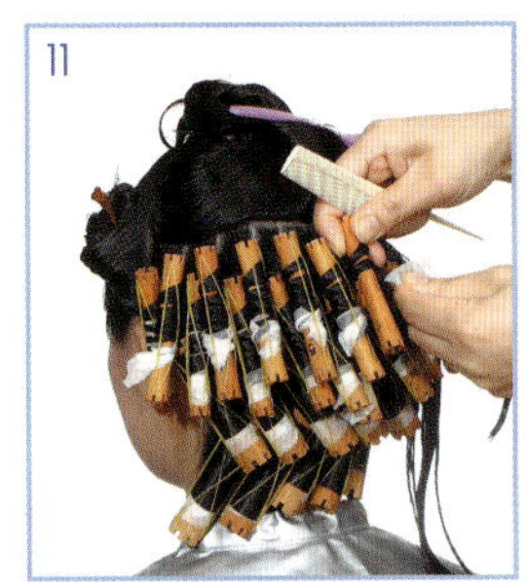
11. 롯드를 감싸며 회전을 시킨다.

12. 모발의 끝부분까지 트위스트 와인딩

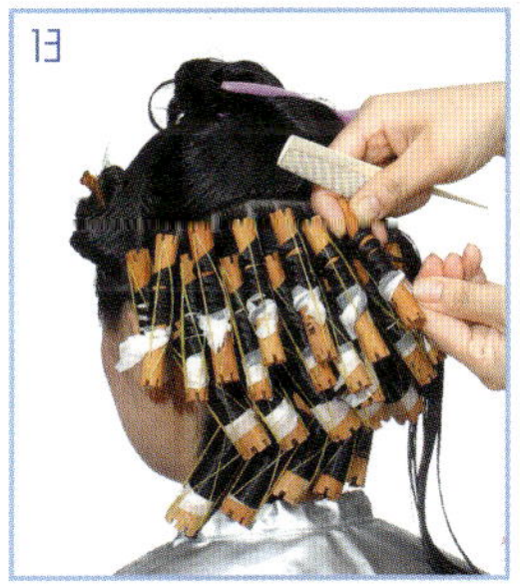

13. 끝부분을 깔끔하게 정리한다.

14. 롯드를 고정시키기 위해 고무줄을 끼운다.

15. 크레스트 윗지역은 자연스러운을 연출하기 위해 크로키놀 와인딩

16. 사선 슬라이스폭과 롯드를 나란히 한다.

17. 롯드의 고정을 위해 고무줄을 끼운다.

18. 믹스하여 와인딩이 된 상태

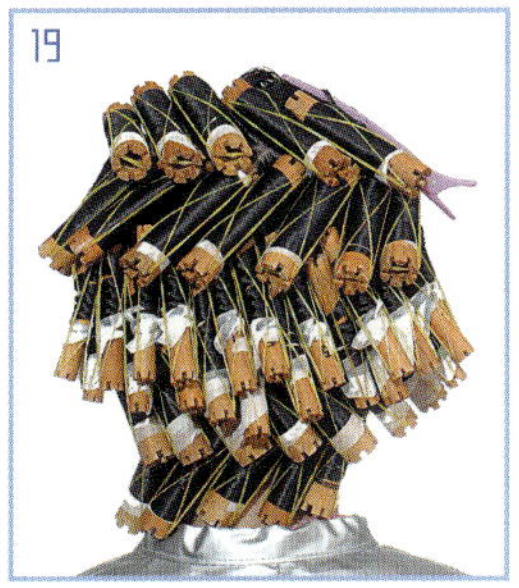

19. 교차하여 크로키놀 와인딩

20. 최대한의 볼륨을 주기 위해 피기백의 준비, 앞머리 양이 좀 더 많고 뒤가 좀 적게 나눈다.

21. 큰롯드를 앞에, 3호보다 적은 롯드는 뒤에 피기백으로 와인딩

22. 웨이브흐름이 처지기 때문에 트위스트 와인딩

23. 모선부분부터 트위스트 와인딩

24. 모발이 꼬임이 없게 트위스트 와인딩

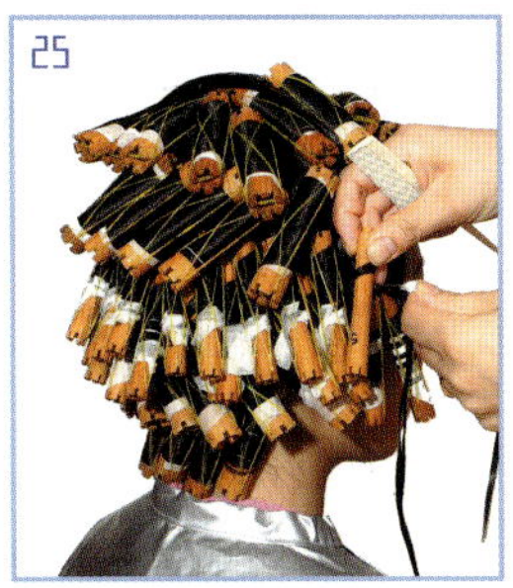
25. 또 다음단은 모근부터 트위스트 와인딩

26. 롯드의 고정을 위해 고무줄을 끼운다.

27. 와인딩이 끝난상태(옆모습)

28. 와인딩이 끝난상태(앞모습)

29. 와인딩이 끝난상태(옆모습)

30. 와인딩이 끝난상태(뒷모습)

31. 열처리 10분 후 자연방치 10분

32. 컬 테스트 후 중화제 도포

33. 롯드 아웃 후(앞모습)

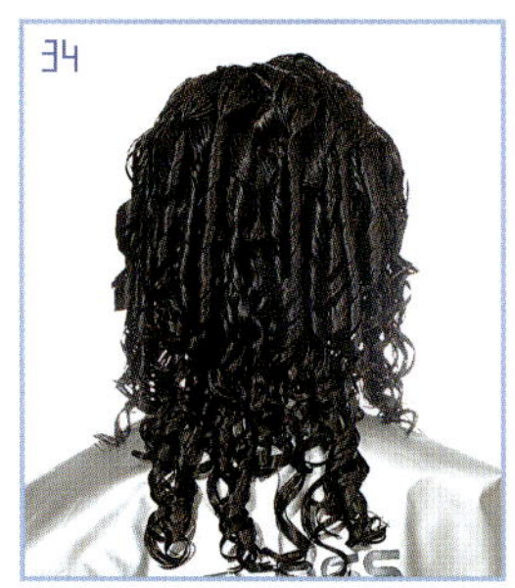
34. 롯드 아웃 후(뒷모습)

35. 롯드 아웃 후(옆모습)

36. 롯드 아웃 후(옆모습)

24. 믹스 펌 2

3종류의 롯드와 3가지 와인딩 방법을 믹스하여 화려한 분위기와 풍성함을 연출한 롱 헤어 스타일.

펌 시술시 체크사항

약액 및 롯드 선정
약액 : 큐닉 크리닉펌
롯드 : 호일, 꼬마 롯드,
세라믹 2호, 4호, 5호

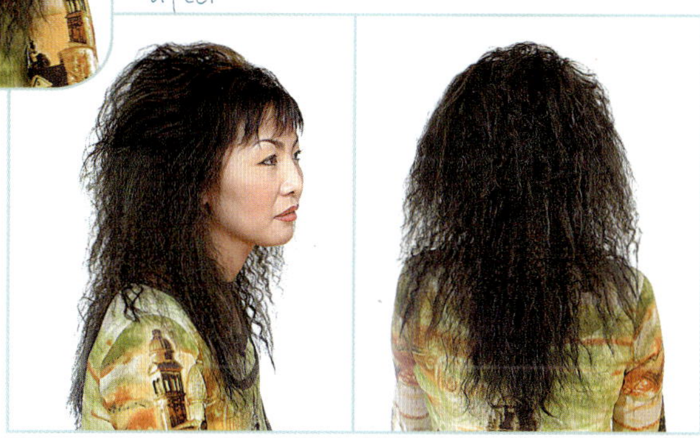

after

|Front|
2호 롯드나 핀컬로
앞쪽으로 흐름을 주기
45°각도로 크로키롤 와인딩

|Side|
풍성한 볼륨을 위해 모
근부 10cm 루트펌 그
이외의 모발은 트위스트
와인딩 + 크로키놀
+ 스파이럴 와인딩

|Top|
최대한 볼륨을 주기
위해 피기백
135° 와인딩

|Back|
풍성한 볼륨감을 주기
위해 모근부에는 루트펌
그 이외의 모발은 꼬마롯드
트위스트 와인딩

|Nape|
길이의 짧아짐 방지와 자
연스런 흐름을 위해 교차
하여 크로키놀 와인딩

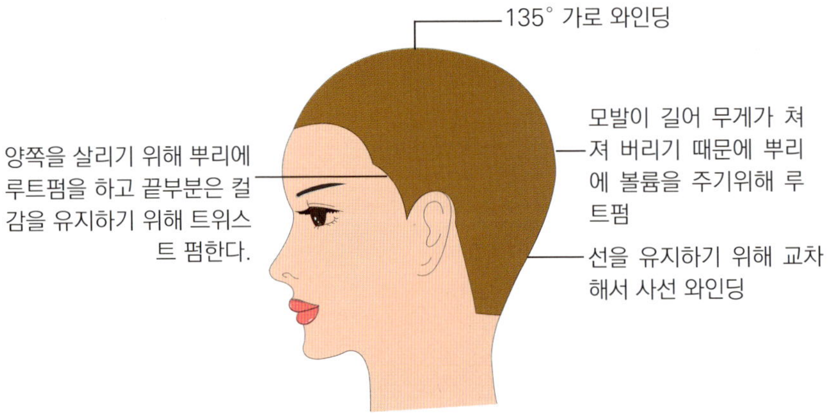

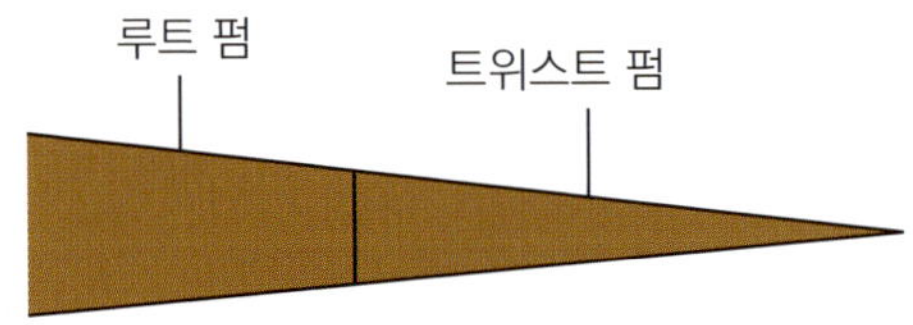

롱헤어 모발일 경우

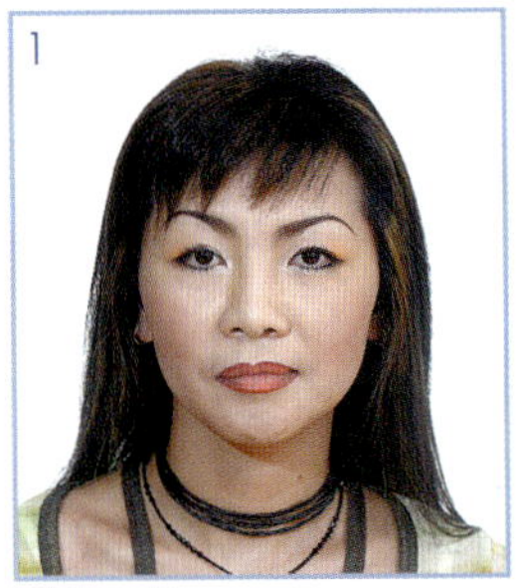
1. 시술 전

2. 퍼머약 도포

3. 실루엣에 맞추어 브록킹하여 네이프부터 와인딩 시작

4. 네이프에는 자연스런 흐름을 위해 사선 와인딩

5. 롯드의 폭만큼 슬라이스하여 스파이럴 와인딩

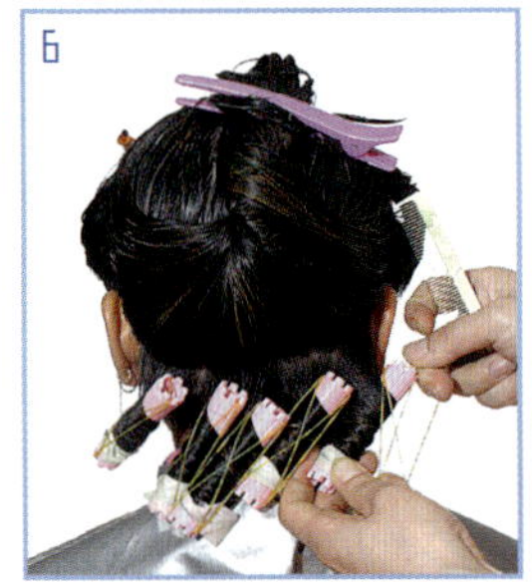
6. 롯드의 길이의 반만큼 호리존탈파팅으로 나누어서 사선 와인딩

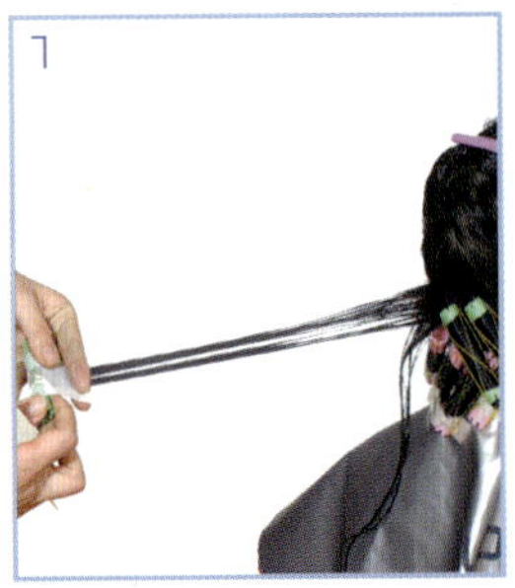
7. 다음단은 교차하여 모선부터 사선와인딩

8. 롯드폭만큼 사선 슬라이스를 떠서 사선와인딩

9. 롯드와 사선 슬라이스 방향이 일치하게 와인딩

10 .풍성한 웨이브를 주기 위해 뿌리 부분에 루트 펌

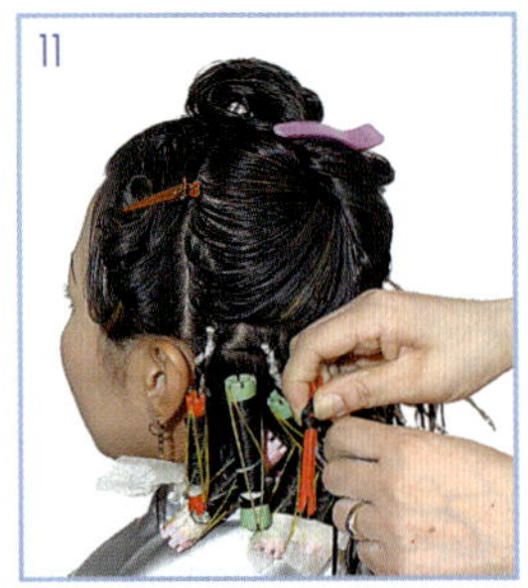
11. 루트펌을 제외한 부분에 트위스트 와인딩

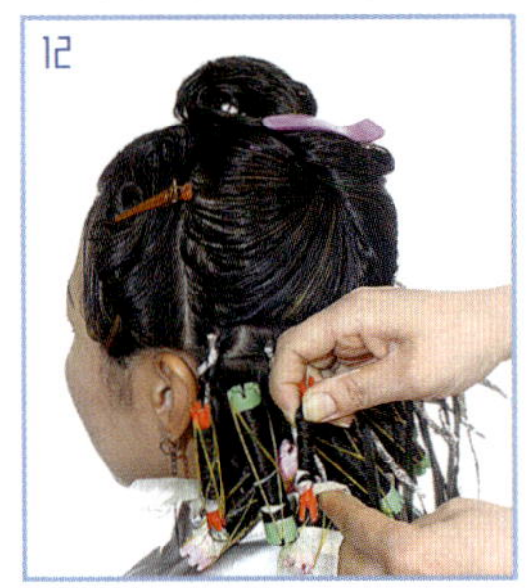
12. 양을 최소한 적게 잡아 적은 모량이 많게 보이게 와인딩

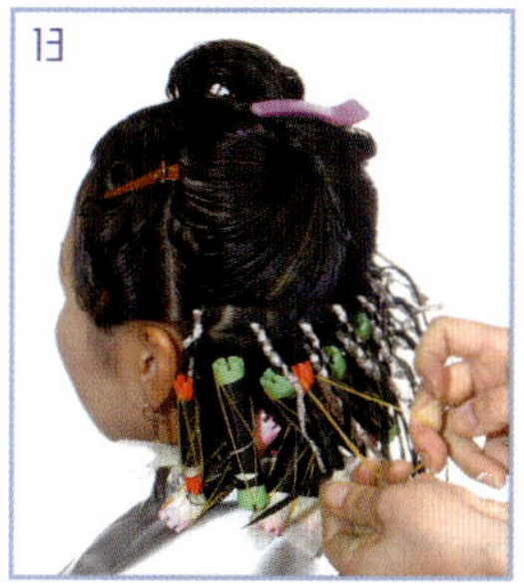

13. 트위스트 와인딩

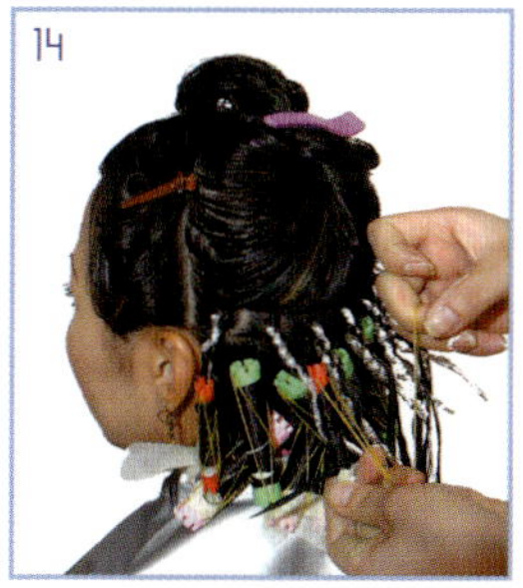

14. 머리카락이 꼬임이 많지 않게 트위스트 와인딩

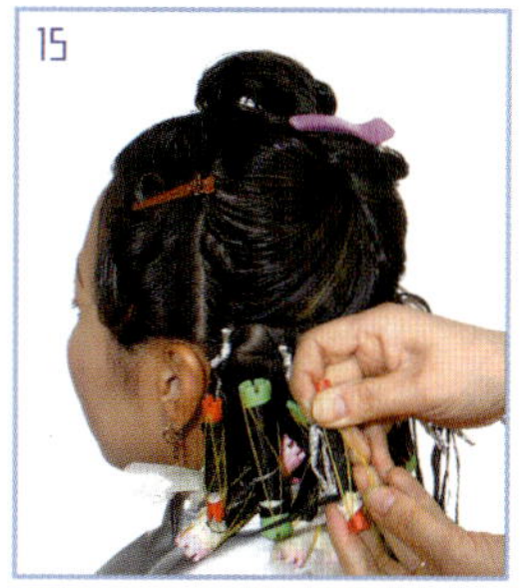

15. 슬라이스폭의 조절에 따라 트위스트 양이 조절된다.

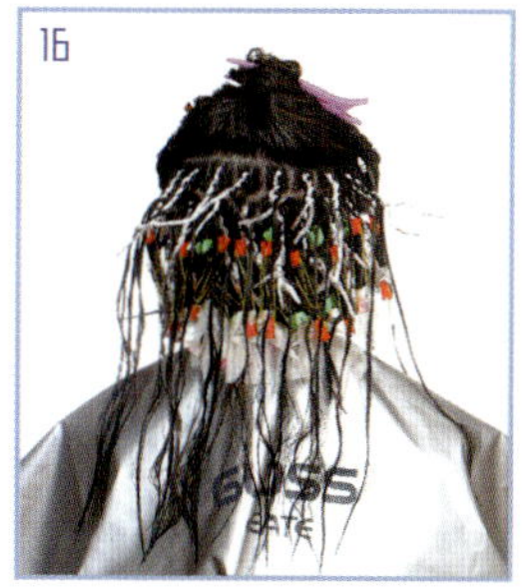

16, 슬라이스폭을 조절하여 크레스트지역에 볼륨을 최대로 주기위해 루트펌

17. 루트펌이 끝난 후 연장선 모발에 트위스트 와인딩

18. 슬라이스폭을 뜰때는 벽돌쌓기를 해야 갈라짐이 없다.

19. 루트펌 후 사선 와인딩

20. G. B. M. P 윗 지역을 자연스런 흐름을 위해 루트펌후 사선 와인딩

21. 와인딩이 끝난 상태(뒷모습)

22. 와인딩이 끝난상태, U 라인에는 최대한 볼륨을 주기위해 피기백 와인딩

23. 와인딩이 끝난 상태(앞모습)

24. 열처리 10분, 자연방치 10분 후 컬 테스트

25. 중화제 도포, 7분 7분 (2차 중화)

26. 롯드 아웃, 먼저 롯드를 푼 후 호일 제거

27. 롯드 아웃 후 컬의 상태

25. 위빙 펌

스트레이트와 강한 웨이브를 믹스하여 화려한 이미지를 연출하는 발랄한 롱 헤어 스타일.

펌 시술시 체크사항

약액 및 롯드 선정
약액 : 치오클리콜산
롯드 : 4호, 5호, 6호

after

|Top|
최고의 볼륨을 주기 위해 135° 와인딩

|Front|
자연스런 흐름을 위해 커트로서 질감처리만 이용

|Back|
강한 컬을 만들기 위해 90°로 꼬임이 많게 트위스트 와인딩

|Side|
스트레이트와 웨이브를 융합하여 만들기

|Nape|
길이가 짧아지는 것을 원치 않았기 때문에 첫단은 모발을 그대로 둔 상태에서 다음단 부터 와인딩

1. 퍼머약 도포(손상모, 건강모 나누어서)

2. 퍼머약 도포

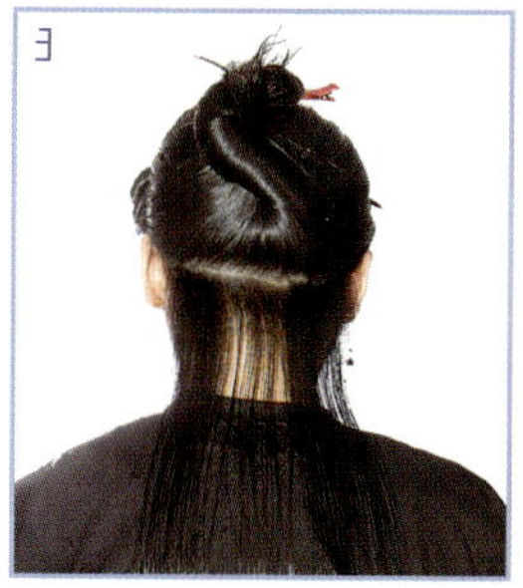
3. 브록킹을 한 후 밑단은 스트레이트 상태로 둔다.

4. 두번째단은 모근부부터 트위스트 와인딩

5. 셋째단은 스트레이트 상태로 둔다.

Tip

모발의 질감표현에 따라 전체적인 트위스트와 부분적인 트위스트를 잘 활용하여 사용하면 된다.

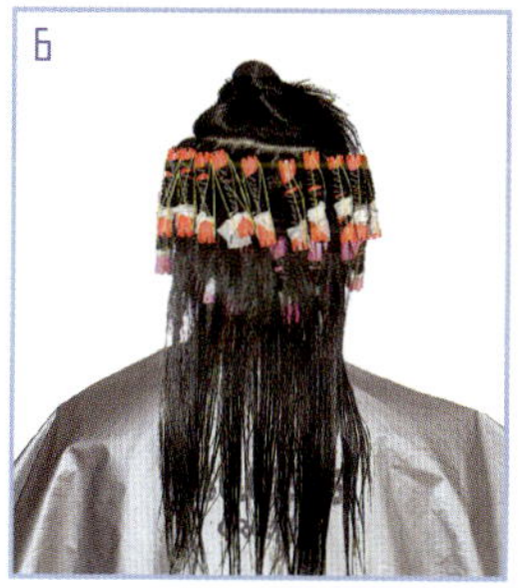
6. 밑단보다 롯드를 조금 더 큰 것으로 트위스트 와인딩

7. 다음단은 스트레이트 상태로 둔다.

8. 트위스트 와인딩

9. 와인딩 종료(사이드도 똑같은 방법으로.)

10. 와인딩 종료(옆부분도 동일한 방법으로.)

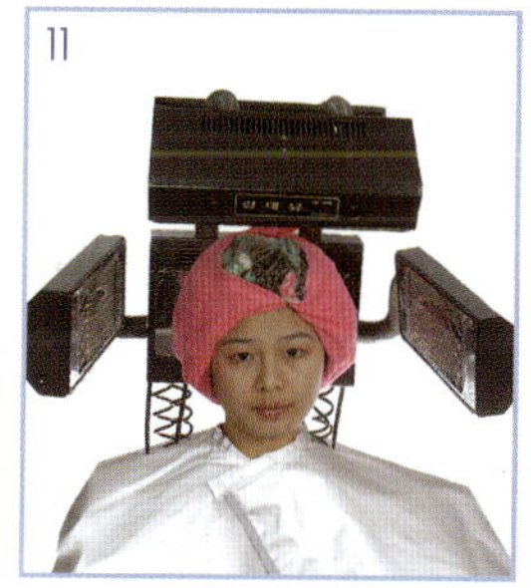
11. 열처리 10분 후, 자연방치 10분

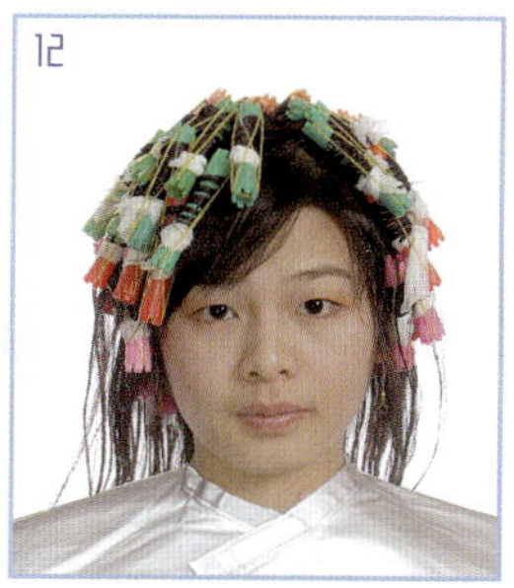
12. 중화제 도포(7분 후 7분)

13. 옆모습

14. 옆모습

15. 롯드 아웃(앞모습)

16. 롯드 아웃(옆모습)

17. 롯드 아웃(뒷모습)

18. 롯드 아웃 후 상태

26. 아이론 펌(열 펌)

뻣뻣한 모발이 자연스런 웨이브를 원할 때 하는 펌으로써 수분이 마르면 드라이 한 것처럼 볼륨과 컬이 자연스러워지는 헤어 스타일.

펌 시술시 체크사항

약액 및 롯드 선정
약액 : 열펌전용 치오클리콜산
롯드 : 열펌전용 아이론기구

Before

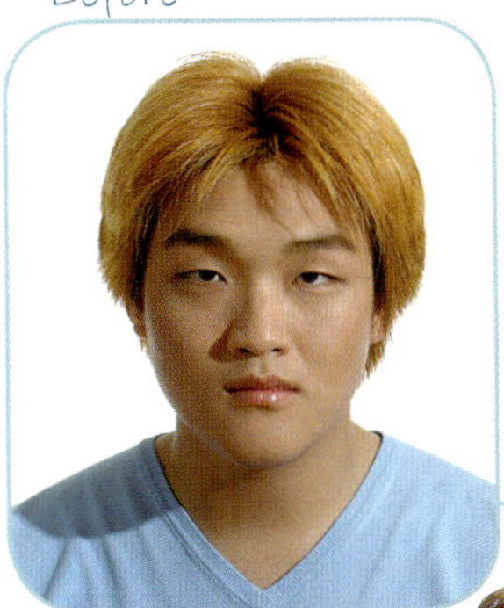

after

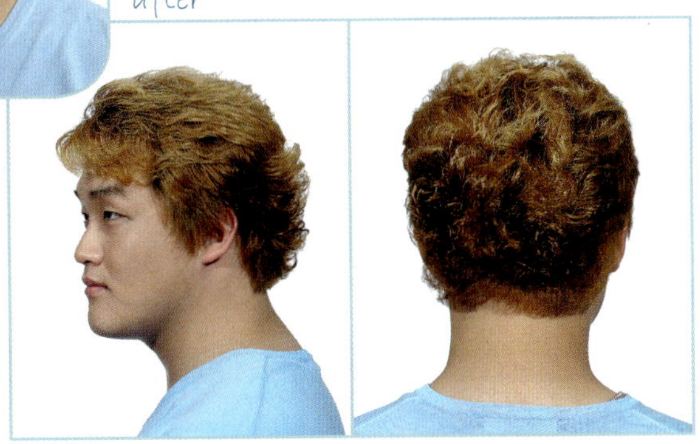

|Front|
자연스러움을 위해 사선으로 아이론 펌

|Nape|
흐름과 자연스런 컬을 위해 아이론 펌

|Top|
뿌리에 볼륨과 컬을 주기 위해 뜸을 들이고 슬라이스와 아이론이 평행하게 시술한다.

|Back|
컬을 자연스럽게 하기위해 90˚로 시술

|Side|
사선슬라이스로 90˚로 아이론 펌 시술

연화확인

연화란 약제에 의해 모발의 결합을 절단하는 것으로 그 상태에서 방치하면 할수록 탄력이 저하된다. 저하를 예방하기 위해 오일 도포가 필요하고 수분방출과 열로 인한 모발의 손상을 방지한다. 필요 이상의 연화는 모발손상으로 연결된다. 연화정도를 확인하기 위해서는 모속을 당기는 방법과 편편한 손바닥 위에 모발 컬을 올려 놓았을 때의 탄력도를 체크한다.

주의사항

① 슬라이스 폭을 너무 많이 잡지 않는다.

② 컬을 원하는 부분에 뜸과 텐션을 정확하게 준다.

③ 너무 과도한 힘을 주지 않는다.

* 아이론 파마는 기장에 맞는 롯드 선정이 필수
C컬 : 1바퀴반~2바퀴, S컬 : 2바퀴 이상

1. 퍼머약 도포

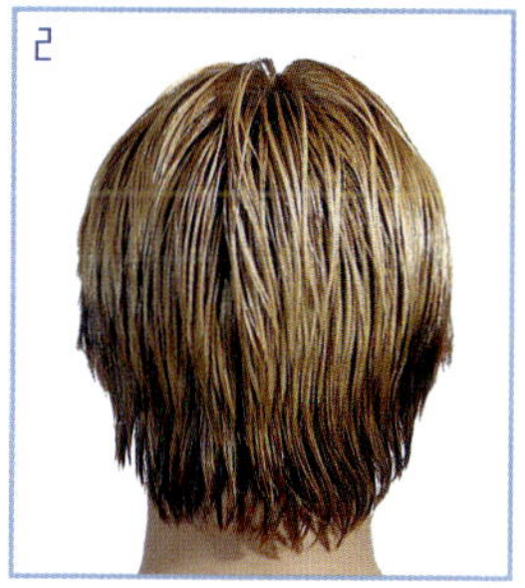

2. 연화시킨 후 샴푸 한 상태

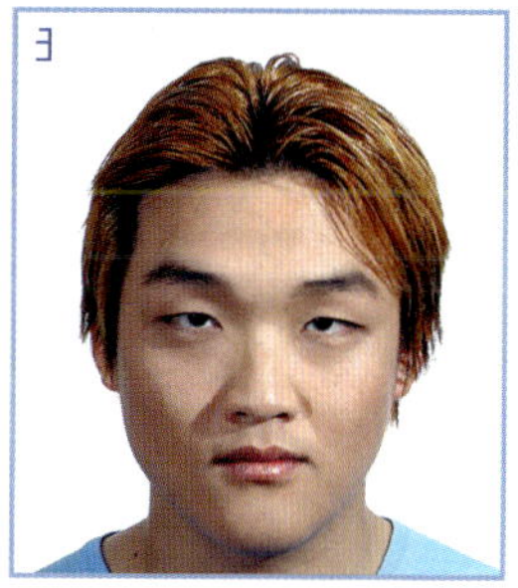

3. 퍼머약 도포하여 연화시켜 샴푸 후 수분을 말린 상태

4. 빗과 아이론을 이용해 웨이브를 만든다.

5. 모발을 90°로 당긴 상태에서 아이론 롯드에 모발을 감는다.

6. 아이론에 모발을 감기고 빗으로 아이론을 받친 상태에서 뜸을 드린다.

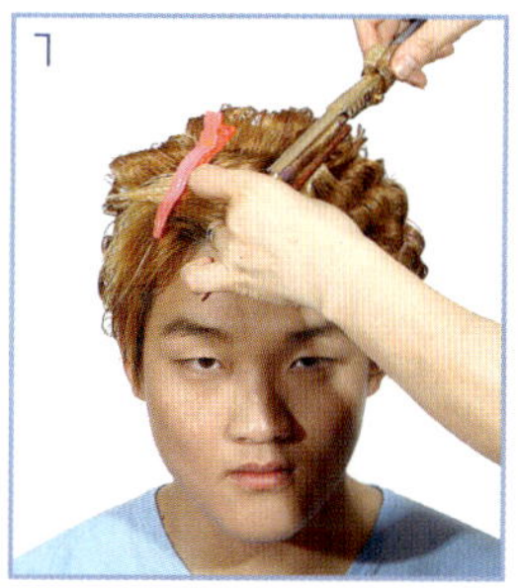

7. 빗과 아이론이 평행하게 유지하며 웨이브를 만든다.

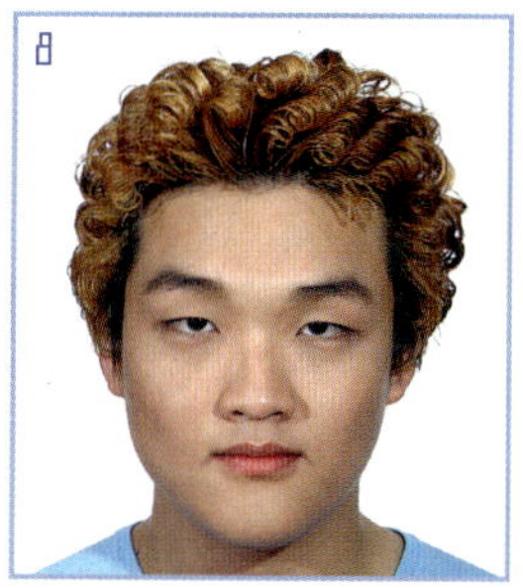

8. 와인딩 종료

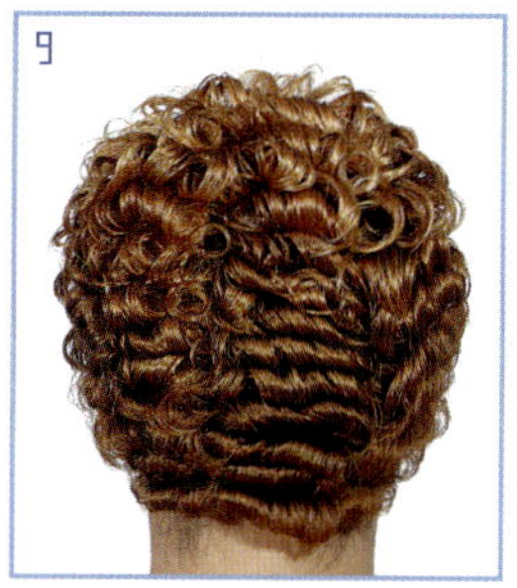

9. 와인딩 종료

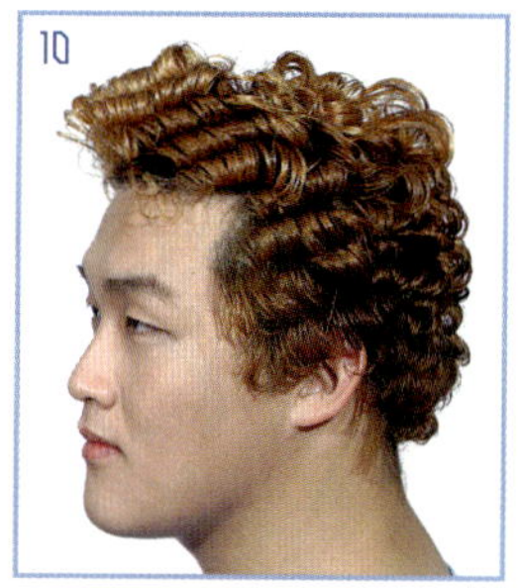

10. 와인딩 종료

11. 샴푸 후 컬의 상태

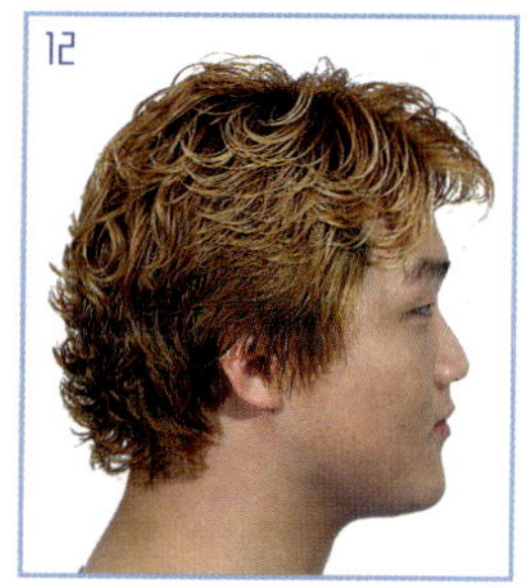

12. 샴푸 후 컬의 상태

27. 볼륨 매직(열 펌)

스트레이트 펌인데도 볼륨이 있는 부드러운 C컬이 여성스러움을 돋보이게 하는 헤어 스타일.

펌 시술시 체크사항

약액 및 롯드 선정
약액 : 볼륨 매직 전용 펌제
롯드 : 열기구 볼륨 매직기구

Before

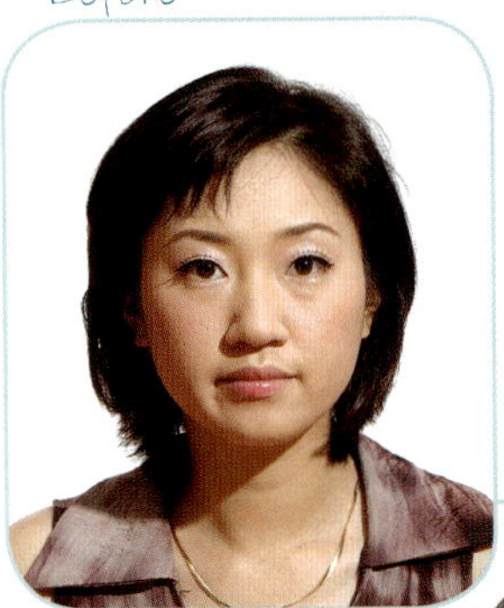

after

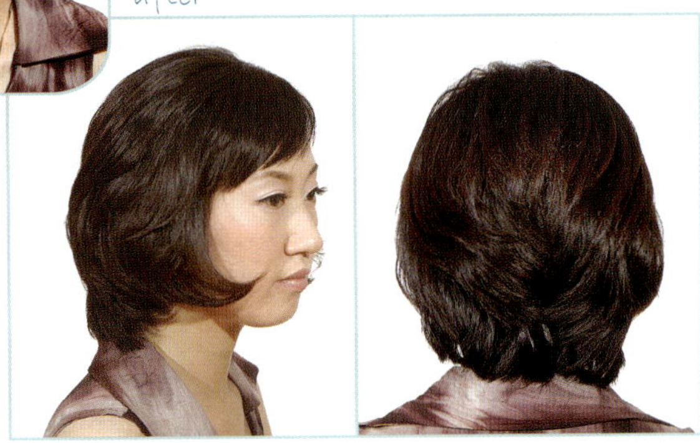

|Top|
열기구가 C커브를 만들 수 있도록 두피 각도 90˚상태를 유지하면서 C커브를 그리면서 시술

|Front|
앞머리는 열기구로 거의 스트레이트에 가깝게 시술한다.

|Back|
C컬을 원하는 볼륨을 주기 위해 90˚ 상태를 유지하면서 시술

|Side|
열기구를 앞 으로 빼면서 C컬을 만들어 준다.

|Nape|
자연스런 C컬을 위해 원을 그리면서 기구를 시술

1. 건강모부분 퍼머약 도포

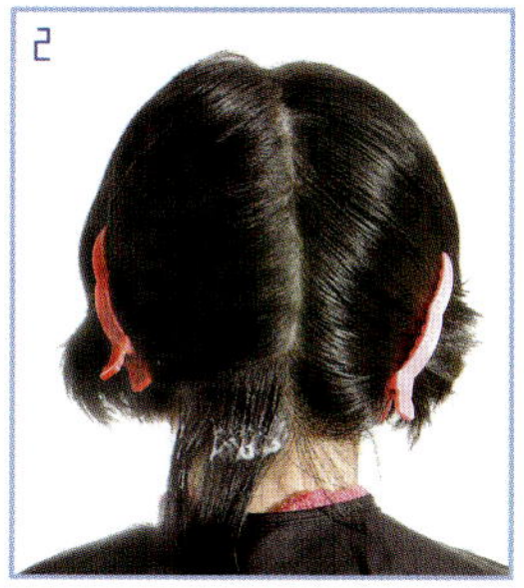

2. 건강한 모발만 퍼머약을 도포한 상태

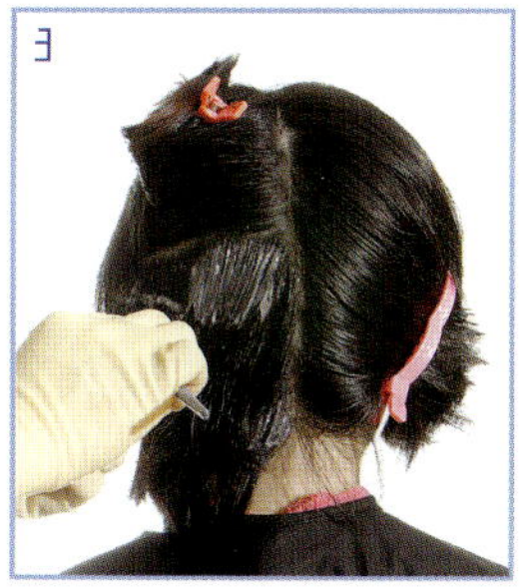

3. 네이프부터 시작하여 위로 진행하면서 건강한 모발만 퍼머약 도포

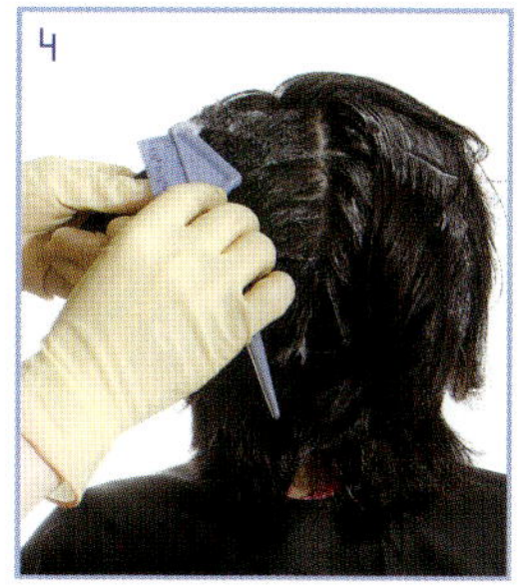

4. 퍼머약 양은 붓으로 조절

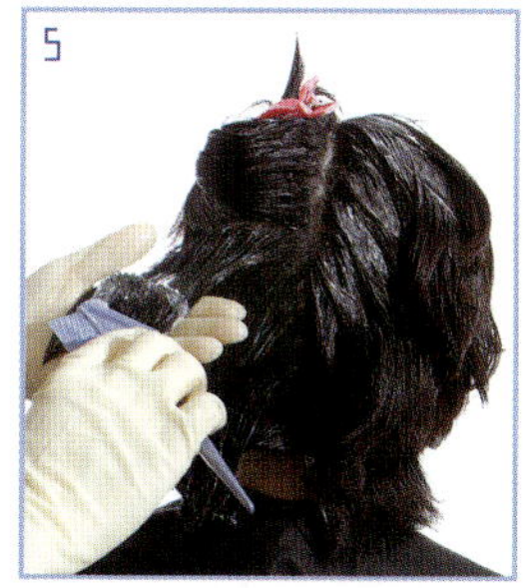

5. 손상모부분은 따로 크리닉제품으로 퍼머약 도포

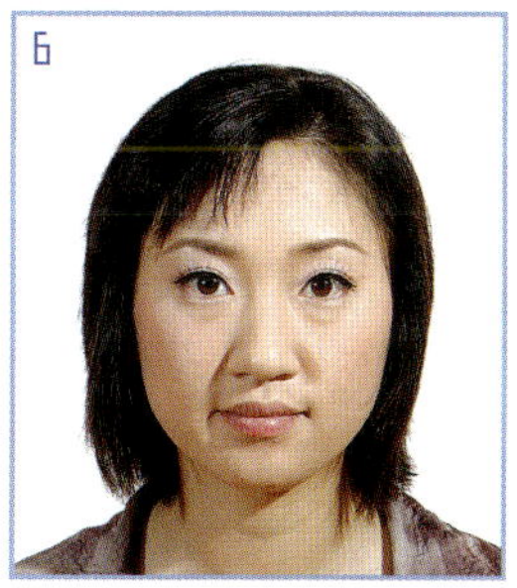

6. 약액을 도포하여 연화시킨 후 샴푸하고 건조시킨 상태

7. 열기구가 C커브를 만들 수 있도록 두피각도 90° 상태 유지하면서 와인딩

8. 뿌리에 볼륨이 끝부분에 C커브를 만들 수 있도록 와인딩

9. 빗과 열기구와는 평행하게 놓는다.

10. C커브를 만들어 놓은 상태

11. 와인딩 종료

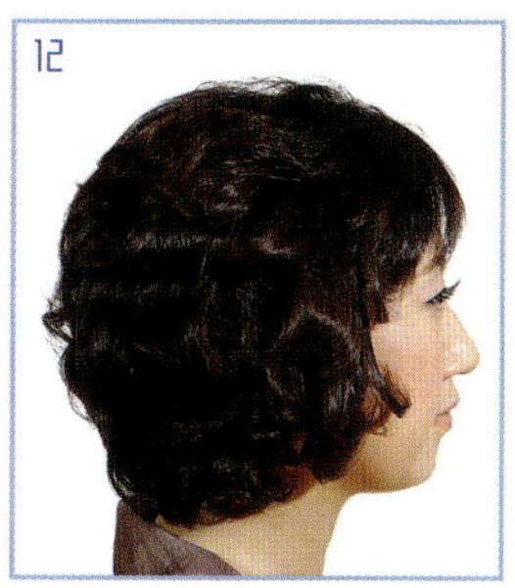

12. 와인딩 종료

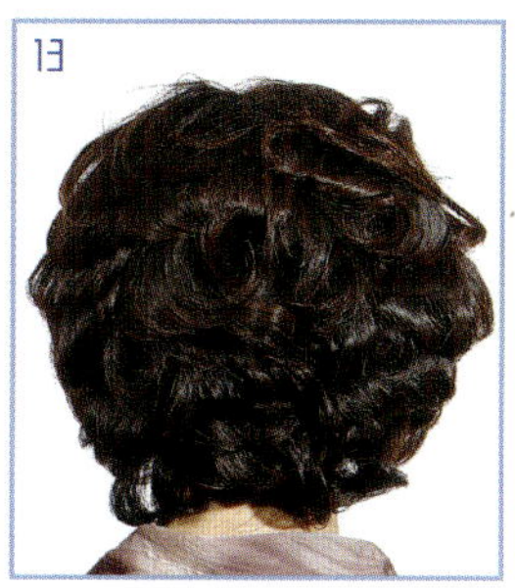

13. 와인딩 종료

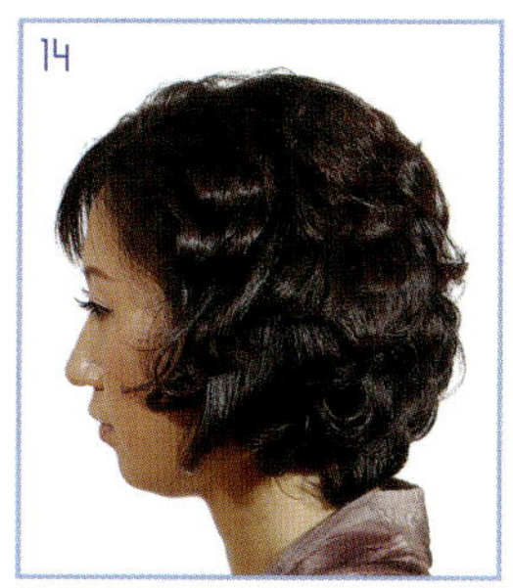

14. 와인딩 종료

15. 중화제 도포

Tip

펌1제에는 모발 내부의 S-S 결합을 절단하는 환원제가 들어있다. 이 환원제의 힘이 강할수록 S-S 결합을 절단하는 힘이 강하다는 것이다. S-S 결합이 많이 존재하는 건강모에 펌을 할 때에나 확실한 웨이브를 나타낼 때에는 높은 환원력이 필요하게 된다. 이 환원제를 작용 시키기 위해 함유되어 있는 것이 알칼리제이다.

환원제는 단독으로는 작용하지 않고 알칼리의 힘을 빌려 효과를 발휘한다. 알칼리에는 모발의 큐티클이 열리고 약제를 침투하기 쉬운 상태로 팽윤시키는 것이다. 이것은 약제를 작용시키기 위해 반드시 필요하지만 모발을 손상시키는 원인이 된다. 모발에 알칼리가 남으면 모발의 단백질이 분해되고, 유출되기 때문이다. 알칼리가 높을수록 단백질의 분해가 진행된다. 즉 알칼리제의 종류를 고려하여 알칼리를 가능한한 억제하는 것이 모발손상을 진행시키지 않는 것이기 때문에 연화정도를 잘 체크하는 것이 최대한의 포인트인 것이다.

28. 디지털 펌(열 펌)

열 펌은 마른후에 웨이브에 탄력이 있어 손질이 편하고, 자연스런 웨이브는 세련미가 있고 멋쟁이로 변신 시키는 헤어 스타일.

펌 시술시 체크사항

약액 및 롯드 선정
약액 : 열펌전용 치오글리콜산
롯드 : 열펌전용 디지털 펌기구

Before

after

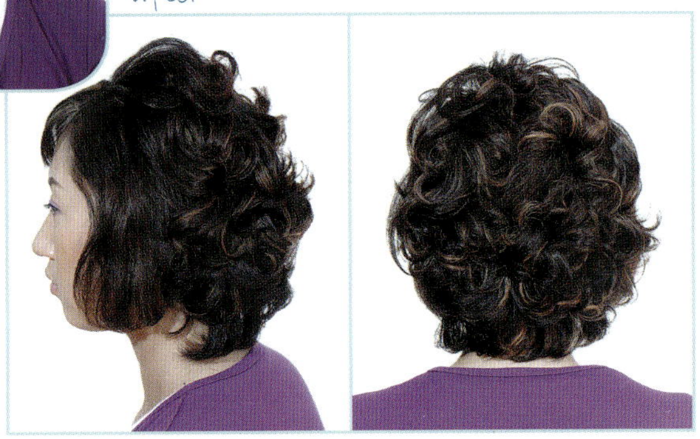

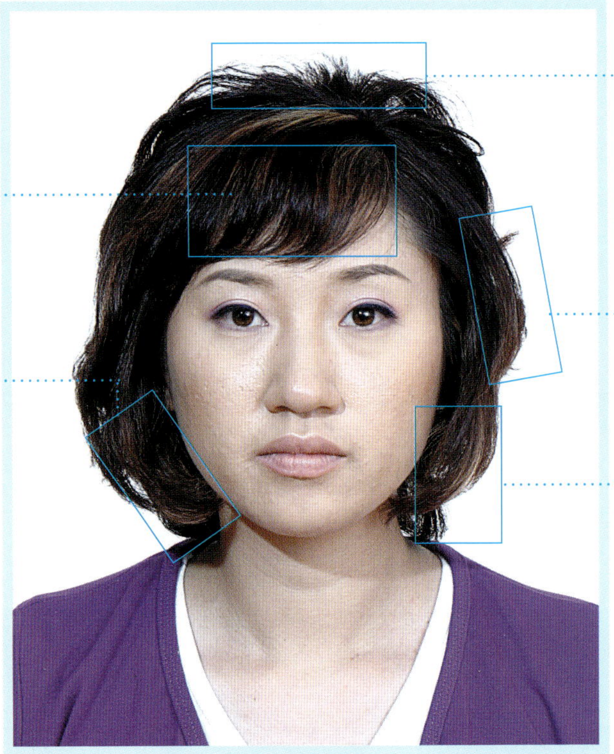

|Front|
앞쪽으로 떨어짐의 흐름을 위해 45˚크로키놀 와인딩

|Side|
자연스런 흐름과 모근부의 갈라짐 방지를 위해 사선슬라이스에 크로키놀 와인딩

|Top|
가르마 부분 위 부분에 최고의 볼륨을 주기위해 가르마를 시작으로 양에서 2㎝씩 슬라이스를 떠서 135˚ 크로키놀 와인딩

|Back|
슬라이스를 떠서 90˚ 크로키놀 와인딩

|Nape|
흐름을 주기 위해 45˚ 크로키놀 와인딩

1. 퍼머약을 도포하여 모발을 연화시키고 샴푸 후 모발에 수분이 20~30% 상태에서 시술 준비

2. 가르마부분에 볼륨을 최대로 주기위해 양쪽에서 2cm씩 떠서 135° 와인딩

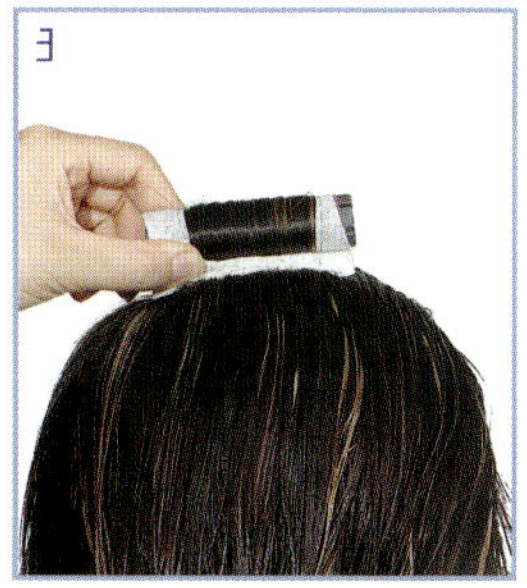
3. 롯드가 슬라이스 판넬에 놓인 상태(모근부에는 열전달보호습지를 끼운 상태)

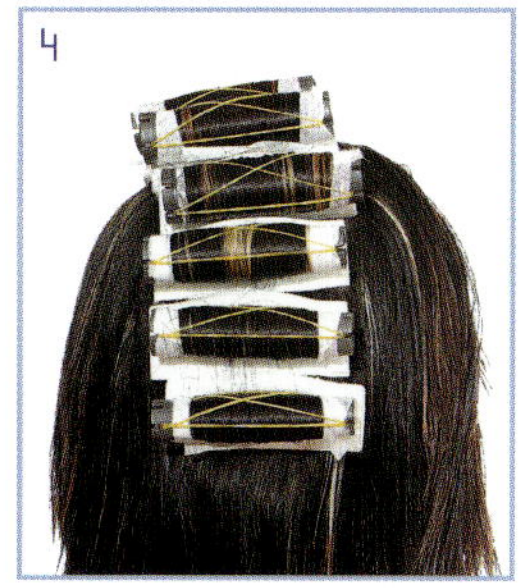
4. 센터부분에 먼저 시술이 된 상태

5. 열이 두피에 가해지는걸 방지하는 시술을 한 상태.

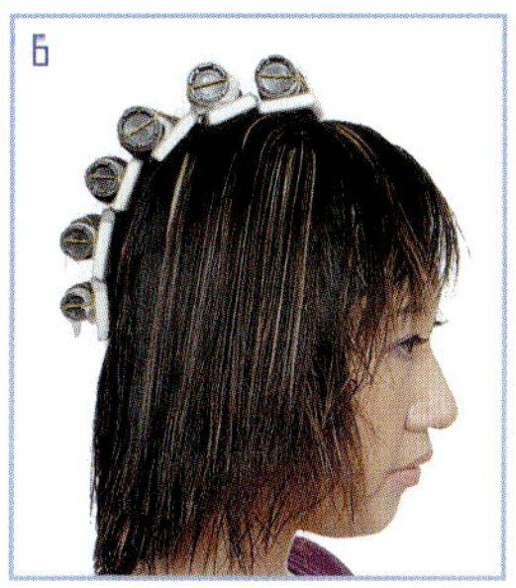
6. 슬라이스폭을 롯드의 직경만큼에서 와인딩 한 상태

7. 와인딩 종료

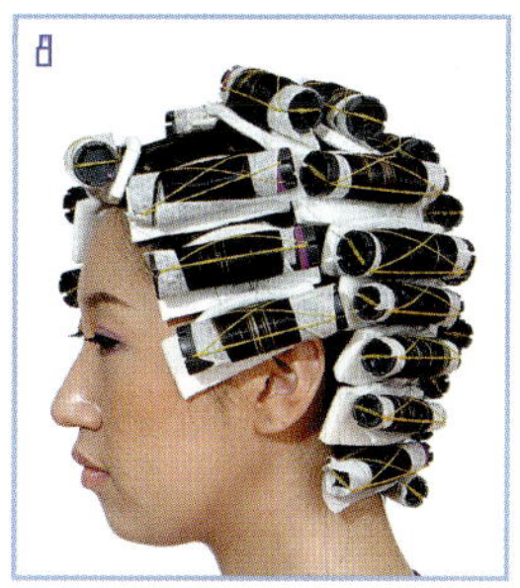
8. 와인딩 종료

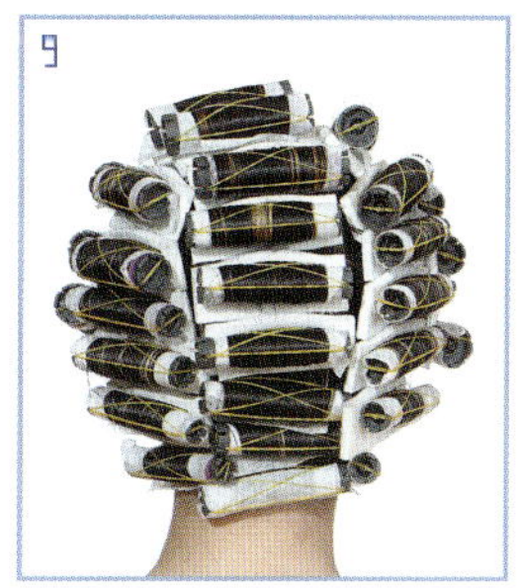
9. 와인딩 종료

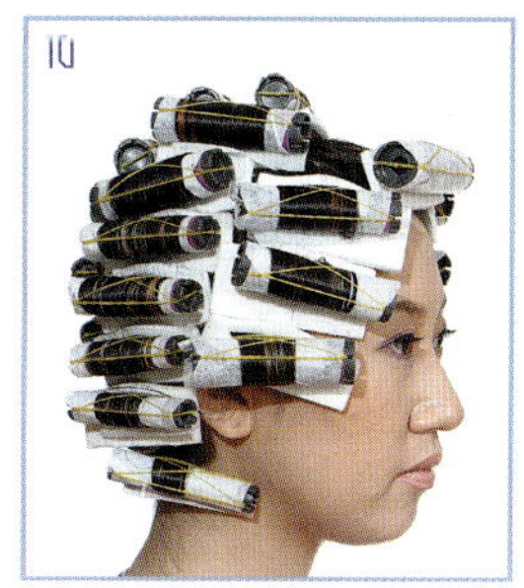
10. 와인딩 종료

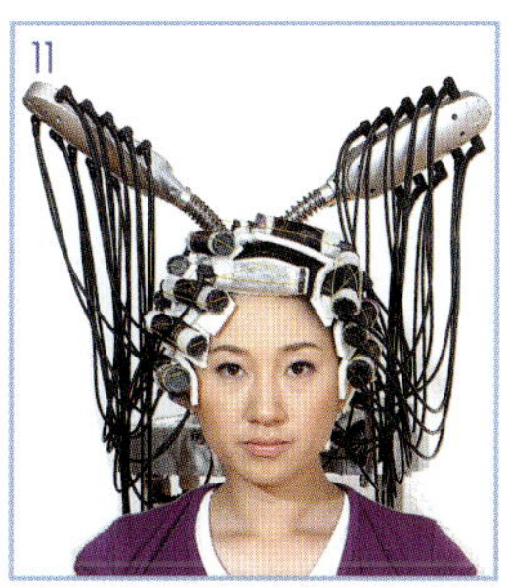
11. 와인딩된 롯드에 열기구를 열선하고 연결

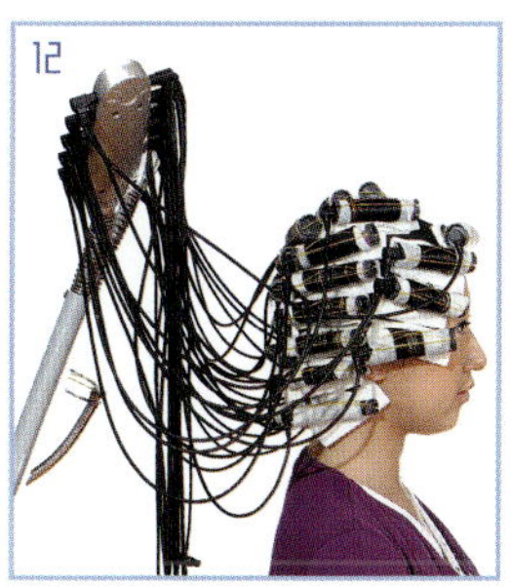
12. 롯드에 열을 가하며 열처리 10분, 뜸들이기 10분

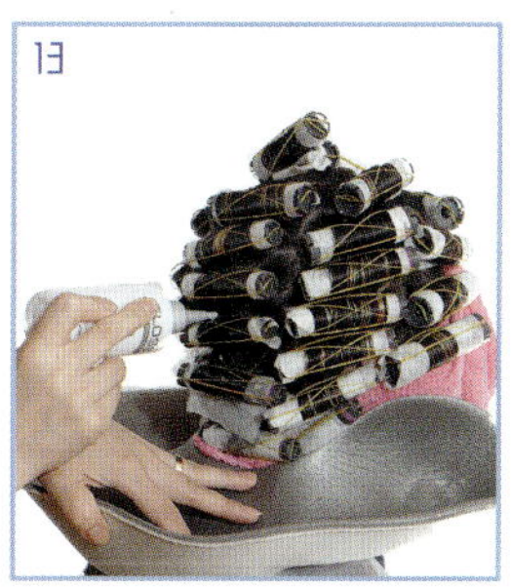
13. 열처리 후 뜸을 들이고 테스트컬 후 중화제 도포

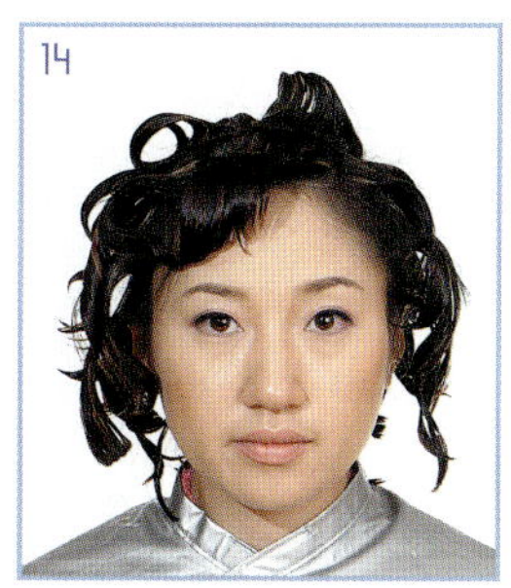
14. 롯드 아웃

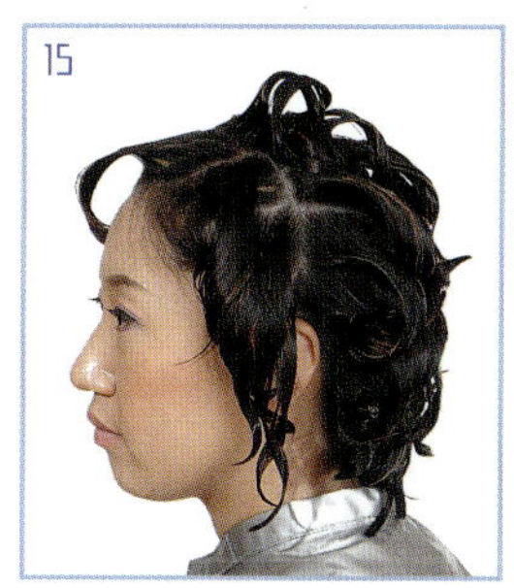
15. 롯드 아웃

16. 롯드 아웃

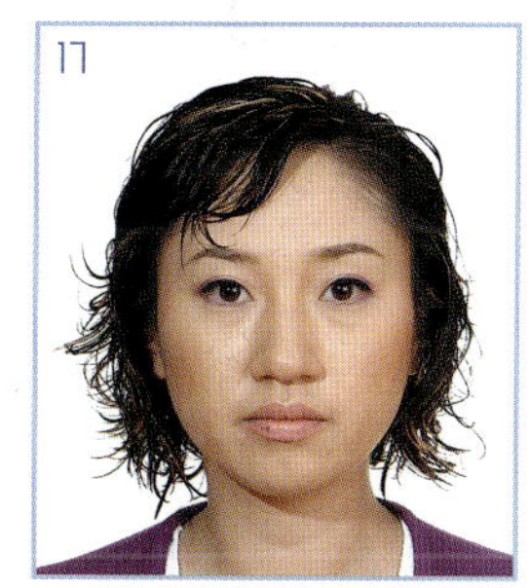
17. 샴푸 후 컬의 상태

Tip

열의 힘으로 예전에는 어려웠던 모질이 크고 또렷한 웨이브로 지속성이 높은 펌이 완성된다.

열펌과 일반펌의 질감차이

펌제의 1제와 2제를 사용하는 점은 둘다 똑같지만 열펌은 열의 힘을 이용하여 리지를 고정한다. 이를 위해 롯드를 말기 전에 연화시켜 그 롯드가 발열하여 수분이 증발했을 때 원하는 확실한 컬이 생긴다.

일반펌은 수분이 있는 상태에는 컬 유지력은 강하지만 수분이 증발하면 웨이브가 약해진다. 이것을 방지하기 위해 스타일링제를 바르면서 마무리한다.

29. 스트레이트 펌

차분함과 지적인 부드러움을 겨냥한 스트레이트 헤어 스타일.

펌 시술시 체크사항

약액 및 롯드 선정
약액 : 열펌전용, 치오클리콜산
롯드 : 매직 스트레이트 열기구

Before

after

|Front|
모류 보정을 위해 최대한 스트레이트 매직 펌

|Side|
슬라이스 판넬의 갈라짐을 방지하기 위하여 사선으로 판넬을 떠서 시술

|Top|
두피각도 90˚ 상태에 매직 스트레이트 판넬을 모근부에 먼저 시술 후 다시 편안한 상태에서 시술

|Back|
모발을 천천히 90˚ 상태로 스트레이트 와인딩

|Nape|
손상 부분의 모발이 꺾이지 않게 와인딩

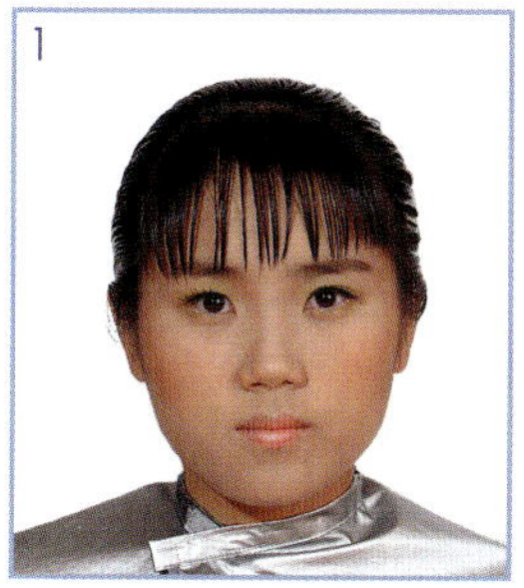

1. 퍼머약 도포

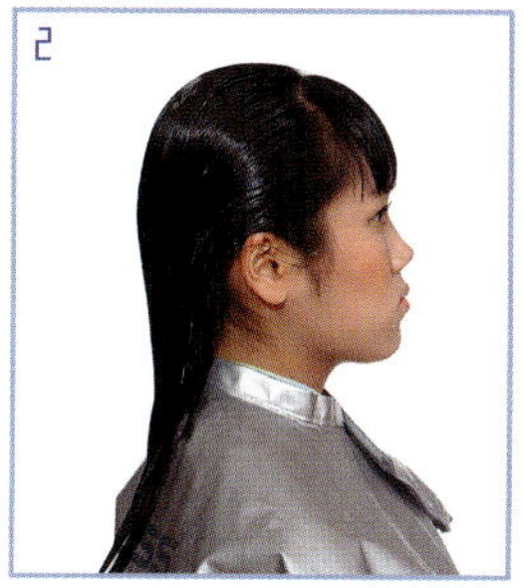

2. 퍼머약을 도포하여 본래의 가지고 있는 웨이브를 빗질하여 놓는다.

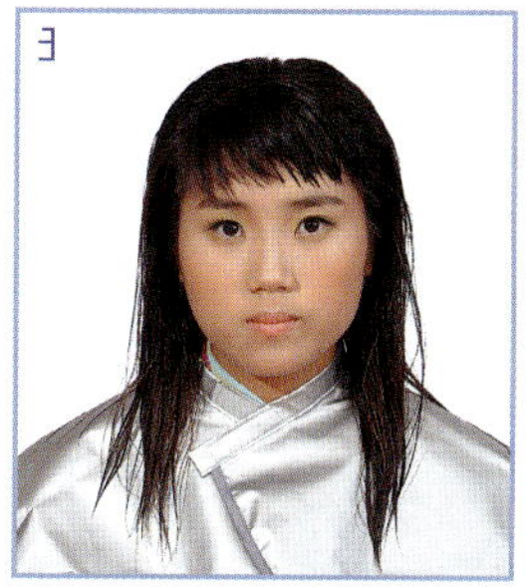

3. 열처리 10분과 자연방치를 하여 연화테스트한 후 샴푸한 상태

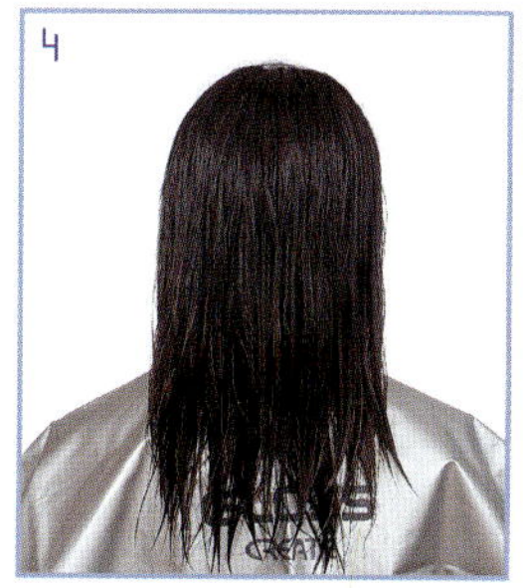

4. 샴푸할 때는 퍼머약을 제거하면서 미지근한 물로 헹구어낸다.

5. 두피각도 90°로 스트레이트컬을 내기 위해 시술한다.

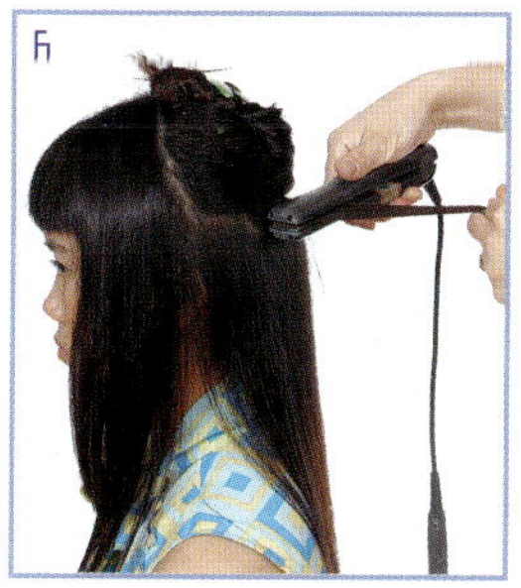

6. 모발을 다스려가면서 천천히 시술한다.

7. 열을 가한 후 빗으로 판넬을 잡는다.

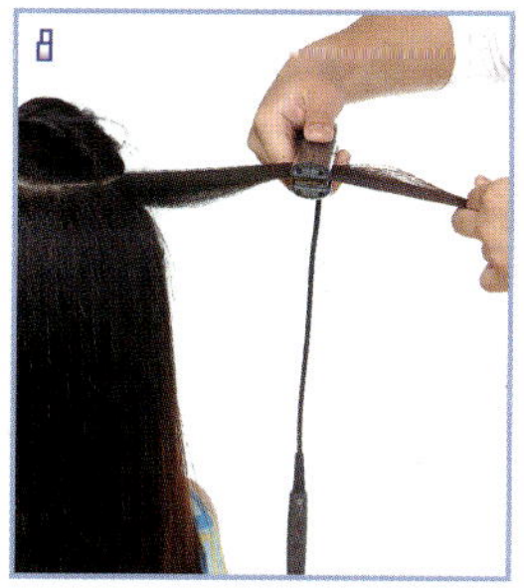

8. 모발에 적당히 텐션을 주면서 열기구를 모발 끝까지 시술한다.

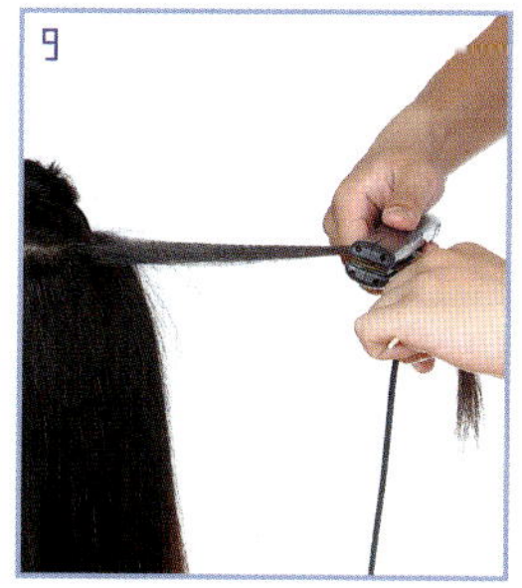

9. 열기구와 빗과는 항상 평행하게 시술한다.

10. 다음 판넬을 잡기 위해 준비한다.

11. 두피에서 시작하며 두께 1.5cm, 두피각도 90°로 시술한다.

12. 두피 각도 시술이 편하도록 자세를 바꾼다.

13. 왼손으로는 판넬을 안내하고 열기구가 따라간다.

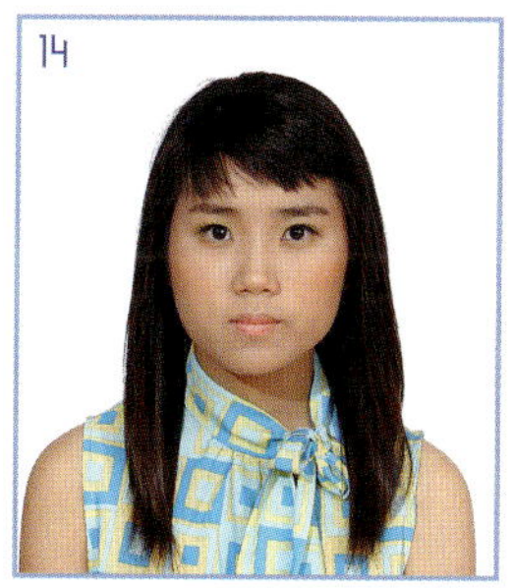

14. 시술 종료

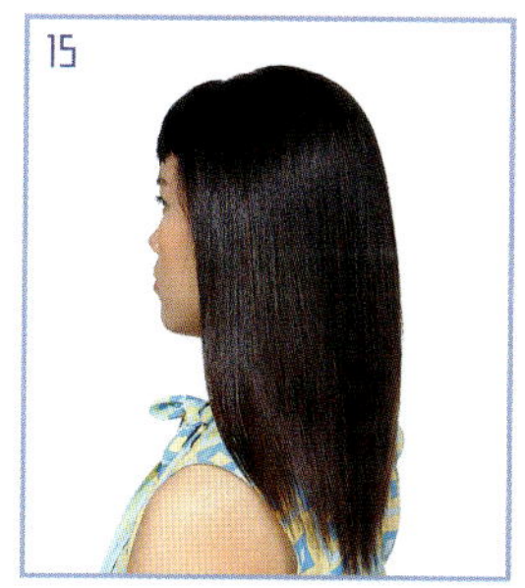

15. 시술 종료

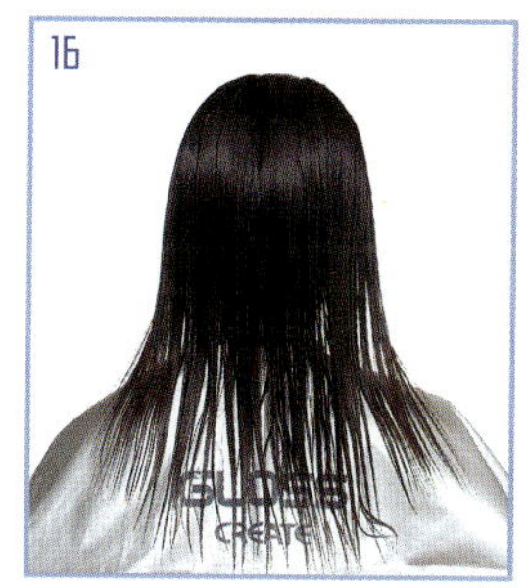

16. 중화제 도포

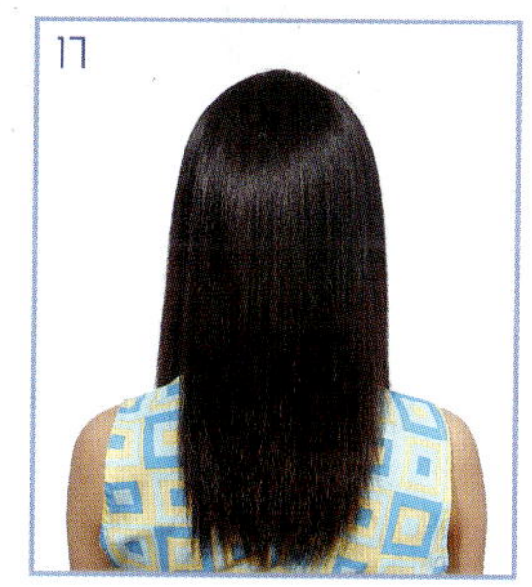

17. 완성된 상태

Tip

축모교정의 실패 원인

「곱슬이 펴지지 않는다」라고 하는 경우 연화를 충분히 하지 않았기 때문에 아이론으로 무리하게 곱슬을 펴려고 하며 단백질 변성이 오는 경우가 많다.

① 모발이 부시시한 경우
- 알칼리도가 높고 정성이 강한 1제를 사용
- 큐티클은 열리고 안쪽 성분이 유실되어 연화부족

② 쭉 뻗은 질감, 모발이 달라 붙는다.
아이론의 온도설정을 너무 높게 해서 단백질 변성이 온 경우

③ 모발 끝이 오그라든 경우
모발이 젖은 상태에서 아잉론을 넣어 심하게 단백질 변성이 온 경우

④ 모발 표면이 울퉁불퉁한 경우
모발이 얽힌 상태에서 아이론이 들어갔기 때문에 얽힌 상태에서 현상유지

⑤ 곱슬이 남아 버석거리는 느낌
연화 부족인 모발을 무리하게 당겨 펴도 2제 도포 후에는 본래의 모발대로 현상 유지

30. 셋팅 펌

드라이 하지 않고도 자연스럽게 컬이 연출되어 엘레강스한 웨이브를 장기간 유지할 수 있는 우아한 웨이브의 롱 헤어 스타일.

펌 시술시 체크사항

약액 및 롯드 선정
약액 : 열전용 치오클리콜산
롯드 : 셋팅 펌 롯드 중, 하

Before

after

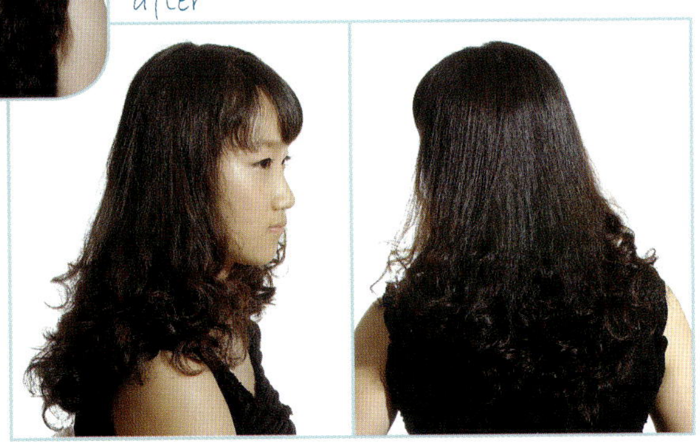

|Front|
앞머리는 자연스런 흐름을 위해 세라믹 롯드 2호 크로키놀 45° 와인딩

|Side|
F.S.P.선 아래 까지는 2바퀴반 그 위쪽은 한 바퀴 반 와인딩

|Top|
135°각도로 시술 C컬을 위해 한바퀴 반

|Back|
90° 각도로 시술 강한 S컬을 위해 2바퀴 이상 와인딩

|Nape|
강한 컬을 위해 90° 각도로 2바퀴이상 와인딩

1. 모질의 상태를 파악하여 샴푸 후 퍼머약 도포(앞모습)

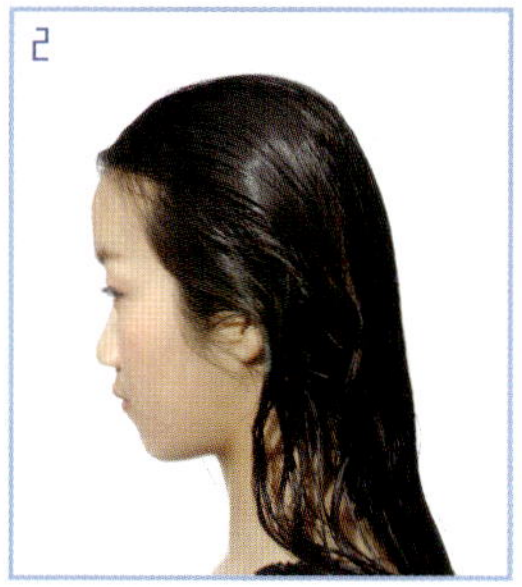

2. 퍼머약 도포

3. 연화테스트를 하여 샴푸 후 수분을 20~30% 함유한 상태에서 와인딩

4. 와인딩 후 롯드의 열 전달 테스트

5. 전체의 실루엣에 맞추어 브록킹을 한 후 시술하여야 한다.

6. 컬테스트 후 롤을 푼 상태

7. 웨이브의 흐트러짐이 없이 롯드를 빼야한다.

8. 롤을 푼 상태

9. 중화제를 도포하기위해 핀컬핀 고정

10. 웨이브의 흐트러짐을 없애기 위해 컬고정을 확실하게 핀컬핀으로 고정한다.

11. 핀컬핀 고정하여 중화제를 도포

12. 롯드 아웃을 한 상태(앞모습)

13. 롯드 아웃을 한 상태(옆모습)

14. 롯드 아웃을 한 상태(뒷모습)

15. 롯드 아웃을 한 상태(옆모습)

Tip

셋팅 펌 시술순서

① 카운셀링 : 고객이 원하는 스타일 결정
② 샴푸 : 샴푸한지 2시간이 지난 모발은 샴푸하며 두피에 상처가 나지 않게 조심하면서 시술한다.
③ 셋팅기 가온 : 100℃~120℃
④ 모발 보호제 : 손상모, 극손상모, 건강모에 맞추어 약제
⑤ 1액 도포 : 1액을 퍼머할 부분에 충분히 도포하여야 한다.
⑥ 연화 : 건강모 - 열처리 + 자연방치
　　손상모 - 자연방치
　　극손상모 - 샴푸대에서 바로
⑦ 연화테스트
- 모발을 C컬을 만들어 유지되었는지
- 모발을 당겨서 1.5배가 늘어났는지 확인
⑧ 중간린스 + 샴푸 : 모발이 촉촉하다고 느낌이 있을 때까지 말린다.
⑨ 와인딩 : 가온이 된 롯드를 스타일에 맞추어 와인딩
⑩ 방치시간 : 건강모, 손상모, 극손상모로 나누어서
⑪ 테스트컬 : 수분 정도 체크, 모발이 따로 나누어져 있을때까지
⑫ 2액도포 : 2제도포 와인딩 부분에 충분히
⑬ 헹굼 : 컬 유지하는 제품을 발라주면서 헹군다.
⑭ 마무리

찾아보기 index

10등분 / 60
1욕식 / 26
2욕식 / 26
3욕식 / 26
5등분 / 67
9등분 / 47

[ㄱ]

각진형 / 24
각화현상 / 10
겨드랑이털 / 9
경단백질 / 15
곱슬머리 / 12
광변성 / 17
교대 오블롱 / 36
구형 / 24
글루타민산 / 33
글리세린 / 33
글리신 / 33
기본 와인딩 / 85
기본 펌 / 107

[ㄴ]

나선형핀컬 / 40, 102
느린 웨이브 / 24

[ㄷ]

다공성모 / 31
다운 프로젝션 / 38
단모 / 9
대두 PPT / 33
대전성 / 17
더블 롯드 패턴 / 44
더블 와인딩 / 44
두모 / 9
드래드 / 42
들뜸현상 / 32
디지털 펌 / 46, 178
땀샘 / 12

[ㄹ]

랩핑 / 85
루트 펌 / 122
리버스 컬 / 40, 102
리퀴드 타입 / 32
리프트 컬 / 40, 102

[ㅁ]

만곡선 / 24
매직 스트레이트 펌 / 47
머리털 / 9
머신리스웨이브 / 26
머신웨이브 / 26
멜라닌색소 / 15
멜캅탄 / 25
모간부 / 11
모구 / 12
모근부 / 12
모낭 / 10
모모세포 / 10
모발 / 9
모발색 결정 / 16
모세혈관 / 10
모수질 / 10
모유두 / 10
모표피 / 10
모피질 / 10, 25
미량원소 / 17
미모 / 9
믹스 펌 / 127

[ㅂ]

바렐 컬 / 45
바렐핀컬 / 40, 102
발생기 / 14
백 포인트 / 56
백혈구 / 12
베이스 / 82
벽돌 쌓기 패턴 / 35
볼륨 매직 / 176
볼륨 오블롱 / 36
분사형 / 17
브레이드 / 42
브록킹 / 82
브롬산나트륨 / 28
비 부패성 / 17
비모 / 9

[ㅅ]

사이드 / 58
산성 / 19
산화제 / 26
생머리 / 12
생모 / 9
성장기 / 14
성장주기 / 14
세린 / 33
세포막 복합체 / 13, 32
섹션 / 82
셀파이드계 / 28
셋팅 펌 / 47, 182
손상모 / 31
솔리드 / 37
수모 / 9
수소결합 / 25
수염 / 9
수지계 / 32
수직 크로스 와인딩 / 45
수평 크로스 와인딩 / 45
수평 프로젝션 / 37
수평형 / 35
스탠드 업 컬 / 40, 102
스트레이트 / 23, 41, 180
스파이럴 와인딩 / 34
스파이럴핀컬 / 40, 102
스핀들 스틱 와인딩 / 45
슬라이스 / 82
습윤성 / 17
습지 / 32
습지말기 / 84
시스계 / 28

시스테인산염 / 26
시스틴결합 / 25
식균작용 / 12
실리콘 / 33
실리콘화 케라틴 PPT / 33

[ㅇ]

아미노산 / 10, 16
아스파라긴산 / 33
아웃컬 / 34
아이론 펌 / 46
아포크린선 / 12
알라닌 / 33
알칼리 / 19
압착 / 34
액모 / 9
액소큐티클 / 13
약산성 / 16
어프리케이터 / 27
업 프로젝션 / 37
에멀젼 타입 / 32
에크린선 / 12
에피큐티클 / 13
엔도큐티클 / 13
엔드페이퍼 / 27
엮은 베이스 / 44
연결 오블롱 / 36
연결원 / 36
연모 / 9
열변성 / 17
열펌 / 26, 46, 174
염결합 / 25
염기성 / 18
염색모 / 31
오블롱 패턴 / 36
원형펀컬 / 40, 102
웨이브 / 23
위빙 와인딩 / 39
위빙 펌 / 172
유리지방산 / 16
유멜라닌 / 16
윤곽 패턴 / 35
음모 / 9
이중 롯드 와인딩 / 44
인덴테이션 와인딩 / 39
인컬 / 34
인크리스레이어 / 38
입모근 / 12
입자형 / 16

[ㅈ]

장구형 / 24
장모 / 9
적혈구 / 12
전처리제 / 26
젖산 / 16
지질 / 16
직사각형 패턴 / 35
질감 / 23

[ㅊ]

측쇄결합 / 25
치오계 / 28
치오글리콜산 암모늄염 / 26

[ㅋ]

카지오닌 PPT / 33
캔들 스틱 와인딩 / 45
컨백스 / 36
컨케이브 / 36
컬링 롯드 / 27
케라틴 / 14, 33
케미컬웨이브 / 26
코속털 / 9
콜드 펌 / 26
콜라겐 PPT / 33
크라운 / 57
크롤키놀 와인딩 / 34

[ㅌ]

탄력성 / 17
탈락현상 / 32
탈색모 / 31
퇴화기 / 14
트리트먼트 / 32
특수 펌 / 42

[ㅍ]

파워롤 펌 / 43
퍼머넌트 웨이브 / 23
페오멜라닌 / 16
편구형 / 24
포워드 컬 / 40, 102
표피내부 / 11
프로젝션 / 37
프리히트웨이브 / 26
플래트 컬 / 40, 102
피지 / 16
피기백 / 44
피막효과 / 32
피지막 / 16
피지선 / 12
피트 프로틴 / 33
핀컬 펌 / 40

[ㅎ]

한선 / 12
항체형성 / 12
핸드링 펌 / 134
헤모글로빈 / 12
혈소판 / 12
혈액응고 / 12
혈장 / 12
호일 펌 / 42
호호바 오일 / 33
홉스카치 와인딩 / 45
확장 원형 패턴 / 36
환원제 / 26
휴지기 / 14
히팅클립 / 26

INDEX
찾아보기

[A]

Alternation oblong / 36
amino acid / 16
Anagen stage / 14
applycator / 27

[B]

Back Point / 56
barba / 9
Barrel curl / 45
Barrel pincurl / 40, 102
Base / 82
Base size / 82
Blending circles / 36
Blocking / 82
Bricklay pattern / 35

[C]

Candle stick winding / 45
capilli / 9
Catagen stage / 14
cell membrane complex / 13, 32
ceumelanin / 16
chemical wave / 26
Compression / 34
Contour pattern / 35
cortex / 13
cream type / 32
Croquignole winding / 34
Crown / 57
curling rod / 27
cuticle / 13

[D]

digital permanent wave / 46
Double rod pattern / 44
Double rod winding / 44
Double winding / 44
Down-projection / 38

[E]

emulsion type / 32
end paper / 27, 84
endocuticle / 13
epicuticle / 13
exocuticle / 13
Expanded Circle pattern / 36

[F]

flat curl / 40
follicles / 12
Forward curl / 40, 102
free fatty acid / 16

[H]

Heat perm / 26
Hopscotch winding / 45
Horizontal-projection / 37

[I]

Interlocking oblong / 36
iron permanent wave / 46

[K]

keratin / 15

[L]

lactic acid / 16
Lift curl / 40
liquid type / 32

[M]

machine wave / 26
machineless wave / 26
magic straight permanent wave / 47
medulla / 13
Mercaptane / 25

[N]

New anagen stage / 14

[O]

Oblong pattern / 36

[P]

PCA / 33
Permanent wave / 23
pH / 18
pheomelanin / 16
piggy back / 44
piggy back winding / 44
Power of hydrogen Ions / 18
PPT / 33
Projection pattern / 37
pubes / 9

[R]

Rectangle pattern / 35
Reverse curl / 40, 102

[S]

section / 82
setting permanent wave / 47
Side / 58
Slice / 82
Spindle stick winding / 45
Spiral pincurl / 40, 102
Spiral winding / 34
stand up curl / 40
straight / 23
supercilia / 9

[T]

Telogen stage / 14
textyre / 23

[U]

Up-projection / 37

[V]

vibrissqe / 9
Volume oblong pattern / 36

[W]

Winding / 85
Woven base / 44
Wrapping / 85

참고문헌
reference

미용기초기술, 보성사, 2000

미용사실기, 손보실, 교학사, 2002

미용장실기, 사단법인 한국미용장협회, 청구문화사, 2009

신미용, 신미용출판사

최신이미용기술용어사전, 도서출판 이바, 1991

퍼머넌트총론, 김명주외 2인, 청구문화사, 2009

펌 웨이브 디자인, 최근희외 6인, 예림출판사, 2004

토모토모, 신미용출판사

저자소개

김영미(씨쓰리미용학원)
권태신(전주기전대학교)
반세나(인천재능대학교)
윤수용(마산대학교)
이수희(청암대학교)
이혜정(명지전문대학교)
장영혜(동강대학교)
정숙희(경남정보대학교)
최소영(신성대학교)
강미영(수성대학교)
김서희(광주여자대학교)
손지연(한국영상대학교)
이대천(부산과학기술대학교)
이순덕(동덕여자대학교)
이효숙(전주비전대학교)
정년구(선린대학교)
정원지(광주여자대학교)
최영희(가천대학교)
권대순(세경대학교)
김춘일(제주한라대학교)
유은성(우송대학교)
이부형(창원문성대학교)
이정례(전남과학대학교)
장미라(목포과학대학교)
정민자(경남도립거창대학교)
진용미(서경대학교)
허병회(예일미용직업전문학교)

C.C.C. 베이직 퍼머넌트 웨이브

2009년 9월 20일 초판 발행
2012년 3월 10일 2판 발행
2016년 3월 10일 2판 2쇄 발행

지은이 : 국제헤어디자인연구회
펴낸이 : 이상태
펴낸곳 : 청구문화사
주 소 : (03706) 서울특별시 서대문구 성산로11길 15
전 화 : 02-332-0541(代) FAX : 02-337-9577
등 록 : 1990년 11월 2일 제9-247호

가격 35,000원

ISBN 978-89-5616-479-3 93590